绿色：中国环境记者调查报告（2015 年卷）

编委会

主　　编：章　轲　　汪永晨

编　　委：熊志宏　章　轲　陈宏伟　史江涛

执行编辑：章　轲

摄影　陈金华

中国环境记者调查报告

|2015 年卷| 章　轲　汪永晨　主编

中国环境出版集团·北京

图书在版编目（CIP）数据

绿色：中国环境记者调查报告（2015 年卷）/章轲，汪永
晨主编. —北京：中国环境出版集团，2018.9
ISBN 978-7-5111-3727-2

Ⅰ. ①绿…　Ⅱ. ①章…　②汪…　Ⅲ. ①环境保护—调
查报告—中国—2015　Ⅳ. ①X-12

中国版本图书馆 CIP 数据核字（2018）第 157442 号

出 版 人	武德凯
责任编辑	陈金华　宾银平
责任校对	任　丽
封面设计	彭　杉

出版发行　中国环境出版集团
　　　　　（100062　北京市东城区广渠门内大街 16 号）
　　　　　网　　址：http://www.cesp.com.cn
　　　　　电子邮箱：bjgl@cesp.com.cn
　　　　　联系电话：010-67112765（编辑管理部）
　　　　　　　　　　010-67113412（第二分社）
　　　　　发行热线：010-67125803，010-67113405（传真）
印　　刷　北京中科印刷有限公司
经　　销　各地新华书店
版　　次　2018 年 9 月第 1 版
印　　次　2018 年 9 月第 1 次印刷
开　　本　787×1092　1/16
印　　张　29.25
字　　数　490 千字
定　　价　138.00 元

总论：追求绿色发展的"质"

2015 年 10 月 26—29 日召开的党的十八届五中全会提出必须牢固树立并切实贯彻创新、协调、绿色、开放、共享的发展理念，并对生态文明建设和环境保护做出了重大战略部署，"绿色发展"成为五大发展理念之一。

从 2015 年起，绿色发展贯穿于经济、政治、文化、社会和生态文明五大建设的各方面和全过程，开启了中国经济和社会发展新常态的新征程。

在 2016 年的全国环境保护工作会议上，时任环境保护部部长陈吉宁表示，全面建成小康社会，亟须加快补齐生态环境突出短板。小康全面不全面，生态环境质量是关键。

"质量改善是刚性要求的红线，绝对不能触碰；总量减排是硬性要求的底线，是最基本的要求。总量减排考核必须服从质量改善考核：质量改善和总量减排任务均未完成，将严格依法问责；质量改善了而总量未完成，将尊重地方的协同减排，从国家总量指标进行调剂，严格执行考核办法。"陈吉宁说。

在 2016 年 1 月 11 日召开的 2016 年全国环境保护工作会议上，陈吉宁对来自全国各地的环保厅（局）长们说："当前围绕改善环境质量这个核心，一些党员干部思想观念迟迟转变不过来，工作思路、工作方法仍停留在过去，没想法，没办法，没起色。思想观念、方式方法必须尽快转变、调整到位。"

"转不过来，就换人！"他大声地说。

高风险期的中国环境

2015 年，相继发生福建漳州古雷石化（PX）项目爆炸、天津港"8·12"特别重大火灾爆炸事故、甘肃省陇星锑业有限公司尾矿库尾砂泄漏造成嘉陵江流域锑浓度超标等一系列重特大安全生产事故，表明长期以来粗放式发展的负面影响开始显现。环境进入高风险期，守住安全底线难度大。

另外，区域环境分化趋势显现，环境高风险正由东部向中西部转移。中西部很大程度上仍在复制东部过去的发展模式。从项目环评审批情况看，中西部地区重化工项目投资持续攀升，相关产业自东向西转移趋势已经比较明显。"十二五"以来，原环境保护部审批的重化工项目中，中西部投资占全国的 80%。青海、甘肃等省（区）的规划和项目建设集中在石油化工、有色冶金和电力行业；中部地区集中在装备制造、石油化工、钢铁、有色冶金、煤炭及电力、建材等基础能源原材料行业。如果统筹处理不好，西部有可能重复东部一些地区污染严重、生态受损的覆辙。西部是我国的生态屏障和"水塔"，生态环境敏感度高、监管能力弱，一旦出问题，将会是灾难性的。（作者：《第一财经日报》记者 章轲）

"以污养污"：环保腐败比雾霾更可怕

随着环境问题日益严峻，近年来环保部门地位提升，而权力凸显，环保系统的腐败案件易发、频发。本文揭露了这些年来国内环保部门官员的主要腐败问题，反映出 2015 年环境保护部新任党组书记陈吉宁启动"环评风暴"，重拳出击环保体系中真正的腐败"重灾区"，力求彻底治理环保官员的腐败问题。同时，梳理总结在环保部门惩治腐败的措施，以及制约权力滥用的办法，防微杜渐。（作者：《科技日报》记者 华凌）

"红顶中介"灭顶：环评改革向左还是向右？

2015 年是环评专项整治之年，"红顶中介"被率先开刀，环评新政规章频出，环评违规案例时有公布，在一系列组合式重拳之下，一场环评专项整肃风暴呼啸而来。2015 年 3 月，新任环境保护部部长陈吉宁痛斥顽疾，并承诺将环保系统内的环评机构分批分期全部脱钩，逾期不脱钩的，一律取消环评资质。与此同时，捋顺环评体制，也是杜绝利益灰链腐败、让环评回归生态防线和绿色屏障的重要前提。（作者：峥屹　夏军）

巴黎气候大会：新的征程

经过数年的谈判、磋商、磨合而终于获得通过的《巴黎协定》，是全世界共同应对气候变化的一份目标责任书。其中，确定了在 21 世纪末要将全球平均温度的升高幅度控制在 2℃以内，以及相应的各国要承担的保障任务。在中国气候变化事务特别代表解振华看来，这件事是"来之不易的里程碑"。在数年的谈判过程中，中国代表团一方面坚持了国家利益的立场，另一方面也担负了大国责任，发挥了领导者和协调者的角色。虽然，这个过程并不容易，"暗战"不息，达成的约定也并不能让大家都满意，但终究是迈出了历史性的一步。在《巴黎协定》成功诞生的时刻，中国的努力获得了广泛的赞誉，而这只是一个开始，《巴黎协定》在各国获得法律效力还需要一个过程，要真正发挥作用也需要全世界的继续努力。（作者：原《新京报》记者　刘伊曼）

天津港大爆炸：人为之灾

记者向滨海新区安监局询问天津港爆炸涉事企业瑞海国际的监管问题时，该局一名办公室主任说，瑞海的手续是在天津港务集团审批的，他们有一套独立的审批手续，具体的你要问问他们。一名业内人士分析，这说明瑞海物流的人脉网能在交通运输部门发挥作用。调查组认定，瑞海公司严重违法违规经营，是造成事故发生的主体责任单位。同时认定，事故还暴露出有关地方政府和部门存在有法不依、执法不严、监管不力等问题。（作者：《新京报》记者　安钟汝）

2015：抗霾元年

自从 2011 年雾霾开始作为一个高频词进入公共话语以来，4 年过后，人们对它已不再陌生。而 2015 年，以新修订的《环境保护法》施行为契机，这一年对中国而言，进入真正意义上的抗霾元年。（作者：《南京都市报》记者　杨晓红）

雾霾"惹火"的市场：绿色消费呼唤"清洁"环保认证

随着人们生态环保意识的逐渐增强，一批企业以此为契机，大幅提升产品质量，通过生产绿色环保家居产品提升竞争力，争取市场份额。在这个背景下，有利于消费者选购的"绿色环保"认证制度应运而生。但是，目前市场上的各种"绿色认证"有不少是假的或夸大误导的，有的发证机构根本就没有资质，而仅认证某个单项指标，假借"特别认证"的模糊字眼掩人耳目。（作者：中央电视台记者 臧公柱）

"水十条"：改善环境质量"宪法"

尽管我国水污染防治工作取得了积极进展，但水环境质量差、水资源保障能力弱、水生态受损严重、环境隐患多等问题依然十分突出。主要原因是治理水平偏低、污染物排放总量巨大；此外，产业布局不合理、科技支撑和投入不足、法律法规标准和管理体制机制不完善、节水和环境意识不强等也是重要原因。2015年4月16日，国务院印发《水污染防治行动计划》，业内人士普遍认为，这是当前和今后一个时期全国水污染防治工作的行动指南。（作者：《中国经济时报》记者 张焱）

"排放门"事件始末：大众如何失信于众

2015年9月18日对于德国大众汽车公司来说是一个灾难性的星期五。美国国家环境保护局当日对大众公司提出指控，称其美国市场的部分柴油车存在使用操控软件躲避尾气检测的情况，涉及48.2万车辆。大众"排放门"事件自此浮出水面。这一汽车行业近年来最大的丑闻之一不仅促使多国展开对大众汽车的调查，还波及其他汽车制造商，甚至引发人们对整个清洁柴油车辆技术以及整个汽车制造行业的信任危机。（作者：《新京报》记者 李艳婷）

大学生掏鸟窝获刑：该不该？

2014年暑期，河南大学生闫某和王某一起掏自家门外鸟窝，共掏鸟16只，售卖 10 只，被判犯非法收购、猎捕珍贵、濒危野生动物罪等，分别获刑 10 年半和 10 年。两人掏的鸟是燕隼，属国家二级保护动物。此案经媒体披露后，引发公众热议和思考。随着媒体对更多案情细节的披露，公众意识到，案件不是最初媒体公布出来的"大学生假期闲来无事自家门口掏鸟窝"这么简单。（作者：《第一财经日报》记者　章轲）

国有林场：绿水青山如何变成金山银山

2015 年 2 月，中共中央、国务院印发《国有林场改革方案》和《国有林区改革指导意见》；3 月中旬，国务院召开全国国有林场和国有林区改革工作电视电话会议，对国有林业改革进行全面部署。我国有 4 800 多个大小国有林场，70 万名的国有林场职工。国有林区占中国国土面积的 1/20，囊括了我国 1/6 的森林面积，1/4 的全国森林蓄积量，是我国最优质、最稳定和最完备的森林资源和生态系统。（作者：《第一财经日报》记者　章轲）

被贱卖的黄金？煤炭分质利用调查

对煤炭产业来说，随着绿色化、清洁化、资源化等概念的提出，"分质利用"被称为下一个发展方向。所谓分质利用，就是不只将煤炭简单看成能源，还是具有多种化工原材料的宝贵资源。2015 年 4 月，国家能源局发布《煤炭清洁高效利用行动计划（2015—2020 年）》，将"稳步推进煤炭优质化加工、分质分级梯级利用、煤矿废弃物资源化利用等的示范，建设一批煤炭清洁高效利用示范工程项目"作为其 7 个目标之一。并提出，要在 2017 年，低阶煤分级提质关键技术取得突破；2020 年，建成一批百万吨级分级提质示范项目。但是，由于工艺不成熟，对高油煤的"分质利用"面临两个严峻问题：一是生产出来的油品质量差，二是环境污染严重。（作者：原《财新传媒》记者　孔令钰；《新京报》记者　刘伊曼）

永远留住江豚的微笑

洞庭湖，北纳长江分支松滋、太平、藕池、调弦四口，南接湘、资、沅、澧四水，总面积 2 625 平方千米。东洞庭湖湿地是国际重要湿地、湖南唯一的国家级自然保护区。作为洞庭湖的本底湖，其生物多样性保护较为完整，是长江中下游重要的水生生物资源基因库和淡水渔业生产基地，被国际社会誉为"长江中下游的生态明珠""拯救濒危物种的希望地"，是湖南乃至中国的一张"国际名片"，在国际国内的意义和价值无可替代。

可是，随着环境质量持续下降，被誉为"长江女神"的白鳍豚已功能性灭绝；洞庭湖江豚种群更加危急：种群数量呈急速下降趋势，死亡速率远高于其他区域和其他濒危野生动物！如不紧急加以保护，洞庭湖江豚将会成为长江流域最先灭绝的江豚种群。（作者：范永萃）

2015 年值得记住的环保人物

陈吉宁（新任环境保护部部长）……

2014"江河十年行"纪事

（作者：中央人民广播电台记者 汪永晨）

2015 年国内国际十大环境新闻

（章轲整理）

目　录

总论：追求绿色发展的"质"

章 轲

2015 年 10 月 26—29 日召开的党的十八届五中全会提出必须牢固树立并切实贯彻创新、协调、绿色、开放、共享的发展理念，并对生态文明建设和环境保护做出了重大战略部署，"绿色发展"成为五大发展理念之一。

从 2015 年起，绿色发展贯穿于经济、政治、文化、社会和生态文明五大建设的各方面和全过程，开启了中国经济和社会发展新常态的新征程。

在 2016 年的全国环境保护工作会议上，时任环境保护部部长陈吉宁表示，全面建成小康社会，亟须加快补齐生态环境突出短板。小康全面不全面，生态环境质量是关键。

与以往空泛地强调"环保新道路"的治理理念不同，追求绿色发展的"质"，"以改善环境质量为核心"，这是环境治理思路和措施手段的重大转变。

的确，中国目前已经到了大气污染、水污染和土壤污染"三大危机"最为严峻的时刻。

2014 年，全国 300 多个地级以上城市中 80% 未达到国家空气质量二级标准。长三角、珠三角，特别是京津冀地区大面积雾霾频繁发生。大范围、长时间的雾霾天气严重影响到人民群众正常的生活，成为人民群众的"心肺之患"。

平心而论，这些年环保部门围绕大气污染治理也做了大量工作，查污染源、关闭重污染企业、机动车限行、淘汰黄标车等，但人民群众感受不到。"雾霾"仍是连续多年百姓和"两会"代表、委员们议论的话题。

水污染和土壤污染也同样。2014 年环境保护部调度处理并上报的 98 起重大及敏感突发环境事件中，就有 60 起涉及水污染；2014 年全国污染状况调查公报显示，全国土壤总超标率高达 16.1%。

中国资源环境约束日益趋紧，环境承载能力达到或接近上限，环境质量已经成为全面建成小康社会的短板和瓶颈制约。对比发达国家的发展历程，中国在相同发展阶段的环境问题更加复杂多样，呈现明显的结构型、复合型、压缩型特点。

当下的环境治理，必须加强对地方政府的监督，督促地方政府切实负起责任；坚持源头严防、过程严管、后果严惩，加大对违法企业的查处力度；重点要攻克大气、水体、土壤污染防治。

质量改善是坚持以人为本、增进人民福祉的重要体现，是生态环境保护的根本目标，也是评判一切工作的最终标尺。

多年来，环保部门实行的是总量减排，按照可统计、可监测、可考核的"三可"原则，基于国家设定的化学需氧量、二氧化硫、氨氮、氮氧化物 4 种污染物减排比例，主要由重点行业的污染源实行工程减排和淘汰落后产能等来完成。但这种总量控制的办法，涵盖的污染物种类、污染源范围以及削减的力度均不足以支撑环境质量的全面改善。对质量改善具有明显影响的量大面广流动源和面源涉及的较少，流动源和面源排放量的增加抵消了重点行业的排放量下降的成果。

"这也是为什么大家感觉总量年年下降，而环境质量改善却不明显的原因。"陈吉宁说。

他解释说，总量控制只是改善环境质量的主要手段之一。以霾为例，其实质是能源以煤为主的结构、产业以重化工为主的结构以及城市粗放型扩张和环境管理等问题的综合体现，解决霾要综合应用各种手段。

陈吉宁对记者说，"以改善环境质量为核心，可以倒逼能源结构和产业结构调整以及城市精细化环境管理，发达国家解决环境问题的路径和手段以及我国兰州、太原等城市的实践均如此。"

他说，"目前主要污染物排放量仍处于千万吨级高位，总量减排仍是改善环境质量的主要手段之一，随着污染源全面达标排放和环境质量的逐步改善，总量减排就不是主要手段之一，将逐步弱化。"

"质量改善是刚性要求的红线，绝对不能触碰；总量减排是硬性要求的底线，是最基本的要求。总量减排考核必须服从质量改善考核：质量改善和总量减排任务均未完成，将严格依法问责；质量改善了而总量未完成，将尊重地方的协同减排，从国家总量指标进行调剂，严格执行考核办法。"陈吉宁说。

在 2016 年 1 月 11 日召开的 2016 年全国环境保护工作会议上，陈吉宁对来自全国各地的环保厅（局）长们说："当前围绕改善环境质量这个核心，一些党员干部思想观念迟迟转变不过来，工作思路、工作方法仍停留在过去，没想法，没办法，没起色。思想观念、方式方法必须尽快转变、调整到位。"

"转不过来，就换人！"他大声地说。

《中国环境记者调查报告（2015 年卷）》同样是围绕环境质量这一核心展开的。

《高风险期的中国环境》一文，作者通过 2015 年相继发生的福建漳州古雷石化（PX）项目爆炸、天津港"8•12"特别重大火灾爆炸事故、甘肃省陇星锑业有限公司尾矿库尾砂泄漏造成嘉陵江流域锑浓度超标等一系列重特大安全生产事故，说明长期以来粗放式发展的负面影响开始显现。环境进入高风险期，守住安全底线难度大。

而在 2015 年，环保领域一个重大的动作就是环境保护部向自己"开刀"。《"以污养污"：环保腐败比雾霾更可怕》《"红顶中介"灭顶：环评改革向左还是向右？》将目光聚集在环保系统内的反腐和"红顶中介"脱钩问题上。

作者提示，随着环境问题日益严峻，近年来环保部门地位提升，而权力凸显，环保系统的腐败案件易发、频发。环境保护部也力求彻底治理环保官员的腐败问题。文章还梳理总结在环保部门惩治腐败的措施，以及制约权力滥用的办法，以防微杜渐。

2015 年是环评专项整治之年，"红顶中介"被率先开刀，环评新政规章频出，环评违规案例时有公布，在一系列组合式重拳之下，一场环评专项整肃风暴呼啸而来。2015 年 3 月，陈吉宁痛斥顽疾，并承诺将环保系统内的环评机构分批分期全部脱钩，逾期不脱钩的，一律取消环评资质。与此同时，捋顺环评体制，也是杜绝利益灰链腐败、让环评回归生态防线和绿色屏障的重要前提。

2015 年，国际环保界的一件大事就是经过数年的谈判、磋商、磨合而终于获得通过的《巴黎协定》，是全世界共同应对气候变化的一份目标责任书。《巴黎气候大会：新的征程》一文认为，这个过程并不容易，"暗战"不息，达成的约定也并不能让大家都满意，但终究是迈出了历史性的一步。

有关《巴黎协定》的最新消息是，2016 年 10 月 7 日，联合国法律事务厅通过秘书长新闻发言人办公室发表通报称，包括欧盟在内的 11 个《联合国气候变化框架公约》缔约方已正式向联合国交存了气候变化《巴黎协定》的批准文书，由此使该协定具备了正式生效的必要条件。这是联合国以及人类大家庭历史上具有里程碑意义的重大进展。《巴黎协定》将于 2016 年 11 月 4 日正式生效。

《中国环境记者调查报告（2015 年卷）》还关注和报道了 2015 年发生的天津港大爆炸、大众"排放门"事件、大学生掏鸟窝获刑、国有林场（林区）改革，以及煤炭分质利用、雾霾"惹火"的认证市场、江豚保护等。

在汪永晨每年一篇的《江河十年行纪事》中，继续向读者娓娓道来那些江河边发生的人与事。

值得一提的是，《中国环境记者调查报告（2015 年卷）》增加了"值得记住的环保人物"一章。入榜人物包括陈吉宁（新任环境保护部部长）、柴静（雾霾真相）、张力军（环保首虎）、常纪文（绿色中国年度人物）等，这些人物，有正面的、反面的，有争议的，也有学术领先的，都值得一读，值得回味。

高风险期的中国环境

章 轲①

摘 要：我国环境污染已经积累到一定时间和程度，对人体健康的损害也进入了高发期。但总体来看，我国的环境风险管理还处于起步阶段，目前仍处于事件驱动型的环境风险管理模式阶段，环境管理注重的仍然是短期的污染控制，以风险控制和削减为导向的环境管理模式尚未形成。

关键词：环境污染 生态安全 健康 环境风险管理

2011 年 212 起，2012 年 202 起，2013 年 197 起，2014 年 98 起，2015 年上半年 45 起……

这里的每一个数字，都代表着一起突发环境事件，而且是已经动用了国家力量去调度处置的突发环境事件。

从数量上看，这些年突发环境事件总体呈缓慢下降的趋势。但环保部门的分析显示，近年来，我国重大环境突发事件，以及涉油气管线、有毒有害气体、重金属突发环境事件等却呈快速上升趋势。

"环境进入高风险期，守住安全底线难度大。"在 2016 年 1 月召开的 2016 年全国环境保护工作会议上，环境保护部部长陈吉宁表示："当前和今后一段时期是我国环境高风险期，区域性、布局性、结构性环境风险更加突出，环境事故呈高发频发态势。"

---

① 章轲，《第一财经日报》首席记者；首都编辑记者协会理事、中国环境文化促进会传媒委员会理事，中国环境科学学会环境经济学分会委员。撰写过大量有影响力的环境新闻报道。

"4·6"福建漳州古雷石化（PX）项目爆炸事故、"8·12"天津港特别重大火灾爆炸事故、"11·24"甘肃锑泄漏事件，为刚刚过去的 2015 年，留下了沉重的一笔。

"风险源"就在身边

"环境进入高风险期，主要是看环境事件导致的环境损失大小和事件发生的概率。"南京大学环境学院院长、中国环境与发展国际合作委员会生态环境风险管理研究课题组中方组长毕军介绍，1993—2014 年，我国环境污染事件发生频数总体呈现波动下降的趋势，这主要得益于在各类污染事件驱动下环境风险管理水平的不断提升。

但他同时表示，"重大突发环境事件如 2010 年大连输油管线爆炸事件、2015 年天津化学品爆炸事件仍然发生，突发环境污染事故风险仍然不容乐观。"

在环境风险的链条中，课题组最先关注的是"环境风险源"。毕军介绍：环境风险源就是可能产生环境危害的源头，是环境风险事件发生的先决条件。

根据风险类型的不同，风险源可以是易燃易爆或有毒有害危险物质生产、存储和使用设施、危险物质供应过程中的运输、"三废"处理设施，也可以是在环境中长期存在的污染（如污染物排放导致的长期空气污染）、污染场地的土壤和地下水等。

《第一财经日报》记者从环境保护部了解到，目前，处于城镇人口稠密区、江河湖泊上游、重要水源地、主要湿地和生态保护区的危险化学品生产企业已成为重大环境风险隐患。

环境保护部重点行业企业环境风险及化学品检查结果显示，全国 4.6 万多家重点行业及化学品企业中，有 12.2%的企业距离饮用水水源保护区、重要生态功能区等环境敏感区域不足 1 千米，10.1%的企业距离人口集中居住区不足 1 千米，72%的企业分布在长江、黄河、珠江和太湖等重点流域沿岸。

中国环境科学研究院 2013 年的"中国人群环境暴露行为模式研究"结果表明，全国大约有 1.1 亿人居住在 7 大类污染企业周边 1 千米范围内，有 1.4 亿人居住在交通干道 50 米范围内。

2013年"12·31"山西苯胺泄漏事故期间，抢险人员在漳河上用活性炭筑坝　摄影/章轲

在这些地区，哪怕只有一家企业稍有"闪失"，就会出现局部或更大范围的环境污染事件。

2013年年初，《第一财经日报》记者就在河北邯郸亲历了几个惊心动魄的夜晚。2013年1月4日，有报告称在漳河河北段上游出现死鱼，经邯郸有关部门紧急化验，1月5日发现水体挥发酚超标。之后，山西长治方面告知漳河长治段出现了苯胺泄漏事故。

由于担心山西事故性污染物流入水源地之一的岳城水库，邯郸市于1月5日关闭岳城水库的取水闸，造成市区大面积停水，随即引发市民抢水储水风潮，很多商店矿泉水出现断货。事故同样影响下游河南省安阳市的水质安全，红旗渠、安阳河、岳城水库等用于人畜饮用和农田灌溉的水源被停用。

之后的6日、7日两天，本报记者在岳城水库和漳河干流采访时看到，环保检测人员正在岳城水库取水样，邯郸军分区也调动 400 余名官兵进入危险的冰面取样，抢险人员还在漳河上用活性炭筑坝。

事故通报显示，2012 年 12 月 31 日，山西省长治市潞城境内的山西天脊煤化工集团苯胺罐区因输送软管破裂发生苯胺泄漏，污染物流入浊漳河，进而排入下游河北邯郸、河南安阳境内，造成饮用水水源污染事故。

2012 年，内蒙古乌梁素海的水污染问题被屡屡上报到环境保护部。当年 5 月，本报记者在实地采访时发现，这一曾经被誉为"塞外明珠"的黄河流域最大的淡水湖，已经被大面积的黄藻覆盖，湖面上不时能看到粪便、塑料瓶等垃圾和数不清的死鱼，不少地方泛着白沫，空气中散发着腐臭的味道。

"乌梁素海就是河套灌区和上游 5 个旗县市的公共厕所，说的再难听点就是'尿盆子'。"当地一位环保人士告诉记者，排入乌梁素海的不仅有农田排水，更有大量的工业废水。

内蒙古乌梁素海水面大量黄苔滋生，意味着水体已受到严重污染　摄影/章轲

2004 年 6 月 25 日，内蒙古河套灌区总排干沟管理局因水位超过警戒线要退水，将积存于乌梁素海下游总排干沟内约 100 万立方米的造纸等污水集中下泄排入黄河，造成"6·26"黄河水污染事件，对黄河 400 多千米河段造成了 14 天的严重污染，污染源附近的黄河水域 80%野生鱼类死亡，仅包头市就蒙受经济损失约 1.3 亿元，200 多万名市民生活受到影响。这也是新中国成立以来黄河遭遇的最大一次污染事故。

巴彦淖尔市河套水务集团的数据显示：每年进入乌梁素海的水大概是 3.5 亿～4 亿立方米，其中生活污水和工业废水就有 2 亿立方米，而乌梁素海的总库容只有 3.2 亿立方米。巴彦淖尔市环境监测站的监测资料称，乌梁素海目前环境污染和生态功能退化形势严峻，氨氮超标率为 30.3%，底泥污染严重，总氮、总磷和重金属超标。

"风险地图"揭示真相

"值得注意的是，虽然工业设施化学品爆炸等安全事故不一定会造成外界环境污染及损害，但这种可能性是存在的，即其环境风险是存在的。"毕军说。

"8·12"天津港特别重大火灾爆炸事故也证实了课题组的判断。

据国家安全监管总局 2015 年 2 月 5 日公布的"天津港'8·12'瑞海公司危险品仓库特别重大火灾爆炸事故调查报告"，通过分析事发时瑞海公司储存的 111 种危险货物的化学组分，确定至少有 129 种化学物质发生爆炸燃烧或泄漏扩散。

其中，氢氧化钠、硝酸钾、硝酸铵、氰化钠、金属镁和硫化钠这 6 种物质的重量占到总重量的 50%。同时，爆炸还引燃了周边建筑物以及大量汽车、焦炭等普通货物。本次事故残留的化学品与产生的二次污染物逾百种，对局部区域的大气环境、水环境和土壤环境造成了不同程度的污染。

本报记者从环境保护部了解到，"8·12"天津港特别重大火灾爆炸事故发生 3 小时后，环保部门即开始在事故中心区外距爆炸中心 3～5 千米范围内开展大气环境监测。

监测分析表明，本次事故对事故中心区大气环境造成较严重的污染。事故发生后至 9 月 12 日之前，事故中心区检出的二氧化硫、氰化氢、硫化氢、氨气超过《工作场所有害因素职业接触限值》中规定的标准值 1～4 倍；事故中心区外检出的污染物主要包括氰化氢、硫化氢、氨气、三氯甲烷、苯、甲苯等，污染物浓度超过《大气污染物综合排放标准》和《天津市恶臭污染物排放标准》等规定的标准值 0.5～4 倍，最远的污染物超标点出现在距爆炸中心 5 千米处。

"8·12"天津港特别重大火灾爆炸事故还对爆炸中心周边约 2.3 千米范围内的水体造成污染。环保部门的监测表明，主要污染物为氰化物。事故现场两个爆坑内的积水严重污染；散落的化学品和爆炸产生的二次污染物随消防用水、洗消水和雨水形成的地表径流汇至地表积水区，大部分进入周边地下管网，对相关水体形成污染；爆炸溅落的化学品造成部分明渠河段和毗邻小区内积水坑存水污染。对爆坑积水的检测结果表明，呈强碱性，氰化物浓度高达 421 毫克/升。

重庆某电镀厂散发着浓烈气味的污水直接排放到河中　摄影/章轲

此外，对事故中心区的土壤监测分析表明，部分点位氰化物和砷浓度分别超过《场地土壤环境风险评价筛选值》中公园与绿地筛选值的 0.01～31.0 倍和 0.05～23.5 倍。

2014 年 11 月 24 日，甘肃省陇星锑业有限责任公司尾矿库发生尾砂泄漏，造成嘉陵江及其一级支流西汉水数百千米河段锑浓度超标，致使甘肃、陕西、四川相关水域水质受到污染，四川省广元市、南充市等地的生产生活用水一度吃紧。

课题组发现，我国的环境风险不仅与重大风险源具有空间分布的一致性，与行业结构性也密切相关。

本报记者从环境保护部得到的一张环境风险地图显示，我国中东部地区的河北、山东、河南、江苏、上海、浙江、福建、广东、湖南和四川，均属重大风险源分布密集区。而重大风险源较少的地区，污染事件数量也相对较少，如西北及东北地区。广西虽然重大风险源少，但却呈现出事故高发的特征，这可能归因于其环境管理水平低下。

在对 2000—2010 年全国累计发生的 1 065 起环境污染事件分析后，课题组发现，环境污染事件发生最多的集中在 12 个行业，依次为化学原料及化学品制造业、水的生产和供应业、道路运输业、水上运输业、造纸及纸制品业、黑色金属/有色金属采选业、黑色/有色金属冶炼及压延加工业、石油加工炼焦及核燃料加工业、电力/热力生产和供应业、农副食品加工业、纺织业、石油和天然气开采业。

2014 年 5 月，环境保护部的通报显示，目前全国有重大环境风险级别的企业有 4 000 多家，涉及石油加工、炼焦业、化学原料及化学品制造业和医药制造业等重点行业。

据环境保护部介绍，近年来，我国有毒有害气体突发环境事件呈上升趋势。统计数据显示，2012 年、2013 年，我国有毒有害气体突发环境事件均为 4 起，2014 年有毒有害气体突发环境事件猛增到 20 起，其中重大事件 1 起（广东省茂名市茂南区公馆镇 97 名师生吸入受污染空气致身体不适事件），较大事件 2 起。2015 年上半年，有毒有害气体突发环境事件就高达 10 起，其中较大事件 1 起。

有毒有害气体并非发生事故了才出现。事实上，它无处不在。

环境保护部机动车污染防治专业委员会副主任颜梓清告诉本报记者，近年来，机动车污染已成为我国空气污染的重要来源，在一些大城市，机动车排放的氮氧化物（NOx）和颗粒物（PM）占这类污染物总量的90%多，碳氢化合物（HC）和一氧化碳（CO）则超过70%，是污染物总量的主要贡献者。机动车尾气排放一般距离地面1～1.5米，其所产生的"呼吸带"污染物极易影响人们的身体健康，特别容易对儿童造成危害。

风险防范与削减路线图

"我国环境污染已经积累到一定时间和程度，对人体健康的损害也进入了高发期。"中国疾病预防控制中心环境与健康相关产品安全所研究员徐东群说。

他以1995—2013年我国废气排放情况为例，根据环境保护部历年公布的中国环境状况公报，在2000年之前，我国废气排放量较低。自2000年之后逐年明显增加，在2011年达到峰值。

据2014年《中国环境状况公报》，全国开展空气质量新标准监测的161个地级及以上城市中，145个城市空气质量超标。也就是说，90%的城市人群生活在空气质量不达标的城市中。

徐东群介绍，京津冀区域是空气污染相对较重的区域，有11个地级城市排在污染最重的前20位，其中有8个城市排在前10位。煤烟型污染、汽车尾气污染与二次污染相互叠加，复合型污染特征突出。2015年1—6月考核PM_{10}的21个省中有10个省份PM_{10}浓度不降反升；非重点区域省份大气治理进展相对缓慢。重污染天气尚未得到有效遏制。

世界卫生组织一份"2010年全球疾病负担研究报告"称，室外空气颗粒物污染在中国的死亡率和整体健康负担中均排名第四位，在中国导致了123.4万人死亡以及2 500万健康生命年的损失。

通过对上述1 065起突发环境事件的分析，课题组认为，人为因素是最主要的事件原因（占50%～70%）；设备故障如磨损腐蚀、老化和超期使用等引起的环境污染事件所占比例为10%～20%；而制度不合理等其他原因占30%左右，且呈现上升趋势。

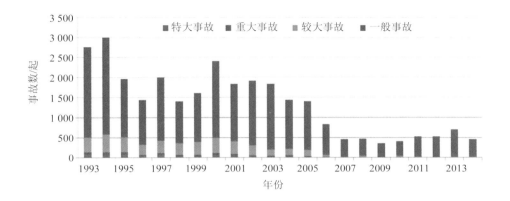

中国 1993—2014 年环境污染事件频数变化

资料来源：中国环境与发展国际合作委员会。

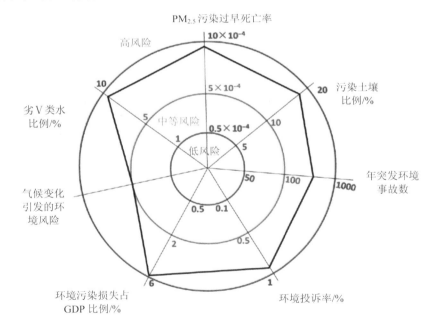

中国环境风险比例图

资料来源：中国环境与发展国际合作委员会。

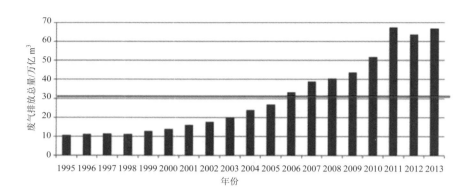

1995—2013 年我国废气排放情况

资料来源：环境保护部。

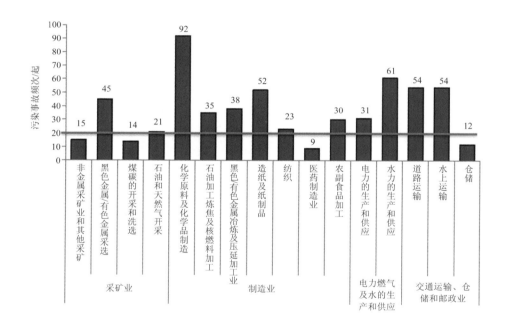

主要事件涉及行业分布情况

资料来源：中国环境与发展国际合作委员会。

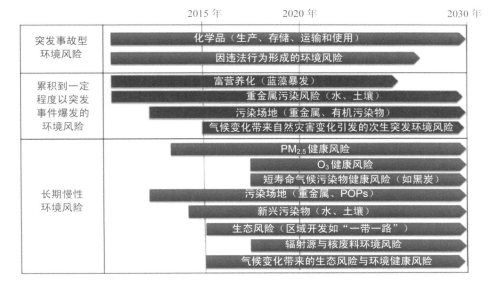

未来近中期中国需重点关注环境风险的初步筛选

资料来源：中国环境与发展国际合作委员会。

"总体来看，我国的环境风险管理还处于起步阶段，目前仍处于事件驱动型的环境风险管理模式阶段，环境管理注重的仍然是短期的污染控制，以风险控制和削减为导向的环境管理模式尚未形成。"毕军说。

多位专家对本报记者表示，在国家战略层面，现行环境管理体系对经济发展所带来的风险，以及布局性与区域性环境风险问题的考虑不足，重大战略和规划（如国民经济与社会发展五年规划、新型城镇化规划、"一带一路"倡议、京津冀一体化发展、长江经济带建设战略等）在制定过程也没能全面、实质性地将环境风险评估纳入。

上述课题组介绍，缺乏"支撑环境风险管理的金融手段体系"也是我国环境风险管理体系中的一个短板。以环境污染责任保险（以下简称"环责险"）为例，环境保护部政策法规司环境政策处处长赖晓东介绍，新《环境保护法》仅仅是"鼓励投保环境污染责任保险"。由于没有法律强制力，企业缺乏参保的外在压力。此外，我国在环责险保险费率与额度、污染定损技术指南等方面仍显不足。

"天津爆炸事故发生后，京津冀加强了环境风险的防控，这是一个非常好的起点。"联合国环境规划署执行主任施泰纳表示，依据国际经验，中国应设立高层次的国家环境风险委员会，负责指导协调不同环境风险之间，以及经济发展与环境风险管理目标之间的关系，协调与监督不同部门之间环境风险管理的事务。

施泰纳说，这一委员会还可以组织对潜在环境风险进行全国以及区域性评估与排序，建立国家及区域环境风险管理优先级清单，制定不同层次的环境风险管理目标与战略。

上述课题组也建议，建立国家重大宏观战略环境风险评估与预防制度。针对新型城镇化、"一带一路"、京津冀一体化、长江经济带等宏观战略，开展近、中、远期的环境风险评估，形成预防性环境风险策略，并构建环境风险防范与削减路线图。

"因此在制定环境污染治理政策时，需要充分考虑减少人群的污染物暴露水平，降低健康风险。"徐东群认为，我国在对《环境健康行动计划（2007—2015）》进行评估的基础上，应继续滚动制订《环境健康行动计划（2016—2020）》，确定"十三五"我国环境健康优先领域，并提出切实可行的阶段目标。针对优先控制的环境污染物，开展人群体内负荷监测，掌握优控污染物的人群暴露水平。

相关报道

国外应对突发环境事件启示：莱茵河的"鲑鱼—2000 计划"

章 轲

1986 年，莱茵河上游瑞士一座名为 Sandoz 的化工厂仓库失火，10 吨杀虫剂流入莱茵河，造成鲑鱼和小型动物大量死亡，河流受污染长达 500 多千米，直达莱茵河下游。

莱茵河是欧洲的大河，流域面积 18.5 万平方千米，河流总长 1 320 千米。流域内有瑞士、德国、法国、比利时、荷兰、意大利、列支敦士登、卢森堡、奥地利 9 国。

20 世纪六七十年代是莱茵河流域各国经济发展最为迅速的时期。产业的高速发展使得废气、废水和废物（垃圾）的排放量急剧增加。由于对废气、废水和废物缺乏必要的处理手段，使流域内工业集中的地区出现了严重的环境污染。到 1950年末期，莱茵河的鲑鱼已经绝迹。水生动物区系种类数量大幅减少，种类谱系以耐污种类为主。

污泥汞和镉污染在 20 世纪 70 年代中期达到顶峰，这是莱茵河污染最严重的时期，其河水闻上去"有一股苯酚的味道"，有人甚至戏说可以直接用它来冲洗胶卷。

有资料称："1971 年时，德国美茵河汇入莱茵河口至科隆这段约 200 千米的河段中，鱼类完全消失，局部地区水中溶解氧几乎为零！"莱茵河由此失去了原有的风采，被人冠之以诸如"欧洲的下水道""欧洲之厕所"等恶名。

但 Sandoz 污染事件发生后，沿岸各国仅用了短短 17 年的时间，就使莱茵河水质发生了根本性变化。鲑鱼从河口洄游到上游瑞士一带产卵，鱼类、鸟类和两栖动物也重返莱茵河。

这一切是如何发生的？

从魔咒中重生

中国水利水电科学研究院教授董哲仁介绍，为了重现莱茵河的生机，恢复莱茵河流域的生态系统，瑞士、法国、卢森堡、德国、荷兰等莱茵河流经的部分国家于 1950 年 7 月 11 日成立了保护莱茵河国际委员会（ICBR），并很快由一个松散的国际论坛发展成为一个由莱茵河全流域 9 国及欧盟代表共同参加的国际协调组织。

ICBR 的成立，对莱茵河的治理工作起到了极其重要的作用，一批条文具体的国际公约遂得以陆续通过，并付诸实施。1963 年，各国在该委员会的框架下签订了合作公约，制定了共同治理莱茵河的合作基础；1976 年，该委员会又先后通过了防止化学物质污染莱茵河以及专门的防止氯化物污染莱茵河条约……

曾经被称为"欧洲的下水道"和"欧洲之厕所"的莱茵河如今已成为欧洲旅游的一大美景
摄影/章轲

　　Sandoz 事故在莱茵河周边国家激起了保护莱茵河的热浪。在很短的时间里，流域各国召开了三次以上部长级会议，讨论莱茵河污染问题。

　　1987 年，ICBR 通过了旨在全面整治莱茵河的"莱茵河行动计划"。这一计划得到了莱茵河流域各国和欧共体的一致支持，其鲜明特点是以生态系统恢复作为莱茵河重建的主要指标，主攻目标是：到 2000 年鲑鱼重返莱茵河，以此检验河流整体生态恢复情况，所以将这个河流治理的长远规划命名为："鲑鱼—2000 计划"。

　　除此之外，"莱茵河行动计划"还有另外两项目标：保证莱茵河继续作为饮用水源；降低莱茵河淤泥污染，以便随时利用淤泥填地或将淤泥泵入大海。

　　在这一计划中，各国部长们还通过了一些很具挑战性的宏伟目标，如 1985—1995 年，有害物质的排放量降低 50%；1988 年，北海出现了大量海藻，这说明莱茵河污水排放与其河口外围海洋环境的影响有着密切关系。

　　董哲仁介绍，"莱茵河行动计划"在实施过程中，ICBR 首先确定了一个需要优先解决的有害物质清单，分析了这些有害物质的来源和排放量。"如何减少正常情况下有害物质的日排放量"，这是"莱茵河行动计划"的核心。

沿岸各国投入了数百亿美元用于治污和生态系统建设，包括建立污水处理厂等。值得一提的是，1987 年，受 Sandoz 事故的启发，ICBR 开发一种计算机模型，借助这一模型，可以预测整条莱茵河污染物浓度以及在何时、何处污染物浓度最高。

由于计算快捷，莱茵河沿岸警报中心能够立即预测重大事故对下游的影响。因此，可以立即启动相关措施，防止或减轻污染造成的损失。如果莱茵河沿岸发生事故，该模型能够预测整条莱茵河（从康斯坦茨湖到荷兰）的污染情况，预测范围甚至包括河口地区的 3 条河流，并能计算出死水区对有毒物质扩散的影响。

ICBR 还清查了沿岸所有的工厂，并要求各国有关责任部门定期检查这些工厂的设备安全标准和安装情况。

到 2000 年莱茵河全面实现了预定目标，沿河森林茂密，湿地发育，水质清澈洁净。鲑鱼已经从河口洄游到上游——瑞士一带产卵，鱼类、鸟类和两栖动物重返莱茵河。

12 人管好一条河

董哲仁介绍，ICBR 委员会的主席轮流由成员国的部长担任，部长们只是兼职，出席重要的会议。3 个常设工作小组分别负责水质、生态和污染方面的工作，还有许多专家小组解决与常设工作小组和项目小组有关的具体问题，每个专家小组都由各国政府专家组成。实际上，ICBR 的日常工作，只是一个由 12 人组成的国际秘书处负责，办公地点设在德国科布伦茨。

ICBR 在管理上显然"棋高一招"，据 ICBR 秘书长亨克（Henk Stek）介绍，"虽然鲑鱼对水质最敏感，但鱼不会说话，因此我们找到了自来水和矿泉水公司，他们对水质最敏感，而且会说话。因此，他们就成了水质污染的报警器，而且我们也把容易造成污染的企业——化工企业，也组织进来，这样就给了他们对话和沟通的机会。"

董哲仁介绍，莱茵河治理之所以得到成功，也归功于法律保障。莱茵河流域的许多协定属于国际法范畴，各国在签署协定后就有共同遵守的责任和义务。但同时要在国内的法律框架下通过相关的法律程序。如 1999 年新的莱茵河保护协定通过后在各国议会签署，成为指导莱茵河流域未来开发利用和保护的依据。

此外，莱茵河各国之间在过去的数十年中建立了良好的相互信任机制，虽然各国利益不同，但各种国际委员会都能够本着从流域整体出发进行合作，分工明确。为了使河流保持良好的生态环境，德国在 1970 年制定了严格的污水排放标准，瑞士虽然处在上游，但积极投入莱茵河的治理活动中。新的防洪计划中扩大行洪河道、增加滞洪区都由各国自己承担，而受益者可能更多的是下游国家和地区。

良好的协作机制也在其中发挥了重要的作用。在莱茵河流域的合作中分为两个层次，即国家之间的合作和地区之间的合作。协作机制包括信息的交流，当上游发生洪水可以以最快的速度通知下游，目前的预警水平已经可以达到 3 天；当上游发生突发性污染，下游沿河国家的监测站能够在第一时间采取预警措施。定期的会晤、协调，也同样增加了认同和合作的机会。

此外，许多问题的解决离不开公众的参与。作为国际河流，上下游之间只有达成一致的决策，才能有效地实施，这就要求政治家要有高度的责任感和从全流域的共同福祉来考虑问题。

"在沿岸各国，莱茵河的水质问题时时受到大量的民间组织的关注和监测，这从另一个方面证明，莱茵河的污染治理确实取得了成效。"董哲仁说。

"以污养污"：环保腐败比雾霾更可怕

华凌^①

摘　要： 随着环境问题日益严峻，近年来环保部门地位提升，而权力凸显，环保系统的腐败案件易发、频发。本文揭露了这些年来国内环保部门官员的主要腐败问题，反映出2015年环境保护部新任党组书记陈吉宁启动"环评风暴"，重拳出击环保体系中真正的腐败"重灾区"，力求彻底治理环保官员的腐败问题。同时，梳理总结在环保部门惩治腐败的措施，以及制约权力滥用的办法，防微杜渐。

关键词： 环境保护　腐败　环评风暴　污染治理

官员腐败早已不是新鲜话题，环保官员腐败的历程及手段也未必"耳目一新"，令人震惊的是，在党中央的强力反腐风暴下，环保部门的官员也未能独善其身。环保领域每年发生腐败的案件数量呈增长态势，涉及腐败的人数逐年增多，有些环保官员的腐败手段着实令人咋舌。现在人们认为污浊的雾霾很可怕，而"以污养污"的环保腐败比它更可怕。

2015年，环境保护部新任党组书记陈吉宁启动"环评风暴"，"重拳"出击环保系统腐败真正的"重灾区"，力求彻底治理环保系统的腐败问题。

---

① 华凌，《科技日报》记者。先后在《科技日报》总编室、新闻研究所、机动记者部、新闻中心、国际部从事科技新闻采编报道工作。2003年获得中国环境新闻工作者协会和联合国亚太区环境项目拜耳青年教育伙伴授予的"拜耳环境好新闻"奖等。

环保腐败"重灾区"乱象

在环保腐败"重灾区",一些地方环保腐败已呈"完整利益链条"之势,部分环保官员与企业勾结,向治污、排污等环节伸手,"黑白通吃"让百姓十分痛恨。

更令人诧异的是,在一些地方的环保部门,治理污染为天职竟成为环境污染"合法化"的代言人,环境污染屡禁不绝与部分地区"以污养污"的环保工作思路密不可分。

一些业内人士向记者介绍,由于不少环保部门工作人员需要通过对企业的罚款费用来供养,在部分省区污染企业"扎堆"的地方,环保部门"衣食无忧"。

案件一:将主管的机动车尾气检测行业当作提款机

2015 年,曾被公认为环保系统中专业能力较强、富有责任心的张力军,从环境保护部副部长岗位上退休两年多后,先后被多次举报,终归"晚节不保",于 7 月 30 日被中央纪委宣布接受组织调查。

从公开履历看,张力军在环保系统深耕多年。1997 年开始,他历任国家环境保护局计划财务司司长、污染控制司司长;2004 年 12 月—2013 年 2 月,任环境保护部(2008 年 3 月前为国家环保总局)副部长长达 8 年多,其间分管的领域包括污染控制司、环境监察局、污染物排放总量控制司等要害部门。

张力军曾被认为是环保系统中专业能力较强的官员,对环保领域的各项数据了然于胸,此次,张力军被查,与其分管的大气污染防治领域有关。2014 年,纪检部门和媒体收到一封题为《揭发"雾霾恶果背后猖狂权利黑手"》的举报信称,张力军等人利用职权授意并伙同编造虚假资质、篡改国家标准、串通骗取中标、制售假冒伪劣计量用检测产品牟取暴利,直指张力军签发的多份污染控制相关标准及文件或违法,并造成全国雾霾污染严重——"该标准导致污染限值高出新车排放标准 10 倍以上,造成全国尾气检测一片混乱,机动车污染无法控制"。

该举报信还称,张力军等授意成立所谓国家级专家组、利用国家监管平台宣传假冒伪劣企业业绩，以达到共同牟取暴利的目的。凡涉及机动车尾气排放检测设备或网络建设的政府采购项目，都派这一国家级专家组参与评标，中标单位无不是利益链条中的3家企业，非法获利超过20亿元。此外，张力军还被举报涉嫌为下属、子女输送巨额利益，将其主管的机动车尾气检测行业当作提款机。

2014年11月，中央第三巡视组进驻环境保护部。

案件二：建 196 个空气监测自动站受贿 345 万余元

为落实国务院大气治理行动计划，加强雾霾治理，2013年，河北省委、省政府决定在钢铁、水泥、电力、玻璃4个行业开展攻坚行动，部署在企业污染物排放系统安装总量排放控制系统，即排污权交易IC卡总量监控系统。

2014年，有关部门收到时任河北省环保厅副厅长李葆在省排污权交易IC卡总量监控试点项目中违规操作、存在重大经济问题的举报材料，遂转河北省检察院。2015年2月15日，河北省检察院依法指定唐山市检察院对李葆涉嫌受贿案进行侦查。4月21日，河北省检察院以涉嫌受贿罪对李葆决定逮捕，拉开了查办河北环保部门腐败窝案的序幕。

2015年10月29日，唐山市中级人民法院一审开庭审理了李葆受贿案。唐山市检察院起诉李葆受贿超过70笔，众多行贿人向李葆的请托事项几乎涉及环保部门所有职能岗位。此外，李葆还为请托人推销工业润滑油、厂区道路吸尘车，为省环保厅临时工转正，为企业、政府"双三十"（30个重点县市，30个重点企业节能减排工作）考核进入优秀等方面牟取不正当利益，收受他人贿赂。

在李葆的受贿款项中，仅2012—2014年河北省53个市级空气监测自动站和143个县级空气监测自动站建设项目招投标，就收受河北某环保科技公司财物达345.13万元。就在案发前两个月，已经听闻风声的李葆仍然单笔受贿15万元。

透过诸多乱象，对近年来环保领域梳理腐败的关键环节，主要集中在：

（1）建设项目管理。按照我国相关法律法规的规定，新、扩、改、迁的建设项目均要执行环境影响评价。有的地方环保工作人员利用这种权力借机"吃、拿、卡、要"。一些地方项目审批、验收往往是同一科室负责,在机制上就存在漏洞,易滋生腐败。

(2)排污许可证管理。目前我国实行主要污染物排放总量控制和污染减排工作。在排污许可证发放和管理中,一些企业为取得排污权,往往贿赂环保干部,导致有的地方存在随意发证或违规发证等现象。

(3)环境执法。随着环保部门执法力度的加大,企业偷排漏排、超标排污、环保设施不正常运行等违法排污行为得到有效打击。一些地方企业为了逃避处罚,往往采取各种办法行贿环保执法人员,导致一些执法人员履职不到位、到位不履职。对于上级机关的突击检查,有的地方环境执法人员甚至向企业通风报信。

(4)环保行政处罚。一些地方环境执法人员由于拿了企业好处,滥用手中的自由裁量权,应该给予较高数额处罚的只给予较低处罚,随意调低处罚种类、降低处罚额度。有的在对违法处罚案件的处理上不按程序处理,或在处理中有失公平。

(5)排污费征收。企业为了降低生产成本,达到少缴排污费的目的,向排污费征收人员行贿,导致在排污费征收过程中,一些排污费征收人员不如实核定排费量或不依据排污量收费,而是协商收费,以及随意减免排污费。

(6)环保资金分配。在环保专项补贴资金申报环节,有的地方管理规定过于宽泛,对项目申报条件、审批、拨付程序以及资金使用的监管途径、方法、责任主体、追究机制等规定均不够明确。一些违法企业与少数地方环保部门合谋骗取环保补贴资金之后,再向相关环保系统官员行贿。

(7)环境监测。由于有资质的环境监测机构出具的环境监测报告,往往被认定为企事业单位是否达标排放的依据,一些企业因此贿赂环境监测部门人员,达到为其出具不真实的环境监测报告的目的。

"环评风暴"重拳出击

2015年1月28日,原清华大学校长陈吉宁被任命为环境保护部党组书记。很快,陈吉宁履新之后,启动了"环评风暴",重拳出击环保系统腐败,特别是环评领域,以根治环保系统的腐败问题。

2月9日，中央第三巡视组向环境保护部通报了专项巡视中发现的问题，集中体现在建设项目环境影响评价方面，其中包括：未批先建、擅自变更等环评违法违规现象大量存在，背后隐藏监管失职和腐败问题；有的领导干部及其亲属违规插手环评审批，或者开办公司承揽环评项目牟利；环评技术服务市场"红顶中介"现象突出，容易产生利益冲突和不当利益输出。

陈吉宁认为，环保系统党风廉政建设形势依然严峻复杂。"从受处分人员情况看，人数呈逐年上升趋势；从发生的案件看，窝案多、串案多，社会影响坏。另外，违纪违法问题还时有发生，顶风违反"八项规定"精神的行为在个别单位比较突出。"他要求环保系统不允许超越权限办事，不能先斩后奏；同时要坚决管好亲属和身边工作人员，不允许他们擅权干政、谋取私利，不得纵容他们影响政策制定和人事安排、干预正常工作运行，不得默许利用特殊身份牟取非法利益。

陈吉宁提出，"发生顶风违纪问题，出现系统性腐败案件的部门和单位，既追究主体责任、监督责任，又严肃追究领导责任。"在全国范围开展环境保护大检查，严肃查处环境违法问题。针对近期中央巡视组发现的问题，陈吉宁要求要加大对环评违法违规行为的监管和惩戒力度，全面清理环保系统领导干部及其亲属违规插手环评审批或开办公司承揽环评项目，严肃责任追究，彻底根治环保系统的腐败问题。

接着，环境保护部查处了多名违反中央"八项规定"的官员。其中，对两名正司局级干部给予党纪处分，对4名司局级干部进行了问责和诫勉谈话，共退款处理92人次，120余万元。

而这只是"毛毛雨"，环保系统腐败真正的"重灾区"是环评领域，这是中央巡视意见中重点突出的问题，也是陈吉宁重拳出击的对象。

在整改通报中，环境保护部彻底整顿环评"红顶中介"，要求全国环保系统所属环评机构2016年年底前与环保部门完全脱钩，其中环境保护部部属单位全资或参股的8家环评机构2015年年底前率先脱钩。

针对有的领导干部及其亲属违规插手环评审批或开办公司承揽环评项目牟利的问题，环境保护部对2012年以来117批次环评资质审批、648项建设项目环评、729个竣工环保验收有关情况进行逐一清查；组织部领导班子成员、近期退出班子的老同志、机关副处级以上干部、部属单位班子成员共453人，对其本人及其父母、配偶、子女及其配偶、其他特定关系人，有无插手环评审批、开办环评公司或在环评领域从业情况，进行全面申报，对有的领导干部因工作需要在环评公司兼职、个别领导干部和个别领导干部亲属持有本单位开办的环评公司股份等问题，按有关规定及时做出处理；出台《关于严格廉洁自律、禁止违规插手环评审批的规定》，明令禁止暗示、默许、说情、打招呼、批示、强令6类插手环评审批的行为，今后发现此类问题，严肃处理、决不姑息。

此番整顿被外界喻为陈吉宁新官上任启动的"环评风暴"。

制约环保部门权力的滥用

法国启蒙思想家孟德斯鸠曾说，"一切有权力的人都容易滥用权力"，那么，各个环节的腐败都是权力运作的结果，包括环保建设项目在内的任何公共项目都存在腐败的可能，会成为滋生腐败的"温床"。

要防止腐败，就要以权力制约权力、以权利抗衡权力、以舆论监督权力，来堵住管理上的漏洞。从本质上而言，掌握权力的人就可能滥用权力，会把权力用到边界为止。要防止权力滥用，就必须对其进行制约。

为进一步加强环保部门关键环节权力制约，有专家建议：

（1）完善工作制度，再建工作流程。进一步完善各环节监督检查办法，使其更具制约性和可操作性。同时，本着廉政风险防范工作常态化和加强行政效能建设的原则，再造工作流程。

以环保专项资金分配为例，针对以往资金分配工作管理上的不足，经过流程再建，形成"各地申报—市级审查—集体研究—网上公示—市政府审批—拨付资金并备案"的工作流程，确保资金分配的公平、公正。

（2）健全信息公开机制，自觉接受社会监督。一方面，充分发挥网络、报刊、广播电视、公示栏等媒体的作用，向社会各界公开办事流程和相关规定；另一方面，采用意见征集表或召开座谈会的形式积极征求政府有关部门、企业和群众的意见、建议，并有针对性地进行整改。同时，变环评报告"简本公开"为"全本公开"，逐步实现环评受理、审批和验收全过程公开，充分保障公众的知情权、参与权和监督权，确保权力在阳光下运行。

（3）完善制度和机制，推进作风建设长效化。按照急则治标、缓则治本、长则建制的原则，既着力解决作风方面的突出问题，又注重从体制机制层面突破，强化制度的刚性约束和执行力，探索解决问题的治本之策。要推进干部队伍建设，严格执行《干部任用条例》和有关规定。加强能力建设，制订竞争上岗、轮岗交流方案，加强领导干部的考察评价工作，使有能力的同志担负起重任。认真贯彻落实《公务员法》，进一步规范岗位、职位设置，修订、完善并在政务网公布，进一步规范公务员队伍管理，建设高素质的环保公务员队伍。

（4）建立责任追究制度，加大问责力度。制定环境影响评价审批工作制度和重大行政决策责任追究制度，实现行政决策权责统一。尤其是在项目环评审批、验收等方面实行审批终身负责制，将项目相关审批资料按照"一项目一档案"的原则进行归档，实现审批全过程记录。对因未尽职履责而造成严重后果的，严格追究相关人员责任。

（5）有效开展廉政教育，实现警钟长鸣。环保部门要认识到宣传教育的重要性，开展多渠道、多种形式的宣教工作，让环保干部职工强化廉政意识，守住法律底线。特别是要善于用身边的事教育身边的人，强化宣教效果。

记者手记

"千里之堤，溃于蚁穴。"环境保护工作的内涵原本是多么洁净，未料其也难逃邪风腐蚀浸染。环保行政管理部门出现腐败之风，知法犯法、知错犯错，这不能不说是对地球——我们的家园犯下的一种罪恶。

保护环境是人类永恒的话题。随着环境的日益恶化，自然灾害越来越多，人类赖以生存的地球已经不堪重负，面临严重的威胁。如何保护环境成为我们每一个人都亟待重视的问题，而作为环保体系的官员更需有良知自律，一旦出现问题更需严惩重罚。否则，十多年以来国家环保部门在全国范围内掀起的强力环保风暴，将功亏一篑。

"红顶中介"灭顶：环评改革向左还是向右？

峥　屹[①]　夏　军[①]

摘　要：2015 年是环评专项整治之年，"红顶中介"被率先开刀，环评新政规章频出，环评违规案例时有公布，在一系列组合式重拳之下，一场环评专项整肃风暴呼啸而来。2015 年 3 月，新任环境保护部部长陈吉宁痛斥顽疾，并承诺将环保系统内的环评机构分批分期全部脱钩，逾期不脱钩的，一律取消环评资质。与此同时，捋顺环评体制，也是杜绝利益灰链腐败、让环评回归生态防线和绿色屏障的重要前提。

关键词：环境影响评价 红顶环评脱钩　环评专项整治行动 环评制度改革 简政放权

2015 年结束还剩下最后两天时，12 月 30 日环境保护部在官网上公布了本年度最后一期的环评机构处罚通报，以此为"环评专项整治之年"作结。

这份专项行动通报指出，经查存在问题的有 30 家环评机构和 31 名环评工程师。问题主要有几个方面：存在盗用其他环评机构资质的行为；存在出租出借环评资质行为；环评文件编制质量较差；存在环评工程师"挂靠"行为。其中，18 家环评机构因为编制的环评文件质量差被责令整改。

环境影响评价的概念，按《环境影响评价法》界定是指对规划和建设项目实施后可能造成的环境影响进行分析、预测和评估，提出预防或者减轻不良环境影

---

① 峥屹，资深媒体人；夏军，北京中咨律师事务所律师、全国律协环境与资源法委员会委员。

响的对策和措施，进行跟踪监测的方法和制度。环评是以"预防为主"原则的重要保障制度。

此后不久，环境保护部再次公布了 5 家不具有资质的中介公司，借用其他环评机构资质承揽环评业务的案例。

环保组织重庆两江志愿服务发展中心近年来多次向环境保护部举报疑似资质挂靠项目，据公开信息整理出的目录上，不具资质却疑似开展环评的中介公司遍及全国，数量众多。部分项目列入了 2015 年 9 月环境保护部发布的专项整治名单中。

2015 年是环境保护部的环评专项整治之年，"红顶中介"被率先开刀。2015 年 3 月，新任环境保护部部长的陈吉宁痛斥环评顽疾，表态称"绝不允许卡着审批吃环保、戴着红顶赚黑钱"，以严厉整顿环评乱象作为上任后的首要任务，率先拿"红顶中介"开刀。

陈吉宁在当时做出承诺，环保系统内的环评机构，将分批分期全部脱钩；逾期不脱钩的，一律取消环评资质。

根据环境保护部发布的脱钩时间表，要求全国环保系统所属的环评机构，全部在 2016 年年底前与环境保护部门完全脱钩：环境保护部所属的 8 家环评机构率先在 2015 年年底前脱钩，省级及以下环保系统的环评机构分别在 2016 年 6 月和 12 月底之前脱钩。

这些环评机构中，有的已改制为市场化企业，却仍与环境保护部门关系紧密；另一部分是各地环境科学院，仍属于环境保护部门的事业单位。

对此，环境保护部原总工程师、中国环境科学学会副理事长杨朝飞分析称，"红顶中介"是以往体制内政企不分的遗留产物，手握特权，既接单环评业务又通达审批关系，影响了环评的公正和质量，又增加了腐败机会和不正之风。

杨朝飞认为，需"摘帽"的"红顶"应在之后扩大范围，不仅针对环境保护部门所属的下级单位，对密切关系到环评领域的化工、农业、水利、林业、建筑、交通等领域所属的事业单位，也应"摘帽"脱钩。

与之同时必须看到，捋顺环评体制，也是杜绝腐败、让环评回归生态防线和绿色屏障的重要前提。环境保护部 2015 年正酝酿发轫的环评制度改革，为斩断利益灰网提供了良好契机。

环评整肃风暴

环境保护部在 2015 年数次展开环评整治检查行动，经统计，有超过 50 家环评机构的资质申请被拒批，被责令取消资质或降低环评等级的环评机构超过百家。被处分的机构，均是拥有环评资质的机构，其中包括一部分隶属于环保系统内的"红顶机构"。

为启动环评制度改革，环境保护部在 2015 年还做了诸多预热。除了掀起环评专项整治风暴，还通过出台新规、修订部门规章以期改变环评的现状。

2015 年 3 月，环境保护部先后制定出台了《环境影响评价机构资质管理廉政规定》《关于严格廉洁自律、禁止违规插手环评审批的规定》，明令禁止暗示、默许、说情、打招呼、批示、强令 6 类插手环评审批的行为；并印发《关于进一步加强环评违法项目责任追究的通知》，旨在进一步规范领导干部从政行为，加强环评机构资质管理廉政建设，强化环境影响评价违法项目责任追究。

同年 10 月，环境保护部新修订了《建设项目环评资质管理办法》，强调严格环评准入，进一步强化对环评机构的监管，赋予地方环境保护部门监管和处罚权限。此外，还明确规定负责审批或核准环评文件的主管部门及其所属单位出资设立的企业、从事技术评估的企业，均不得申请环评资质。

比照新旧办法，对环评机构的资质申请条件上，也设置了更高的门槛。例如，甲级资质的环评机构，环评师数量从不低于 10 名，上调为不低于 15 名；乙级资质机构的环评师最低数量从 6 名增至 9 名。而且，申请、延续资质的环评机构要满足新条件：近 4 年内连续具备资质且主持编制过至少 8 个项目环评报告书。

由此，一系列整治痼疾的组合式重拳，掀起了 2015 年环保领域的一场风暴。基于种种新规，业内人士判断，这可能形成环评机构的新一轮洗牌，规模小的环评机构面临淘汰出局，而对于那些将被"摘帽"的"红顶"机构，能否彻底退出环评市场存疑。

因此，如何斩断环评的利益灰链，也应关注与环评改革行之有效的相互衔接、配套办法。

插手环评被查办

如果不出事，1956 年生的王国长会在 2016 年到龄卸任。然而，在 2013 年，临将退休之际，时任福建省环境保护厅副厅长的王国长落马，系受"环评中介人"、环评专家翁平牵连，事后看来，这一旧案成为全国案发官员中直接插手环评业务的典型"保护伞"。

做环境影响评价，是有环境影响风险的工程项目在开工动土前必经的法律程序，由环境保护部门审批。

根据司法资料显示，2002—2013 年，王国长利用职权，为翁平的原单位福建省化学工业科学技术研究所（以下简称福建省化工所）环评中心，以及翁平的两家中介公司，在环评业务的承接与审批上给予关照和帮助，也因受贿罪而受刑。

翁平在 2013 年被判行贿罪获刑。翁平一案，引发了福建省环保系统的"官场地震"，宁德、福清等地的环境保护局主要领导被查，仅在福建省环境保护厅，就有 3 名官员落马。

至案发时，王国长在福建省环保系统深耕整满 20 年。自 1993 年 3 月起，王国长进入原福建省环境保护局，先后任职开发监督处副处长、处长，污染控制处处长和副局长。2009 年起，王国长任福建省环境保护厅副厅长。

在全国环评公司中，此案极为典型——由地方"人脉通"成立的中介公司，向上盘活通络关系，向下贯穿多家有资质的环评机构，违规资质挂靠、承接项目，让环评关卡形同虚设。

入狱前，翁平是福建省环境应急专家组成员，也曾是福建省化工研究所环评中心主任、高工。据其多年的同事回忆，翁平业务能力很强，也精深于化工、环保领域，之后从省化工研究所辞职单干。

福建省化工研究所为事业单位，但很早已实行企业化管理，翁平在 2007 年与同事承包了福建省化工研究所的环评中心，并由翁平任职主任。

2009 年 6 月，翁平与同事合作成立福建山沃环保科技有限公司（下称福建山沃公司），又在 2010 年 10 月，成立福建华工环境技术咨询有限公司（下称福建华工公司），翁平出任法定代表人、董事长。到 2011 年，翁平从省化工研究所辞职。

然而，他的两个公司并没有环评资质。环评报告要由获得环境保护部批准的具有资质的环评机构编写、出具。环评资质分甲乙两级，要获得资质，需满足诸多条件，其中一条就是对专业人员的数量有要求，并且要专职在岗。

2010 年，福建山沃公司首次向环境保护部申请环评资质因"人员挂靠"遭驳回。环境保护部在当年 10 月下发的通报文件中指出，递交材料中的部分环评工程师为外单位人员，因此不予批准该机构的环评资质，且一年内不得再次申请。

翁平的公司绕路而行，选与有环评资质的机构合作、承接项目。据一份司法文书显示，2010 年 9 月，福建山沃公司与福建省化工研究所作为乙方，与建设单位签订合同。乙方按照合同要求在约定期限内，借用合作单位、一家具有资质的环评公司之名义和资质，编制完成了该项目的环评报告书，并由有资质的环评机构盖章、署名。该环评报告获得了批复。

违规挂靠与真正的合作，实则有明确界限。一位具有环评资质的环评公司总经理认为，假如合作的一方是没有资质的公司，这很可能是违规"挂靠"，而谈不上合作。

环境保护部颁布的《建设项目环评资质管理办法》，明确禁止涂改、出租、出借资质。环评机构涂改、出租、出借资质证书接受委托和主持编制环评的，给予责令限期整改 1～3 年等处罚。限期整改期间，不能开展环评业务，环评报告也不被受理。

2015 年 9 月，环境保护部下发的《全国环评机构专项整治的通知》指出，有104 个环评机构涉嫌资质挂靠和外借。翁平的公司承接的部分环评项目列入其中。

多方获利，唯环境受损

环评制度自 20 世纪 80 年代建立以来，起初由环保系统内的环评机构形成垄断势头，导致环保体制内的人士既容易承揽环评业务，又能疏通关系或者直接干预环评审批。截至 2000 年左右，随着环评项目市场化、环评资质门槛的设立，全国滋生出一批不具资质、却拥有地方关系网的中介公司。

根据环保组织重庆两江志愿服务发展中心近年来的持续观察，在这些"中介"的参与、撮合之下，多家环评公司一方面从其他公司借取资质承揽项目，另一方面也将自身资质外借给其他公司用于后者开展环评业务，由此在全国环评领域形成了一个异样的合作网络。

根据环评公众参与网不完全统计，在全国1 100多家具有资质的环评机构中，422家有过违法、违规不良记录，占比超过1/3，其中，能源、化工、地产等资金密集型行业成为环评违规的重灾区。

业内环评工程师认为，在这个合作灰网中，导致持证的工程师不写环评，而完成环评的人可能是小公司雇佣的无资质人员。然而，为此付出的代价，则是多方获利，唯有环境受损。

相比有资质的环评机构，中介公司因为不需要雇佣专职的注册环评师，成本大为降低，也进而在项目竞价中具有更强的优势；建设单位作为出资方，也以环评尽快通过审批、最大化降低成本为目的；具有资质的环评机构一旦出借资质，也是一笔划算的"生意"，所付成本很低。

运作流程是：中介公司承接到项目后，由出借资质的环评机构与建设单位签订合同，中介公司组织人员做完环评报告后，再以出借资质的环评机构的名义报送到环境保护部门审批。如此，环评的质量也参差不齐。

翁平在法庭上的证言显示，项目环评的审批过程中，有地方官员会提供多方面帮助，包括尽快安排评审会、协调专家加快审批进程、反馈审批遇到的困难、提供项目评审专家名单，并介绍基层环保局官员等。

截至2015年，全国省级环保厅已建立对环评机构的信用考核和评分制。通常，每个季度要召集专家开展一次抽查评定，对不合格的环评机构予以通报、处罚。不过，这些考核指标集中于"是否漏报环评业绩""环评质量是否合格"，并不涉及环评单位是否涉嫌挂靠。据一位环保系统人士介绍，按现有的监管程序，通常环境保护部门不会去调查究竟是谁做的报告。

这位环保系统人士建议，监管体系可做优化、调整，如抽查每一本环评报告时，可就其中重要章节、关键内容，质询在报告书上签字的环评师，从而查实是否存在违规挂靠的嫌疑。

当然，也有更多业内专家呼吁，环评整治应该配套于环评制度改革这个大背景。

向左，还是向右？

2015年，酝酿深化环评制度改革的环境保护部，已组织开展了大调研。不过，在业界，对环评如何改，存有观点分歧：一种是"小修小补"思路，认为应从监管力度不够上着手，通过修订《环评法》，继续强化环评审批，对违法违规行为予以严惩；另一种是对环评制度"伤筋动骨"，革新顶层设计，大刀阔斧改革环评审批程序、方式，通过弱化项目环评，纠正现有制度缺陷，实现简政放权。

第一种改革思路的依据是，环评的问题出在环境屏障作用的把关功能没有得到很好执行，不能弱化审批这一行政前置手段，反而更应强化审批的独立性、重要性，否则等于"先上车后买票"，后患无穷。

持第一种观点的专家认为，环评报告由谁来写不重要，改革重心应在打破环评的评审决策机制不公开。

按环评程序，环境保护部门在审批环评报告之前，要组织专家对环评报告进行评估审查，这一过程并不透明，被质疑留下了暗箱操作的腐败空间。以往多年，评估专家遴选程序全部由环境保护部门来主导。

也有环保业界人士认为，甚至可以大胆尝试放开环评资质管理，提倡业主单位自己写环评报告，以及找环评工程师、委托大牌环评机构写报告等可并存。相应的是，评审委员会扩大范围，鼓励由社会公众、环保组织推选专家进入评估组，以保证评审环节独立，程序公开透明，权力阳光运行。

持第二种观点的专家却认为，项目环评已被审批异化，偏离了能预防项目建成后产生污染的初衷，审批环节藏污纳垢，而且单一强调质量普遍不高、实用性较差的项目环评对环境保护于事无补，应让位于规划环评和战略环评对宏观规划、统筹决策上的重视，通过弱化项目环评的审批，实现简政放权。

截至2015年年底，河北、山东等个别省份推行了改革试点，除重大项目和敏感项目以外，部分类别的一般项目环评由审批制，改为备案制。其做法是，建设单位委托环评机构编制环评报告后，仅在环境保护部门进行备案后即可，不再需审批。

环评报告实行终身负责制，事后一旦出现问题，将严格追究负责环评机构的责任。在支持者看来，环评备案制值得推崇。

环境保护部原总工程师、中国环境科学学会副理事长杨朝飞也赞同在全国推行"环评备案制"，并建议将环评改革与排污许可证制度改革统一起来，弱化项目环评，强化许可证制度管理。

2015年，环境保护部正开展排污许可证制度改革的顶层设计，拟将该制度建设成固定点源环境管理的核心制度。2015年12月，环境保护部部长陈吉宁表示，将实行排污许可证的"一证式"管理，形成系统完整、权责清晰、监管有效的污染源管理新格局。

杨朝飞透露，未来的许可证，将以排放清单为基础，涵盖所有的排放指标，并列有明确的治理措施，而不是以往非常简单的仅有化学需氧量、二氧化硫、氮氧化物和氨氮4个指标。

许可证的制度改革路径，是将许可证的申请、审批环节，置于项目建设之前；并且要求企业主动向环境保护部门申报：产品、产量、工艺流程、产生的污染物、治理措施、风险防范等。这基本上已与项目环评的主要功能重叠，并且更完整地涵盖了项目建成后的"三同时"审查、投产运行时排污申报许可和及时监督等环节。

杨朝飞认为这种改革很彻底，一旦项目获批投产，环保执法时，会监督实际运行与许可证申报情况是否匹配，并通过许可证制度进行及时监管，一举改变了环评仅是前置行政许可、事后监管不力的局限。

确定如何改革需要更多的时间和论证，捋顺环评体制，是杜绝腐败的重要前提。当务之急是让环评过程信息充分公开和公众参与作为"阳光运行"的保障。

审批权下放的现实忧虑

除重特大项目以外，环境影响评价审批不再作为项目核准的前置条件，环境保护部门与投资管理部门将对环评和核准并联办理。这是 2014 年 12 月国务院办公厅印发通知提出的，旨在大幅精简与项目核准相关的行政审批事项。

三个月之后，为配合国务院的简政放权改革，环境保护部下调 13 类项目的管理等级，由编制环境影响报告书降为编制环境影响报告表或填报登记表，这意味着环评门槛和深度的降低。

火电站、热电站、炼铁炼钢、有色冶炼、国家高速公路、大型主题公园等 32 类建设项目环评审批权限，由环境保护部下放至省级环境保护部门；部分省级环境保护部门甚至进一步将一些审批权限下放至市级甚至县级。

2015 年可谓全国多地环保系统环评审批权下放的尝试推行之年，宁夏是本年度最后一个宣布放权计划之地，于 12 月 29 日，宁夏环境保护厅宣布，农林水利、新能源、交通运输等 9 个行业类别、约占 80% 的项目环评，将下放至市县环境保护部门审批。登记表项目管理制度由审批制全部改为备案制，约 50% 的建设项目不再需要审批。

按环境保护部推出的新政，诸多项目的环评审批权限被集中下放。可以预见，未来地方环境保护部门审批的环评数量将会剧增，审批工作进度将会提速，同时，接盘单位能否胜任扩权令人担忧，环保屏障失效的风险明显加大。

1. **依法审批能力和专业技术水准，是公众对环评放权的第一个担忧**

在中国，行政和技术的优势资源集中在上级单位，下级环保系统人手不足，专业水平相对较低。环评审批涉及大量、复杂的工艺和技术问题，基层单位无法邀请到够分量的多领域专家，评审的科学性和把关作用必定要打折扣，而且抗干扰能力匮乏，无法"独善其身"，这样就容易造成环境"防线"失守。

2. **审批条件弹性大、不够清晰，也是环评放权后的拷问**

简政放权是大势所趋，但对环评秩序的规范，环境保护部在放权时应划清红线，尤其是对不能放权的项目类别名单更要明确。截至 2015 年年底，环评审批领域的中央层级规章，依然是 2005 年的《国家环境保护总局建设项目环境影响评价文件审批程序规定》，行政许可的程序和条件简略粗疏，自由裁量空间过大，已经不适应生态文明建设的要求。

通观环境保护部各种形式的文件，对于哪些项目不予审批，环境底线和法律红线何在，至今缺乏明确有效的叙述，不足以防范地方环保系统的弄权渎职。各地做法各异，只要法律不禁止的都允许，这就容易导致打"擦边球"。

3．常受到质疑的问题是，公众参与流于形式、配套监督机制疲软

应当看到，环境保护部门在环评中越来越重视公众参与。利害关系人的赞成率，是环评审批过关的重要因素。然而，环评弄虚作假、质量低劣等越轨行为时有发生。

2015 年 11 月 20 日，环境保护部发布通报称，在福建、河南、湖南等 10 个省（市、自治区）内，15 个项目的公众意见调查存在问题，众多被调查者无法取得联系或表示未填过调查表，甚至把公众的支持和反对意见颠倒。根治这些"顽症"，离不开社会监督的落实深化，急需提升公众对环境决策的话语权。

环评制度改革如何设计

作为简政放权、转变政府职能的整体战略，与环评审批权下放相伴随的，必然是环评制度的改革完善；而环评放权之后出现的各种问题，也必须通过深化改革来加以解决。那么，环评改革的正确方向在哪里，优选方案应该是什么？

环评审批体制的改革，亦要正视以下制约因素，解决现实中的真问题：

（1）项目环评承受了许多不能承受之重。污染问题本质上是产业结构问题、布局问题和规模问题，政府宏观政策和开发规划的失误，是环境生态破坏的深层原因，而审批后监管的薄弱乏力，导致环评报告失去约束作用。

（2）环评的突出问题，是环评报告越编越厚，真正管用、实用的却打了折扣，企业为环评支付的成本居高不下，环评工程师队伍日益壮大，却换不来公众对环评审批的高满意度。同时，环保领域行政许可事项过多，程序环节过于烦琐，需要履行环评审批、"三同时"验收、排污许可证三道手续，进行适当的整合简化很有必要。

（3）环保问题与其他问题不同，"预防原则"是一大特色。离开外部压力和社会监督，盲目相信企业和过度简化程序的后果，是环境成本向社会的转嫁，是污染风险的急剧增加。只有加强公众参与，企业才不敢妄为，政府部门才不会懈怠，环评的质量也才有确实的保障。

因此，环评改革必须立足现实，全面考量，达到兴利除弊的目的。

整治"红顶中介"，实行环评单位市场化，强化环评资质管理，如果不与环评评审和决策方式的创新相结合，不为公众实质参与环评开辟新路径，很难称其为真正的改革，将触及不到环评乱象的实质根源，也解决不了环评屡屡失守的尴尬。

总之，下放环评审批权和改革环评制度是简政放权的大势所趋，有助于激发创造创新的活力，促使政府职能正确定位和归位，提升行政管理效能，实现经济、社会和环境的可持续发展。

不过，在改革方案设计和实施中，在审批权下放和程序简化以后，如何落实和强化公众参与，是值得深思的问题和践行的方向。

环境保护部门要让公众回归环境保护的主体地位，保障公民的知情权、表达权、参与权和监督权，要敞开大门与公众对话，夯实环评公众参与平台，呼应公众的参与期待，开拓新的参与方式，与公众一起守住环境保护的"铁闸"。如此，则会促使开发建设活动与环境承载力相适应，推动生态文明建设向纵深发展，实现美丽中国的梦想。

（此文原刊载于《财经》杂志 2016 年第 38 期，1 月 11 日出版，内容有删改）

巴黎气候大会：新的征程

刘伊曼[①]

摘　要： 经过数年的谈判、磋商、磨合而终于获得通过的《巴黎协定》，是全世界共同应对气候变化的一份目标责任书。其中，确定了在 21 世纪末要将全球平均温度的升高幅度控制在 2℃ 以内，以及相应的各国要承担的保障任务。在中国气候变化事务特别代表解振华看来，这件事是"来之不易的里程碑"。在数年的谈判过程中，中国代表团一方面坚持了国家利益的立场，另一方面也担负了大国责任，发挥了领导者和协调者的角色。虽然，这个过程并不容易，"暗战"不息，达成的约定也并不能让大家都满意，但终究是迈出了历史性的一步。在《巴黎协定》成功诞生的时刻，中国的努力获得了广泛的赞誉，而这只是一个开始，《巴黎协定》在各国获得法律效力还需要一个过程，要真正发挥作用也需要全世界的继续努力。

关键词： 气候变化　巴黎协定　气候谈判　解振华　可持续发展

　　巴黎时间 2015 年 12 月 12 日晚 7 点 25 分，北京时间 12 月 13 日凌晨零点 25 分，巴黎气候大会主席法比尤斯右手里那个绿色的小锤子突然敲到了桌面上，在很多人都还没有回过神来的时候，《巴黎协定》生效了。停顿片刻之后，会场内外掌声、欢呼声雷动。已经"拖堂"一整天的巴黎气候大会终于产出了胜利的果实。

　　大会现场的很多人，不仅是谈判代表，还有不少跟进气候谈判多年的 NGO

---

① 刘伊曼，原《南方都市报》《新京报》记者，参加过两次联合国气候大会，关注气候变化和能源转型议题。

组织成员以及媒体记者都喜极而泣、欢呼雀跃。因为，正如解振华所说："《巴黎协定》虽然并不完美，还需要在下一步的行动中进一步落实完善，但它是历史性的，它会使世界各国转变各自的发展方式，转变生活方式。人类应对气候变化的历史，人类的可持续发展，能因此往前大大的迈出一步。"

"你应该为你的中国感到非常非常自豪"

就在最后的全会开场时，记者在媒体区偶遇两位 70 多岁的老记者亚力克斯和保罗，他们曾经供职于 CNN 等媒体，后来合作成立专业媒体"气候网络"，长期从事气候变化领域的报道。保罗对记者说："这是很激动人心的时刻，目前形成的这个文案比预想中的要强，如果能够通过，将是历史性的。"亚力克斯虽然依旧很担心，因为这是关于"未来"的协定，但是过去几十年人类排放的那些二氧化碳还在继续发挥作用，还在融化着冰川，他担心即便案文生效，我们目前的努力仍旧不够力挽狂澜地拯救地球于危难。"但是，"他一字一句地说："你应该为你的中国感到非常非常自豪，这次大会，中国真的发挥了非常积极的推动作用，承担了一个领导者的角色来努力团结所有人，有力地促进了大会走向成功。"

随即，记者将他们的评价转述给中国代表团的谈判代表邹骥，邹骥当仁不让地回答说："这是事实。"

当地时间下午 5 点 40 分左右，中国代表团团长解振华走进全会会场，大会主席法比尤斯给了他一个"熊抱"。在媒体中心看大屏幕的记者群里爆发出一阵掌声和欢呼声。

解振华告诉记者，这个协定是经过了世界各国多年的努力，特别是大会期间的艰苦谈判最终通过。2014 年，习近平主席和奥巴马总统发表了气候变化的联合声明，公布了各自应对气候变化的"自主贡献"。之后，全世界有 186 个国家相继公布自己的"自主贡献"，今天在大会上又有 8 个国家提交了。这个世界上，从来没有一个领域的事情，有 190 多个国家来共同努力和参与。在这个过程中，中国政府确实做出了历史性的突出的贡献：会议期间，我们一直在推动如何在减缓、适应、资金技术、透明度、能力建设等方面，体现发达国家与发展中国家的区分；

要求各国按照自己的国情，履行自己义务，落实自己的行动，兑现自己的承诺。我们所有的要求，所有努力推动的方面，最后都在协定中得到了体现，因此我们很高兴。

事实上，中国在协定正式通过前最后一刻，都在努力促成各方放下分歧、达成共识，共同来完成这项需要全人类携手合作的事。

当所有国家都进入全会会场一个多小时之后，全会还迟迟不开始。一些国家临时提出对草案文本的不满和要求修改的细节。一时间，主会场内外嘀咕声一片。解振华等人穿梭于会场内，努力开导和劝说这些国家的部长和谈判代表。

后来，联合国秘书长潘基文对解振华说："中国的习近平主席，中国代表团，对《巴黎协定》的达成，做出了历史性的突出贡献。"

厄尔尼诺的阴影

就在巴黎大会进行的过程中，2015 年 12 月 7 日，当地时间下午 5 点，国际学术期刊《自然》（Nature）发布了气候变化专题，其中包括关于全球碳排放量明显稳定的报告。

其标题为《进展缓慢的谈判，不如现在就开始减排》的编者按提到，全球对巴黎气候谈判大会寄予厚望。这样的年度磋商已经持续数轮，然而各国在应对气候变化的最佳方案上总是难以达成一致。迄今已经有 158 个国家提交了温室气体减排方案（INDC）。虽然这些方案或许未能体现足够的雄心，不足以应对危机四伏的，至少是代价巨大的气候变化问题，但最终还是取得了有限进步。

基于其科学报告，编者按总结道："全球气候系统也给巴黎气候谈判大会带来意想不到的压力。在已经到来的冬天，气象预测和以往的数据表明，一个强大的厄尔尼诺现象正在施加影响，北京今冬的雾霾正是由于厄尔尼诺现象而变得更为严重。如果其强度与预测一致，此次厄尔尼诺将把海洋里的热量释放到大气中，进一步加剧全球变暖，并扰乱全球天气。"

2015 年正在成为有气象记录以来最温暖的年份——而近 5 年则是最暖 5 年。事实上，全球的平均温度可能在今年达到比工业化前水平升温 1℃的水平，已经是广为采纳的 2℃升温目标的半程。由于太平洋正在形成的强烈厄尔尼诺现象，全球可能在今年年末继续迎来严峻形势。

来自瑞士理工学院的 Reto Knutti 和他的同事认为，将升温幅度控制在2℃以内的目标其实只是政治妥协的结果，并不是从科学研究中得出的结论。全球平均温度的确是衡量气候变化严峻程度的最好指标，然而平均温度线应该划在哪里，则更多是由道德以及政治层面的影响确定的，并不仅仅是科学说了算。但是，科学研究并不能因此而被忽视。斯坦福大学卡内基科学研究所的 Kate Ricke 和她的同事发现，有越来越多的证据显示在全球温度上升幅度达到2℃，甚至不到2℃时，粮食的种植以及珊瑚礁都会受到强烈的负面影响，而这只是其中的两个例子。也正因为如此，Kate Ricke 与她的团队认为必须及早设定更大胆的目标，毕竟强有力的政策所能带来的效应是巨大且不容忽视的。

《自然》的气候专题也肯定了中国为减排做出的努力和贡献，其编者按中写道："不过，我们也无须悲观消极。在 2014 年以及 2015 年，全球经济发展所呈现的数据显示，经济的增长终于不再与二氧化碳排放量相挂钩。或许是包括中国在内的部分国家在能源结构的改变，让经济的上升不必再建立在温室气体排放量的增长之上。若这猜想属实，那么在巴黎气候谈判大会上所讨论的议题以及达成的协议，都只是促进这一趋势的催化剂，而不是所谓力挽狂澜的开端。"

对于《自然》发布的报告，绿色和平全球气候政策总监马丁·凯撒（Martin Kaiser）评价说："考虑中国煤炭消费增速放缓和去年绝对量的降低，以及全球范围内的可再生能源革命，2014 年全球碳排放量出现下降并没有很大意外。"

他分析说，对气候来说这当然是件好事，不过，两年的全球碳排放量的下降并不等同于这已经是一种趋势。现在全球大气中的二氧化碳浓度正在逼近 400×10^{-6}，由此带来的气候变化的影响已经肆虐全球，没有给我们留下庆幸的时间和余地。我们需要全球碳排放迅速降低，这样全球升温才能控制在 1.5℃或者 2℃范围内，2015 年已经是有记录以来最热的一年。我们欢迎新的碳排放数据——这个消息毕竟给巴黎气候谈判带来了一缕希望的阳光。不过，要说"太棒了，活干完了"还早得很。

谈判背后的舆论战

除了大自然在给会议"施加压力",国际政治的筹码也一直在会场中间飞舞不停,气候问题变得不仅仅是气候问题那么简单。12 月 9 日以后,中国代表团就开始了冲刺阶段不眠不休的鏖战,通宵达旦地跟各国代表磋商、协调,并密集地召开会议讨论、总结、部署。11 日凌晨 3 点,代表团团长解振华还站在会场的走廊里跟几位外国代表认真讨论;当日深夜里,一位代表团成员又将他在"中国角"会议室里挑灯夜战的照片发到微信朋友圈。

然而与此同时,巴黎大会的"舆论战"其实从会前就已经暗潮汹涌地展开,如很多媒体和环保组织开始站在道德制高点上提口号,反对"2℃"控制目标,要求各国将"1.5℃"作为自主减排贡献的目标(5 年前坎昆气候大会达成的协议是各国减排的具体工作立足于确保 21 世纪末将地球的平均气温增幅控制在 2℃以内,几年来各国的自主减排计划和实施方案都是按照这个"2℃"目标展开)。

不仅是媒体报道,在会议期间的多次集会、行为艺术表演以及游行示威中,"1.5℃"和"长期目标"等标语也频繁地出现,成为主题词之一。

"如果站在纯粹科学的角度,'1.5℃'肯定比'2℃'好了,"中科院大气物理研究所研究员廖宏说:"中国原本就是受气候变化影响更为严重的国家,过去 100 年来,全球气温上升了 0.89℃,但是中国却上升了 1.52℃,所以对中国而言,肯定是温度增幅控制得越小越好。但是政治问题和科学问题却不能直接画等号。"

"'2℃'本身就是一个政治目标而不是一个科学问题,基于对'2℃'达成的共识各国才建立协议展开具体的工作。那为什么又要是 1.5℃呢?为什么不是'1.4℃'或者'1.6℃'呢?"中科院政策与管理科学研究所所长王毅说:"口号喊一喊是容易,但如果在巴黎会议的最后关头,要把'2℃'改为'1.5℃'的话,那就意味着每个国家整个减排规划、方法甚至大的方向都要改,巴黎协议也就出不来了。这对尽快推进务实的减排工作而言没有任何好处,反而是添乱。"

在 12 月初巴黎会议启动之时,"1.5℃"的目标等说法还只是"一种提法",然而,后半程部长级会议召开之后,形势开始发生变化。

12 月 8 日，欧盟宣布与近 80 个非洲国家和太平洋国家结盟，称为"更高雄心联盟"，并支持巴黎协议确定"更高雄心"的目标，到 21 世纪末要将全球气温增幅控制在 1.5℃以内。

第二天，美国国务卿克里现身会场，并宣布美国也加入这个"更高雄心联盟"，顿时，大量国际主流影响力媒体争相报道，"上百国家建立联盟""中国和印度没有受到邀请"等，成为舆论热点。

"表演"的影响和实质

"更高雄心联盟"成为舆论热点之后，"中国被孤立"甚至"中国阻碍谈判进程"的说法悄悄传开。"连国内都好多人大惊失色地问我，到底怎么了？中国怎么被孤立啦？"中国代表团团员，资深谈判代表邹骥说："但据我所知，根本就不是那么一回事。"

邹骥告诉记者，首先，所谓"更高雄心联盟"并不是一个真正的政治组织，也并没有在正式的大会中有任何表态发言，与其说是一个政治联盟，不如说是谈判过程中的一类舆论战的"表演"。其次，也并没有什么一百多个国家加盟，最多就是十多个国家的政府官方有表态，其他的有些就是私下里拉了些个人，甚至找到这个国家的一个 NGO，对方说"好，我们也参加"，就把这个 NGO 所在的国家也算进去了。

从"更高雄心联盟"出现后两天的谈判进程看来，大会主题也并没有偏离，还是按照既定的轨道，在大家已经达成共识的基本框架之下，往减少分歧的方向上推进。

"只是外界不知道而已。"邹骥说："从本质上讲，中国想要做成这件事，并不是任何人强迫我们的，就如习近平主席所言，不是别人要我们做，是我们自己要做。我们不仅深受气候变化灾害的影响，环境污染的问题也很紧迫，必须要节能减排，转换发展方式。这是中国想要力促巴黎协议达成目标的内在动力。根据我个人的观察，中国不仅不会阻碍谈判进程，反而是最积极最着急想要促成这件事的。中国才是真正的'更有雄心'，而这些雄心都是落在实际的表现上，不是喊口号转移话题上。"

参加巴黎谈判的一位资深观察员对记者分析：相对于中国的务实和积极，美国却是实实在在比较消极的。动辄拿"议会通不过"的理由来拒绝这拒绝那，不愿意承担大国的责任。但是很奇怪的是，国际舆论一再把中国推上风口浪尖，对中国施加压力，却很少去质疑美国的不作为。这只能说明，在这场对各国未来的发展都至关重要的国际谈判中，暗中的角力诡谲莫测。但是我们始终不应该被一些情绪化的、表象的东西所迷惑，而是应该抓住要害辨明是非。

他说："什么叫'更高的雄心'？你真金白银拿出来，承诺的一千亿尽快兑现，这叫更高的雄心；你发扬发达国家的高风亮节，主动提高你的自主贡献减排目标，这叫'更高的雄心'。而不是喊一个'1.5℃'的口号来转移矛盾。"

《巴黎协定》打开了一扇门

终究，《巴黎协定》还是诞生了。英国国家学术学院主席，伦敦政治经济学院气候变化研究所主席，被称为"全球气候变化政策奠基人的"尼古拉斯·斯特恩告诉记者，在可持续发展理念的引领之下，《巴黎协定》将会帮助世界各国应对气候变化和贫困，而这两大问题，是目前人类所面临最严峻的挑战。

他说，世界上所有的国家，无论是贫穷还是富有，此刻都正受到无法控制的气候变化的影响。全世界此刻正走在对抗气候变化的道路上，而巴黎气候大会所达成的协定，将会成为一个重要的转折点——它能够带来无数的机遇，因为在当下，所有国家已经开始加速探寻低碳模式下经济增长的道路。

斯特恩说，人们已经意识到，大气中存在的二氧化碳以及其他温室气体的含量如若继续增长，将会带来巨大的风险。在这份《巴黎协定》当中，缔约方承诺将未来全球平均气温升高的幅度控制在最多 2℃ 以内。更好的情况下则是尽力将升温幅度控制在 1.5℃ 以内。同时，承诺的内容还包括到 21 世纪下半叶时，全球范围内的温室气体要实现"净零"排放（排放的二氧化碳与吸收和削减的量等同）。

此次协定中，更重要的是另外一项承诺。考虑到最初设定的减排目标（截至2030 年）并不能完全适用于所有国家，协定中规定，今后每 5 年将对温室气体的年排放量进行一次审评，从而形成一个有梯度的减排进程。

此外，那些更加富裕的国家将为一些缺乏经济实力的国家提供更多的资金支持，帮助他们完成向低碳经济的过渡，同时增强自身应对气候变化的能力。

这就意味着，未来对于一些发展中国家的投资将会大幅增长，尤其是在基础设施建设领域。而一些多边金融机构，如世界银行和一些区域性的发展银行，则必须在扩大金融和降低资金成本中发挥主导作用。

而在 OXFAM、GREENPEACE、NRDC 等组织的气候专家看来，《巴黎协定》鼓舞人心的地方还在于指明了世界能源革命的方向。世界各国对到 21 世纪下半叶实现"净零"排放的承诺更是意味着化石能源行业将逐步退出历史舞台，人类将越来越依赖于清洁的可再生能源。从而摆脱末端治理，从源头上实现可持续发展。

对中国而言，《巴黎协定》的意义也非同一般，解振华说："它对中国今后的绿色、低碳、循环发展，起到了很大的推动作用。我们通过落实《巴黎协定》，进一步推动我们国内的可持续发展，我们要把应对气候变化的挑战作为我们国家可持续发展的机遇和动力，我相信通过和各国一起努力，中国的可持续发展会越来越好。"

天津港大爆炸：人为之灾

安钟汝[①]

摘　要： 记者向滨海新区安监局询问天津港爆炸涉事企业瑞海国际的监管问题时，该局一名办公室主任说，瑞海的手续是在天津港务集团审批的，他们有一套独立的审批手续，具体的你要问问他们。一名业内人士分析，这说明瑞海物流的人脉网能在交通运输部门发挥作用。调查组认定，瑞海公司严重违法违规经营，是造成事故发生的主体责任单位。同时认定，事故还暴露出有关地方政府和部门存在有法不依、执法不严、监管不力等问题。

关键词： 天津港　爆炸事故　瑞海公司

2015 年 8 月 12 日，位于天津市滨海新区天津港的瑞海国际物流有限公司危险品仓库发生火灾爆炸事故，造成 165 人遇难（其中参与救援处置的公安消防人员 110 人，事故企业、周边企业员工和周边居民 55 人）、8 人失踪（其中天津港消防人员 5 人，周边企业员工、天津港消防人员家属 3 人），798 人受伤（伤情重及较重的伤员 58 人、轻伤员 740 人）。

事故发生后，《新京报》先后派出十几名记者，利用 71 个报纸版面，刊发了 8 篇深度调查、15 篇评论。新媒体推出了 197 条即时新闻、174 条原创微博、117 条原创微信，46 条动新闻视频，努力全方位揭示事故真相。综合我们了解的事实，这是一场本可以避免的人为灾难。

---

① 安钟汝，《新京报》深度报道部资深记者，曾参与天津爆炸、阜宁龙卷风等重大灾难报道。代表作品有天津港爆炸系列报道、《农妇追凶十七年》《走出艾滋阴影的村庄》等。

规划存隐患

事发时，隔着窗帘，天津市民梁辉看到外面的"闪电"，整个天空都亮了。他想着要下雨了，准备关窗。还未走到窗口，一声巨响，他被冲击波推倒在地，起身发现自己脸上、胸口插满了玻璃碴。

梁辉居住的小区是万科清水蓝湾，2 000 米外正是此次爆炸事故的核心地带——瑞海国际物流中心。而在周围，分布了逾 11 处住宅小区，分别为万科、万通、中交、合生等品牌房企开发、管理的项目。其中，万科海港城距离爆点直线距离不足 1 000 米，中交启航嘉园距爆点直线距离约 800 米。

在这次爆炸事故中，万通、万科海港城楼盘 70% 的楼房均受损，门窗玻璃被震碎。直至 13 日下午，楼上的玻璃还在跌落，小区里的行人走路都拿一块硬物顶在头上。

在爆炸地点周边分布这么多住宅小区，是否合规？

据记者调查，《危险化学品经营企业开业条件和技术要求》规定，大中型危险化学品仓库应与周围公共建筑物、交通干线（公路、铁路、水路）、工矿企业等距离至少保持 1 000 米。但瑞海国际占地面积 46 226 平方米，属"大型仓库"。

从爆炸现场周边地图上显示的距离来看，轻轨东海站距离该公司不足 1 000 米。在事故中，轻轨东海站被摧毁，轨道两旁的护栏被冲击波扭成了麻花状。

而瑞海物流中心危险品存放地距离居民区也不足 1 000 米。

据记者了解，瑞海物流中心项目兴建时间晚于万科等社区项目。在此情况下，天津市环境保护科学研究院为瑞海物流中心项目做了环评报告。

2013 年 5 月，该院发布的一份《天津东疆保税港区瑞海国际物流有限公司跃进路堆场改造工程环境影响评价第二次公众参与公示》（以下简称公示）中提出，对公众发放调查 130 份，收回 128 份，调查结果表明，"百分之百的公众认为项目选址北疆港区内，选址合适"。

但万科集团一位负责人告诉记者，万科海港城（清水蓝湾）楼盘项目 2010 年之前拿地，2010 年 4 月开始预售，一年以后，瑞海公司注册，2013 年提出要做仓储项目，万科未从任何部门获悉该项目为危险品仓库情况，"我们的业主以及万科方面也未接到天津环境保护科学研究院发放的调查表"。

记者走访了中交启航嘉园、万通新城国际等楼盘的多位业主，均表示未听说过公示，也未接到环评调查表。

记者多次拨打天津环境保护科学研究院电话，均无人接听。记者致电瑞海国际董事长李亮，其手机一直关机。瑞海国际公开电话则无法接通。

2011 年，时任天津开发区党组书记、管委会主任何树山曾表示，"十二五"期间，天津南港工业区将拥有世界水平的石化专业投资环境。

当年 5 月，滨海新区范围内的南港工业区签署 26 个项目投资协议，其中包括中俄 1 300 万吨炼油、中石油、中石化原油储备基地等 26 个项目。当地媒体称："到 2015 年，天津将形成 3 500 万吨原油储备、3 500 万吨炼油、300 万吨乙烯和百万吨级 PTA、百万吨级 PVC、百万吨级聚乙烯、百万吨级聚丙烯等一批石化产品基地。"

南港工业区位于滨海新区东南部，规划区面积约 200 平方千米，陆域油气开采区面积约 14.5 平方千米，陆域规划建设用地面积约 147.5 平方千米。官方资料显示，工业区"以发展石油化工、冶金装备制造为主导，以承接重大产业项目为重点，以与产业发展相适应的港口物流业为支撑，建成综合性、一体化的现代工业港区"。

"2015 年到了，石化产品基地的梦想完没完成不知道，却出了这么大一个事故。"天津开发区一位基层官员告诉记者。

即便之前，天津市化工行业事故也是接连不断。

2014 年 6 月 17 日 21 点左右，位于滨海大港凯旋街石化园区的金伟辉二期工程的旧罐发生爆炸，该公司主要生产汽油、溶剂油等产品。据网友描述，"看到很高的火苗，半边天都染红了，22 点时曾传出闷响。爆炸的地方没有居民区，10 多辆救火车赶到扑救控制住火势。"

2014 年 7 月 12 日 16：40，天津石化化工部芳烃车间 H-401 加热炉发生闪爆事故。

无人负责的安全距离

天津市某高校一位城市规划专家告诉记者，之所以造成化工区域临近住宅区的情况，是因为在建设工业区的同时，会考虑到社会职能，为工业做配套，但却忽视了存在的隐患，"这种发展理念老了"，该专家表示。

如果不是这次爆炸事故，王猛甚至还不知道，自己小区的隔壁就是一个危化品仓库，"最开始邻居们都说是加油站爆炸了"。

王猛是海港城小区的业主，海港城是距离此次事发的天津瑞海公司危化品仓库最近的小区，两者相距仅 600 米左右。而在瑞海周围 1 000 米范围内，还分布着多个居民小区，另有高速公路、津滨轻轨等重要设施，甚至国家超算天津中心（天河一号）距离它也只有 1 500 米。

如此规划"乱象"引发舆论集中质疑：谁应该对瑞海仓库的"安全距离"负责？

"这么大的一个'炸弹'，为什么放在那么多住宅区旁边？"王猛在事发以后，曾这样追问滨海新区官员。

记者了解到，按照国家相关规定，安全生产监督管理部门对危化品的安全距离有明确要求的，来自国家有关部门 2001 年出台的《危险化学品经营企业开业条件和技术要求》。其中规定：大中型危险化学品仓库应选址在远离市区和居民区的当在主导风向的下风向和河流下游的地域；应与周围公共建筑物、交通干线（公路、铁路、水路）、工矿企业等距离至少保持 1 000 米。

中国社科院研究生院城市发展系主任傅崇兰介绍，按照国际惯例，自"二战"以后，仓储转运港口通常被规划离城区 20 千米以外。这在国际和国内都有很好的范例。

王猛认为，"这是规划部门的失职"。

而滨海新区规划和国土资源局的官员解释称，规划部门主要负责项目建设之前的规划审批，此后还有建设、经营管理等环节，相关审批部门对于安全距离的要求，也都有不同标准。

对危化品仓库的建设、经营负有管理责任的是安监部门。有媒体报道，2012年安监部门就开始将港口危化品仓储许可放权下放。

根据国务院颁布的《危险化学品安全管理条例》，安全生产监督管理部门负责危险化学品安全监督管理综合工作，组织确定、公布、调整危险化学品目录，对新建、改建、扩建生产、储存危险化学品（包括使用长输管道输送危险化学品）的建设项目进行安全条件审查，核发危险化学品安全生产许可证、危险化学品安全使用许可证和危险化学品经营许可证，并负责危险化学品登记工作。

天津市安监局副局长高怀友在事故第二次新闻发布会上，却表示：涉事公司瑞海国际物流有限公司（以下简称瑞海国际）已取得安评等相关审批，通过了天津市交通港口部门安全条件审查，审查合格。

"规划局管不了那么细，对区域内引入什么企业，就是天津港集团说了算。"天津市安监部门一位工作人员说。

记者了解到，按照《天津东疆保税港区管理规定》，天津东疆保税港区管委会负责东疆港区行政管理，天津港集团负责东疆港区的开发和运营。天津港（集团）作为东疆港区开发经营主体，对该区进行开发和招商。

2013年，瑞海物流改建项目中，天津港集团规建部，是瑞海国际的批复单位之一。规建部是天津港集团的下属部门之一，主要负责天津港范围内的建设规划。天津港集团的一位知情者介绍，"集团开发区域内，要落地什么项目，首先是规建部审批，然后拿到滨海新区规划局审批。"

天津港集团内部人士告诉记者，2004年，天津港进行政企分开以后，天津港的土地规划和管理被政府收回，改制后的天津港集团不再具有土地的行政管理职能。

随着港区土地管理模式的变化，天津港土地开发模式也发生变化。目前，天津港的土地开发（融资）是采用政府授予天津港集团公司（及控股子公司）进行土地一级整理，天津港集团负责融资建设，土地整理完以后，招商引资并出让土地。

"一亩地的开发整理成本超过50万元，而要收回成本，单纯地靠出让土地压力很大，所以天津港会对土地进行'深度'开发。"天津一位地产公司高管告诉记者。

为了"深度"开发，2009 年，天津港地产发展有限公司成立，这家公司是天津港集团（有限）公司全资注册的经营性公司，初期注册资金 8 亿元。经营范围涉及港口工业地产、住宅地产、商业地产的开发、建设、销售、租赁及物业管理等业务。该公司还为中国房地产业协会及天津市房地产业协会会员单位。天津港集团一位中层管理人员向记者证实，距离事故发生地不足 1 000 米的一个楼盘便是天津港集团与一家知名地产公司合作开发的。

而在港口物流方面，瑞海公司从 2012 年注册，2013 年租场地进行危化品仓储改造，再到 2014 年验收启用，这家企业在极短时间内疯狂成长，成为天津口岸危化品货物集装箱业务的大型中转、集散中心。

天津一名不愿具名的公务员告诉记者，天津港在天津是"一方诸侯"，也是一个"独立王国"，地方政府对天津港的控制能力很弱。天津港原来隶属于交通运输部管理，后来转制成为企业，人事任免权归地方，业务指导归交通部，天津港归天津市交通委管。天津港的权力仍然很大，在它的港区地盘内，别的地方政府部门很难插手它的具体业务。

对于港区是"独立王国"的说法，海港城的业主也发现小区宽带商只有一家，落户也是找到天津港公安局东疆分局才办好。

上述公务员还称，在这方多年管理的"独立区域"内，天津港不仅有自己的规划建设部门，还有自己的安全监督部门，自己监督自己很容易导致疏忽，并且，在这个区域内，天津港是裁判，也是运动员。

记者在采访中，几乎各个部门都声称与自己无关。我们将调查目标细化到涉事企业瑞海公司。

危险的公司

据瑞海公司官网介绍，涉事公司瑞海公司成立于 2011 年，目前是天津口岸危险品货物集装箱业务的大型中转、集散中心，是天津市海事局指定危险货物监装场站和天津市交委港口危险货物作业许可单位。目前公司主营业务包括经营危险化学品集装箱拆箱、装箱、中转运输、货物申报、运抵配送及仓储服务等，占地面积46 226.8平方米，由两个危化品库房和中转仓库等组成。

记者掌握的瑞海国际公司仓库存放规划显示，氰化钠可存放量为24吨，而据媒体报道，爆炸现场被证明有700吨氰化钠。

2013年5月4日，天津市交通运输和港口管理局的批复中，允许瑞海的区域作业范围是集装箱货场重箱区、面积1.8万平方米，此处用来存放危化品，中转仓库为3 117.81平方米，允许用来存放烧碱。

而熟悉瑞海国际作业流程的物流人员李华说："瑞海的危险品主要存放在中转仓库。而这就违背了天津市交管局批复的危险品存储位置——集装箱货场重箱区。"

按照《危险化学品经营许可证管理办法》：未将危险化学品储存在专用仓库内，或者未将剧毒化学品以及储存数量构成重大危险源的其他危险化学品在专用仓库内单独存放的。一经发现，责令改正，处5万元以上10万元以下罚款。

驾驶员李志强所在的车队承接了瑞海公司的运输业务，负责装卸化学品。据他讲，瑞海物流内存储的全是出口的危化品，在运抵内，集装箱是露天存放的，也没有分类规划危化品存放区域。

根据国家标准，危险品共分1～8类，级数越低，危险系数越高。李志强的队友马先生记得，集装箱装载的货物有2、3、4、5、6、8共6类，其中以4、5、8类最常见。

根据安监局下发的《危险化学品经营企业开业条件和技术要求》，库存危险化学品应保持相应的垛距、墙距、柱距。垛与垛间距不小于0.8米，单一品种存放量不能超过500千克，总质量不能超过2吨。

李志强和队友马先生告诉记者，瑞海危化品堆垛之间的距离在0.4～0.5米，一次装箱的危化品重量在6～30吨。

瑞海公司一位不愿透露姓名的副经理称，最初发生爆炸的是存放硝酸钾、硝酸钠、硝酸盐等化学物质的库房。据现场专家介绍，硝酸类物品属于易爆品，遇热、碰撞都会引发爆炸。

该公司工作人员称，事发时货场内的中转仓库存放着大量危化品。存放在中转仓库中的化学品都是暂时性的，报关后，很快就会来船运走，不会在货场长时间停留。瑞海国际货场发生爆炸后，现场多名工人受伤，另有部分员工被惊吓后四散，以致消防官兵到达现场后，集装箱堆积如山，也不清楚里面都存放有什么物品。

该名副总因此从医院里打着绷带回到现场，现场打电话向员工核实理清货场内的危险品。

据上述工作人员介绍，目前货场里至少还有4种危险品，分别为：烧碱、碘化氢、硫氢化钠、硫化钠，其中烧碱无法用沙土填埋来处理。

据工作人员称，发生爆炸的是存放在那里的21吨硫氢化钠。

据了解，瑞海国际公司货场占地4.6万平方米，由综合办公楼、两个危险品仓库、中转仓库、堆场、消防泵房、检查桥、废水收集池组成。最开始发生爆炸的就是危险品仓库的一个，随后再次爆炸，两个危险品仓库均被夷为平地。

公安部消防局副局长牛跃光8月17日证实，瑞海爆炸现场共存放危险化学品3 000吨左右，其中硝酸铵800吨、氰化钠700吨。而瑞海环评报告则称氰化钠的最大暂存量只有10吨。仅此一项，就擅自扩大存放规模数十倍。而作为监管部门，天津港自己的安监部门明显失察。

谁为瑞海"放行"

据天津市警方通报，12日23时许起火爆炸企业，为天津东疆保税港区瑞海国际物流有限公司（以下简称瑞海国际），该公司装有危险品的集装箱起火爆炸。瑞海国际工作人员称其具备存储危险化学物品的资质，并称目前整个天津东疆保税港区仅有瑞海国际、中化的两家公司具备危险品存储资格。

记者独家获悉的一份文件显示，2014年5月4日，在"瑞海国际"未取得《港口经营许可证》《港口危险货物作业附证》时，天津市交通运输和港口管理局曾涉嫌违规批复"瑞海国际"试运营危化品半年，进行部分危险品储存业务。而这份批复文件上还注明："此文件不公开"。而在获准试运营半年后，瑞海国际更是无证"裸跑"8个月之久，直到2015年6月才获得上述两证。

记者在调查"瑞海国际"的经营资质时，掌握到一份特殊文件。那是2014年5月4日，天津市交通运输和港口管理局（2014年与其他单位合并为天津市交通委）批复了瑞海国际可以试运营危险化学品。

这份《关于天津东疆保税港区瑞海国际物流有限公司试运营期间港口经营资质的批复文件》显示，同意瑞海国际在试营业期间（2014年4月16日—10月16日）从事港口仓储业务经营，并同意瑞海国际在集装箱堆场重箱区（包括装箱区），面积1.8万平方米，储存包括压缩气体两类危险品、易燃液体3类危险品等9种危险品货物。

记者就此询问重庆市交通委港口管理处一位工作人员。这位工作人员长期负责办理港口经营管理许可证。他表示，从未见过类似的行政许可。

他告诉记者，审核一家企业是否有在港口经营危险化学品的资质，《港口经营许可证》和《港口危险品货物作业附证》缺一不可，"没有两证，在港口作业化学危险品都属于违法"。

这份文件涉嫌违反了相应的法律法规。

根据《危险化学品建设项目安全监督管理办法》，建设项目安全审查要求建设项目安全条件审查、安全设施的设计审查和竣工验收"三同时"，如果没有"三同时"，则不允许批准危险化学品经营许可。

"三同时"的规定来自《安全生产法》第二十八条的规定：生产经营单位新建、改建、扩建工程项目（以下简称建设项目）的安全设施，必须与主体工程同时设计、同时施工、同时投入生产和使用。

瑞海公司的安评报告由中滨海盛公司完成，完成时间为2014年8月。而2014年5月，天津市交港局批复"瑞海国际"可试运营危险化学品仓储。这份来自天津交港局的内部文件没有遵循"三同时"的原则，即安全设施未能和主体工程同时使用。

据了解这个规定的安全生产专家表示，"三同时"是从事危险化学品经营、贮存的一条"红线"，"任何单位都不能违反"。

上述文件批复4天后，即2014年5月8日，瑞海公司在天津滨海新区工商局变更了经营范围，将"在港区内从事仓储业务经营（危险化学品除外）"变更为"在港区内从事仓储业务经营"。

瑞海国际即可堂皇开展危险化学品仓储业务。

2014年9月25日，瑞海公司获得滨海新区审批局的"环保验收批复"。也就是说，瑞海拿着一个"非法"文件，更改了经营范围，开始运营危险化学品，还获得其他职能部门的许可，一位港口管理专家告知，这一程序事实上应该倒过来才算符合常理，只有在获得相应职能部门，如工商、环保、消防、安监等单位的许可之后，瑞海公司方能取得在港口经营危险化学品的资质。

记者注意到，在天津市交通运输和港口管理局的批复文件的最后，还注明"此文件不公开"。这让上述港口管理专家大跌眼镜，他认为，如非特殊情况，职能部门做出的行政许可就应该公开，这不仅体现了权力的公开透明运行，也有利于公众监督。但对瑞海国际运营资质的批复文件却要求"不公开"，这不由得让人生疑。

记者到天津市交通委，询问该部门对瑞海国际公司危险品仓库的审批和监管情况，但该单位拒绝接受采访，一位工作人员表示："（具体情况）将会向国务院调查组汇报，不接受个人采访。"

天津港一家物流企业负责人王强（化名）表示，危险品仓储业务是一块"肥肉"，它的报价比普通货物仓储报价高2～3倍，属于垄断性行业，过去由中化天津滨海物流公司和津港化物流公司两家国企垄断，要想获得港口管理局批复的危险品存储资质非常难、门槛很高。

"我也想申请，但一直批复不下来。但瑞海国际作为一家民营企业，成立不到两年就获得运营危险化学品的资质。"王强说。

王强认为，此次瑞海事发，天津市交通委应该承担失察之责。这位常年在天津港内经营业务的负责人表示，"港口管理局在天津港的权力很大，他们经常来巡视港口业务，说仓库不合格就立马查封、罚款"，而瑞海国际之所以能够在管理部门的眼皮底下违规经营，显示了两者有不一般的关系。

有意思的是，2015年8月19日，中纪委宣布国家安监总局局长杨栋梁涉嫌严重违纪违法接受调查。而此前一天，国家安监总局在其官方网站首页上，挂出了一条"法规速递：港口危险货物安全管理规定"，来源是交通运输部。这条规定明确，港口危险货物的安全评价审批到监管，责任部门都是"港口行政管理部门"，与安监系统没有关系。这被媒体解读为安监总局是想说明，此次天津港爆炸，虽为安全责任事故，但和该单位没有关系。

与之相呼应的是，天津市安监局副局长高怀友在新闻发布会上，具体引述的《危险化学品安全管理条例》的第十二条：新建、改建、扩建储存、装卸危险化学品的港口建设项目，由港口行政管理部门按照国务院交通运输主管部门的规定进行安全条件审查。因此，高怀友表示，涉事企业的安评报告是否公开，需要与交通部门协商。这位安监局副局长的话外之音，交通部门应该对此次安全事故负责。

记者获悉，天津港此前一直属于天津市港务局管理，直到1984年，天津港开始实施"双重领导、地方为主"的管理体制。2003年，国务院办公厅转发《交通部等部门关于深化中央直属和双重领导港口管理体制改革意见的通知》，天津市港务局再行改革，实行政企分开，天津市港务局转制为天津港（集团）有限公司，行政职能转交天津市交通运输和港口管理局。

2014年，天津市整合交通运输和港口管理局、市政公路管理局、城乡建设和交通委员会相关职能，组建交通运输委员会，为市政府组成部门。因此，天津市交通运输委员会成为天津港的行政主管部门，负责天津港的行政审批和监督管理。

2013年，交通运输部曾下发了《港口危险货物重大危险源监督管理办法（试行）》的通知，要求加强对港口危险品的管理。天津市交通委向下辖单位转发了这份通知。根据这份通知，所在地港口行政管理部门应建立港口重大危险源安全检查制度，根据辖区内港口重大危险源的数量、等级和危险程度等，定期对存在港口重大危险源的港口经营人进行监督检查。

然而，在对瑞海国际的管理上，天津市交通委没有做到上述通知所要求的部分。

瑞海的背景

同样经营物流企业的王强介绍，"瑞海国际"欲经营危险化学品有两个途径，要么获得《危险化学品经营许可证》，要么办理《港口经营许可证》。前者去滨海新区安监局办理，后者去交通委办理，而瑞海国际选择的是后者。

记者向滨海新区安监局询问"瑞海国际"的监管问题时，该局一名办公室主任说，瑞海的手续是在天津港务集团审批的，他们有一套独立的审批手续，具体的你要问他们。一名业内人士分析，这说明瑞海物流的人脉网能在交通运输部门发挥作用。

而这么有人脉的公司负责人到底是谁呢？

工商资料显示，瑞海国际物流公司（以下简称瑞海）注册时间为 2012 年 11 月 28 日，注册资本 5 000 万元，股东为李亮、舒铮二人，法定代表人是李亮，注册地址是天津东疆保税港区亚洲路 6975 号，经营范围包括仓储（危险化学品除外，港区内除外）、装卸搬运（港区内除外）。2015 年 1 月 29 日，瑞海公司增加注册资本 1 亿元人民币，同时法定代表人由李亮变更为只峰。

事发后，躺在病床上的瑞海法人代表只峰因为重伤，不能开口说话，前法人代表李亮至今不知何处。瑞海工商资料中白纸黑字表明的股东之一舒铮向媒体表示，与瑞海公司没有关联，自己是代持股份。

工商资料显示，瑞海国际公司股东李亮持股 55%、舒铮持股 45%。其中李亮认缴出资额 2 750 万元，2013 年 1 月 22 日实缴 550 万元；舒铮认缴出资额为 2 250 万元，2013 年 1 月 22 日实缴 450 万元。

经媒体调查发现，舒铮确实为一位普通的工薪人员，并没有如此大项目的投资能力。

天津市塘沽多名官员向记者交叉证实，董某某在瑞海公司持股并参与经营，他是原天津港港口公安局局长之子。其父去年因罹患癌症辞世。

另据了解，董某某已被带走调查。

董某某名为董社轩。而在接受新华社记者采访时，已经身在看守所的瑞海国际的负责人之一董社轩说："我的关系主要在公安、消防方面，于学伟的关系主要在安监、港口管理局、海关、海事、环保方面。公司成立时，我去找的天津港公安消防支队负责人，说想做危险化学品仓储。当时我把天津市化工设计院给设计的改造方案这些材料都拿了过去，很快消防鉴定就办下来了。"

董社轩是原天津港公安局局长董培军之子。董培军一直在天津港担当安保工作，直至 2007 年，担任天津港公安局局长一职，董培军在天津港工作 50 多年，天津港公安局负责天津港区范围内陆域、水域、抵港船舶、天津港集团有限公司所属单位及相关毗邻区域的公安保卫工作。

董社轩提及的于学伟是瑞海国际的实际拥有人，于学伟 1994 年进入国企中化集团天津分公司工作，2012 年 9 月离职，离职前任中化集团天津分公司副总经理，对危险化学品行业非常熟悉。也正是在中化集团任职期间，于学伟与安监、港口管理局、海关、海事、环保方面建立联系。因此当其 2012 年自立门户，创办瑞海国际后，很快就能拿到同行眼馋的危险化学品经营资质。

在天津港同业的眼中，或许是自信在"安监、港口管理局、海关"等单位有关系，瑞海国际在拿到试运营批复的有效期截止日之后，选择了"裸奔"——长达 8 个月时间无证经营，直到 2015 年 6 月 23 日，才重新获得天津市交通委的港口经营许可。

对此，于学伟对新华社记者解释："当时试运营资质到期后，公司没有办延期。一方面觉得正式资质很快就会批下来，另一方面觉得很多其他公司都没办延期，有的拖的时间比半年更长也没人管，就没当回事儿。"

瑞海物流获得的相关批复和许可证的日期显示，天津市交通运输和港口管理局（天津交通委前身）在瑞海国际未获得《港口经营许可证》及《港口危险货物作业附证》两证之前，就已经批复其可以经营危险化学品仓储。

对此，重庆市交通委港口处相关负责人接受采访时表示，相关企业"没有上述两证，在港口作业危险化学品都属于违法行为"。而记者调查了解到，瑞海国际甚至在还未获得天津交港局试运营批复前，即 2014 年 3 月，就已开始经营危险化学品仓储业务。

2016 年年初，《天津港"8·12"特别重大火灾爆炸事故调查报告》公布，调查组认定，瑞海公司严重违法违规经营，是造成事故发生的主体责任单位。该公司严重违反天津市城市总体规划和滨海新区控制性详细规划，无视安全生产主体责任，非法建设危险货物堆场，在现代物流和普通仓储区域违法违规从 2012 年 11 月—2015 年 6 月多次变更资质经营和储存危险货物，安全管理极其混乱，致使大量安全隐患长期存在。

调查组同时认定，事故还暴露出有关地方政府和部门存在有法不依、执法不严、监管不力等问题。天津市交通、港口、海关、安监、规划和国土、市场和质检、海事、公安等部门以及滨海新区环保、行政审批等单位，未认真贯彻落实有关法律法规，未认真履行职责，违法违规进行行政许可和项目审查，日常监管严重缺失；有些负责人和工作人员贪赃枉法、滥用职权。天津市委、市政府和滨海新区区委、区政府未全面贯彻落实有关法律法规，对有关部门、单位违反城市规划行为和在安全生产管理方面存在的问题失察失管。交通运输部作为港口危险货物监管主管部门，未依照法定职责对港口危险货物安全管理进行督促检查，对天津交通运输系统工作指导不到位。海关总署督促指导天津海关工作不到位。有关中介和技术服务机构弄虚作假，违法违规进行安全审查、评价和验收等。

调查组还查明，本次事故对事故中心区及周边局部区域大气环境、水环境和土壤环境造成不同程度的污染。

记者手记

天津十日，寻找知道真相的好心人

8 月 22 日下午，我结束天津 10 天的采访回到北京的住处，顾不得洗漱，就蹬掉鞋子，闻着自己的脚臭味儿入睡了。我梦到自己做了一个梦。我打车去爆炸现场拜访一个采访对象，出租车上，我睡着了，梦到自己到了采访对象发给我的位置，已经是一片平地，火还在烧，在烟雾中，我不停地给他打电话，始终无法接通，这个时候，车子颠簸了一下，我醒了。出租车司机告诉我，前方堵车，走不动了，微信不停地响，领导不停地询问采访情况，我焦虑万分，和出租车司机吵架，怪他选错了路。这个时候，电话响了，我不敢接，也不敢看，准是领导打来的，准又是催采访。

这是梦，也是现实中我 10 天里的常态，不停地找人、找人、找人。

8 月 12 日，我还在郑州做一个静态的选题，深夜 11 点 50 分，突然接到主编间宏的电话，"天津出事了，马上出发。"高铁、飞机、汽车全部停班，我该如何出发？再给领导打电话，他给我的命令很简单，"想办法，不惜代价"。

12点20分，我出发了，从郑州到天津，700多千米，打车，我蜷缩在后座，把头深埋在两肘间，听着大货车不停地呼啸而过，我甚至怀疑能不能安全到达。

早上8点，我安全到达现场。距离现场1000米附近，几条通往核心现场的入口都已经被封闭。这情形在赶往这里之前我就已经想象得到。出事以后，官方首先做的就是拉一条防线，看得见的，看不见的。

作为深度调查记者，不但要突破看得见的防线，还要突破看不见的防线。

第一天，后方给我们的调查方向是"化工围城"，我的任务是调查瑞海国际物流项目与周边楼盘的关系。

在一个小区门口，我看到有集聚的业主，他们试图往里冲，带着哭腔哀求着保安，有人想进去拿落在楼里的财物，有人想去查看自己的房子受损情况。这个时候，楼上的碎玻璃还在不停地往下落，传来尖利的破碎声。根据以往经验，最容易的突破对象就是受害者，但是当我接近他们时，他们立即就敏感起来，除了承认自己是这里的业主外，再不愿意多说一句话，一个40多岁的女士对我吼道，"你不要采访我，我还要好好生活。"

第一天，我以为最容易采访到的受害者，直到下午4点我才找到，接受采访之前，一再要求，不准说是哪个楼盘，不准透露他的姓名，不准拍照片。

接下来的几天，我们的追问越来越深入，我们的采访涉及官方，那是一道更难进的门。

8月14日，我到塘沽一家环境评测机构求证有关瑞海安评问题，刚进门，就被门口的保安拦住。我看到保安的桌子上贴着一张通讯录，上面有该环境评测站站长的电话，就想拍下来，电话求证，结果被保安发现，夺我的手机，我们握着手机，掰了半分钟的手腕。

而即便能进去那道看得见的门，也并不一定能够突破那道看不见的防线。8月15日，我们发现一家消防研究院可能与瑞海安评有关，就去求证。我躲开保安的视线，溜进了三楼一个领导的办公室，这位领导看到我很是诧异，"你是怎么进来的？我们门口不是有保安吗？"说着就把我往外推。我知道我没有解释的时间，就直接问核心问题，他的脸色越来越难看，嘴里只是说，"我不知道，你别问我。"

他从办公室一直把我推进电梯，帮我按下了一楼的按键。

我没舍得走，又回到二楼，希望从员工那里获得一些信息。开始的时候，楼道里有人行走，但还没等我张嘴，就快速摆着手躲闪。很快，楼道里空无一人，有人从办公室探头出来，看到我之后，又缩了回去。空荡荡的楼道里，我竟然觉得恐怖起来。好似有一个禁忌，可怕到只有我一个人在触碰，而这种禁忌之恐怖甚至超过事故现场的危险化学品本身。

这种禁忌之可怕，好似病毒，甚至与该事故无关的人，也不愿意触碰。在做《瑞海氰化钠仓促乱局》这篇报道之前，为了咨询化学危险品安全距离问题，我连续拨打了 4 个化学专业教授和安全评价专家的电话，他们听到天津两个字，全部不予回复。安评专家甚至在电话里歇斯底里地叫道，"你为什么问我，这件事和我没关系！"

在做《谁为瑞海违规仓储危险化学品放行》报道的时候，我们怀疑天津市交委对瑞海公司的危险品经营资质批复存在违规问题，去天津市交委求证的萧辉老师被拦在门外，说他们要走正规的采访程序，一等就是一下午，最终也没有得到回复。我心里想，假如他们做什么都这样讲程序就好了。

为了得到相对准确的答案，我打电话给西南一个市的交委港口处，求证港口经营危险品经营资质的规章制度，并引用在了文章中。第二天稿子发表，就接到该港口处的电话，"你们怎么能把我们写到天津这样的报道中呢？"打电话的人恼羞成怒。

有时候，连我们自己也被这种可怕的禁忌笼罩。8 月 15 日那天，我和涂重航老师获得了一些有关瑞海的资料。而拿到资料 20 分钟后，就获得消息，某单位已经知道资料泄露，正在调查。很有可能，对方已经知道我们的身份信息。我们把情况反馈给副主编崔木杨，他迅速给我们联系到天津市区的一个朋友，要我们退掉酒店，去朋友那里写稿。

而当时的问题是，我们居住的酒店距离市区要一个多小时，我们赶过去，手头的求证工作马上要停止。最后，涂老师说，"不管了，我先去写稿，你继续采访，只要稿子发了，抓就抓了吧。"幸好，当天无事。但涂重航老师在房间内，上了两道锁，有人敲门，都要问清楚是谁才开门。

10 天来，我和同事们一直处于这样的状态中，后方一直催促采访，而我们总在路上，焦虑地联系采访对象。我怕待在酒店的房间里，那感觉自己就是在一个没门的四壁，让人窒息。在路上，能缓解焦虑。

采访临近结束的时候，我和谷岳飞老师讨论，调查性报道最快捷的突破方式是什么？我们都认为，就是不停寻找，找到一个知道真相的好心人。

所以，我愿意这样认为，任何一篇成功的调查性报道的出现，都不是记者一个人的功劳，其中还包括我们苦苦寻找的"好心人"，因为有时候，做个"好心人"也需要勇气，因为他也要"好好活着"。

而 10 天来，我们总能遇到一些"好心人"。一个好心的律师，免费给我当司机，开着他的那辆二手桑塔纳带我走街串巷地采访，并给我联系到了一个天津港内部的人，了解到天津港内部审批系统；保税区的一个官员，向我揭露了瑞海安全管理的多角关系；天津港的一个船东，向我讲述了港口机械生意潜规则……

天津 10 天来，我和我的同事们完成了《化工围城，与危险为邻》《火场逆行者》《瑞海氰化钠仓储乱局》《谁为瑞海违规仓储危险化学品放行》《天津港公安局长之子被指是瑞海隐形股东》《瑞海背后的神秘人与中化天津贪腐案》6 篇调查性报道。再次谢谢我遇到的那些好心人，望他们的好心能让天津变得更好。

……

电话不停地响，这次，我真的醒了，电话在床头，是报社一个同事打来的，说听说我回到北京了，晚上聚聚。我松了一口气，结束了。我可以面对正常的生活了，睡觉、吃饭、聚会，然后到另一个城市，寻找我的"好心人"。

2015：抗霾元年

杨晓红[①]

摘　要： 自从2011年雾霾开始作为一个高频词进入公共话语以来，4年过后，人们对它已不再陌生。而2015年，以新修订的《环境保护法》施行为契机，这一年对中国而言，进入真正意义上的抗霾元年。

关键词： 雾霾　大气污染　环境保护法　环境健康

2015年元旦，沉浸在节日气氛中的人们，很少有人注意到：从这一天起，新《环境保护法》开始施行。

这部多次修订的《环境保护法》，被媒体形容为"史上最严苛"环保法。自从2014年4月被第十二届全国人民代表大会常务委员会宣布着手修订以来，其每一条法律条款的争议与修订，都曾引起广泛讨论。在这部法律中，有关空气污染防治的内容，占到一大半。雾霾治理，毫无疑问是这个时代最重要、最迫切的命题，没有之一。

对普通人而言，新《环境保护法》长达70多条的法律条文，很少能有人记得住，但其对环境污染违法的监督与治理，在接下来整整一年的时间里，确实越来越显现出了"法律之剑"的锋锐。

按照雾霾发生的规律，每年秋冬季节，往往是一年中霾情最严重的时段。以北京2015年空气污染天数统计来看，秋冬季的雾霾天占到一年空气污染超标天数

---

① 杨晓红，《南京都市报》记者。

的 1/3 以上。新《环境保护法》施行之时，也仍是全国普遍的重霾天。此时，意外而又似乎情理之中的另一场公民环保风暴正在这个新年元旦之后悄悄酝酿……

《穹顶之下》再问雾霾

2015 年 2 月 28 日，农历春节刚过不久，重新上班的人们似乎还没有完全打起精神。这一天，前央视记者柴静在从公众视野消失一年多之后，带着自己新拍的一部纪录片再次回到人们面前。

这一天，是一年一度的全国人民代表大会开幕的前 3 天。一切都刚刚好。纪录片《穹顶之下》要直面的，正是近年来饱受市民诟病而无奈的大气污染——雾霾。

在片子中，柴静以一个母亲、一个女儿一出生即受雾霾之祸的受害者亲人的身份，讲述了她过去一年里对雾霾的追问：霾是什么？究竟有什么危害？我们能做些什么？……这些问题几乎是每一个深受霾害的大城市人们的心中之痛。

毕竟从 4 年前潘石屹在微博上对北京美国领事馆发布的空气质量指数惊呼一声"妈呀，有毒"以来，雾霾已经成了北上广深等大城市，甚至二线城市的常客：每年冬春它必来，有时春夏也不走。在过去 4 年里，人们对雾霾的监测，发现它在中国版图上的笼罩的空间已经越来越大，以致最严重时有人形容是"雾霾锁国"。空气污染之害，已经到了一个"拐点"。

柴静在片子中说她做这件事，自费百万元，访问各相关国家部委、科研院所，甚至远赴伦敦、洛杉矶，都只不过是"不想继续在不明真相的恐惧中活着，也不愿意继续等待和推诿责任"，无论是她过去做记者的职业素养，还是作为母亲的责任，她都觉得自己有义务来做这件事。

柴静在片子中以一个雾霾亲历者角色所做的讲述与追问，迅速在网络上得到网民热烈响应。在其发布当天的 4 小时里，这部集演讲、调查数据、科学分析、动画等于一体，长达 104 分钟的纪录片，点击量达到近 600 万，被点赞 6 万多次。在其发布的 48 小时后，在社交媒体等网络上的总播放量达到 2 亿多。

这部纪录片的火，如果考虑到"同呼吸、共命运"人们对雾霾长期忍受下的焦虑以及对公共政策落地的期盼，那么一切也正在情理之中。它的出现，除了向公众普及雾霾知识，更迅速地在全国"两会"的民间舆论场中，引发了人们自觉对环保法和公共政策的制定、对经济结构转型以及公民环保行动等诸多讨论。

这场在网络上热火朝天的讨论，一度还引起了当时股票市场有关环保概念股的上涨。

尽管几天后，这部纪录片就消失了，但它留下来的观察与拷问，其实已经深烙在广大民众以及政策制定者的记忆中。"对大气污染，我们必须做点什么"，这是柴静纪录片的最后落脚点，这句话也几乎戳中了每个深受雾霾之苦的国人内心。面对雾霾，除了自嘲、戴口罩、不出门、等风来，我们还能做点什么呢？……

而在新《环境保护法》中，法律已明确赋权：任何公民、法人和其他组织依法享有获取环境信息、参与的监督环境保护的权利，以及有权举报环境污染或违法的权利。

这一法条意味着：与空气污染、与雾霾作战，不再仅仅是政府、企业、非政府组织的事，它更是每个公民的事！新《环境保护法》让每个人都有权利为对抗雾霾采取行动了！

社会协力备战抗霾

有新《环境保护法》撑腰，2015年元旦，老牌环保组织"自然之友"即联同"福建绿家园"，共同发起了一起新的公益诉讼——起诉福建南平毁林一案。而绿色森林，原本与雾霾息息相关。

"这是公益组织在新《环境保护法》实施后的第一例生态破坏类公益诉讼，希望借此案确立公益组织提起诉讼的独立主体资格"，"自然之友"总干事张伯驹在接受媒体访问时，表示在公益诉讼这一块积累经验后，也希望未来能在空气污染领域发起类似诉讼，以法律为武器来保卫清洁空气及水、土壤等健康生态环境。

其他民间组织、学术机构、社会企业等也在积极行动。2014年3月，在博鳌亚洲论坛2015年年会分论坛上，中外专家就雾霾的危害与治理之道进行了热烈探讨。

对雾霾能引起人体的上呼吸道感染，诱发鼻炎、心血管疾病，甚至严重的话，可以造成肺纤维化类似的危害，与会者基本没有疑义。有医疗专家指出：即使目前还不能明确得出结论说雾霾致癌，但确已有数据证实，空气中每增加 10 微克的 $PM_{2.5}$ 和 PM_{10}，都将与癌症发病率正相关，尤其是肺癌。

而治理之路却不可能一蹴而就。原国家气象局局长秦大河认为："10 年之内难以根治"，因为我国的能源结构长期以来以煤为主，煤是排放二氧化碳的主要原因，而二氧化碳对雾霾形成又是最重要的提供者，"我们国家花了老大力气，在过去近 10 年才将煤炭比例在一次能源中的比例，从 70% 降到 68%，到 21 世纪中叶也只能降到 55% 左右"。

抗霾之路即使漫长，但也终究得一步一步去走。为倡导政府、社会更积极应对雾霾所带来的大气污染，这一年 3 月底，世界自然基金会在"地球一小时"活动中，将活动主题定为"能见蔚蓝"。这已是该机构连续两年将目光聚焦于中国当前最严重、最迫切的环境议题。

"这个主题，一是希望从能源结构改变这一层面来根治雾霾，推动清洁能源主流化，另外也传达了民众一种信心、一种告别雾霾重寻蓝天的期待"，世界自然基金会中国区负责人卢思骋解释。

在陕西、在北京、在湖南长沙、在河北，从这一年的春天直至夏天，在雾霾还不是最严重的时期，国内大大小小的环保组织均在当地组织了各种对抗雾霾的环保活动，或植树、或众筹、或骑行、或号召志愿者们一起在线监督污染企业的排放状况。

企业家们则以成立环保基金会、专项基金等方式，支持国内环保 NGO 开展减少雾霾的各种社区实验。2015 年 4 月，中国互联网界的两位大佬马云、马化腾，在浙江宣布成立桃花源生态保护基金会。该基金会成立的宗旨就是要为中国 10 年、20 年后能够拥有更纯净的水和天空而努力，企业家们认为保护蓝天碧水，是他们这代人义不容辞的责任。而由阿拉善 SEE 基金会、能源基金会和中国清洁空气联盟共同发起的"卫蓝基金"，自 2013 年成立以来，其支持中国民间公益力量提升空气污染防治方面的能力及相关公益活动的行动，一直就没停过。

近两三年，"自然之友"除积极协助新《环境保护法》《北京市大气污染防治条例》等重要法律修订广泛收集民众意见外，还利用小额基金组织"蓝天实验室"活动，在北京 70 多户家庭中实验节能减排。在东北，一些环保基金会针对每年秋后大量焚烧秸秆的做法，为当地村民募集资金、改造秸秆节能炉，使之燃烧充分又几乎不排放烟尘。

2015 年 8 月，在经过广泛征求民间意见的基础上，另一部分与空气污染相关的法律——《大气污染防治法》出台。经第十二届全国人民代表大会常务委员会第十六次会议审定，这部法律于 8 月 29 日正式修订通过。这已是该法颁布以来的第二次修订。

《大气污染防治法》将各省、自治区、直辖市的大气污染治理目标，明确纳入各级政府的政绩考核，并对重点污染物进行全国总量控制管理。同时，对违法排污的企业，实施重罚；如果各级政府部门未能完成当年制定的空气污染治理目标，则要被上级政府部门约谈；大气污染实施区域性联动治理……

这些非常详尽的法律条文，其治理矛头均直指大气污染、直指雾霾。

重霾锁国，北京两度红色警报

与社会各界的积极应对相呼应，2015 年整一年，从全国范围来看，霾情也可谓首尾相连。

第一季度是上年度最严重霾期的末端。这一季度，不仅连续几年重霾区的京津冀、长三角、珠三角雾霾浓重，就连曾为全国环保模范城市的沈阳，也连续出现空气污染严重超标；在中部地区的河南、湖北等省份第一季度的 $PM_{2.5}$ 浓度排名，硬是生生挤进了全国前十，其浓度指数分别为 103.3 微克/米 ^{3} 和 99.2 微克/米 ^{3}，超过因雾霾频发而饱受诟病的河北省。

2015 年 11 月秋冬季到来时，雾霾之来势汹汹，果不可小觑。据气象专家称，这一年乃是历史上最强的"厄尔尼诺年"，我国华北地区大范围处于"高湿度""低风速""强逆温"的天气状况下，这种天气不仅不利于空气污染物扩散，反而有利于雾霾的形成与反复累积。

"进入初冬，北京刚下过几场雪，气温很冷，湿度特别高，湿度高有利于硫酸盐在内的一些污染物暴发性增长，加上强逆温，大气层上边热下边冷，垂直层面上无法形成大气对流，这些气象条件都只对雾霾形成有利，而不利于扩散"，2015年11月27日以来，因霾情久聚不散，北京气象专家分析，正是这种客观的气候条件，加上外地大气污染物飘过来后的复合叠加，导致整个华北地区重霾笼罩，人们在长达近半个月的时间里，几乎无法呼吸。

2015年11月29日晚，北京发出年内首个空气重污染橙色预警。第二天一早，河北相继发布霾情橙色预警；两小时后，天津将霾黄色预警升级为橙色。12月1日，河北邢台、唐山、廊坊等地的霾情预警变为红色。山东、河南两省的14个地市，也分别发布霾情黄色预警。

"浓度刚刚下来，马上又被较强的南风吹了回来，而且还带来了稳定大气"，面对特殊气象条件，专家们也心如火焚。2015年12月1日，北京市教委要求市内中小学停止户外活动。而一周后，北京发布有史以来第一次霾红色预警，并于10天后的12月18日再次发布霾情红色预警。

红色预警已是最高级别的天气污染警报。这意味着全市所有中小学、幼儿园停学停课、机动车启动单双号限行、关闭扬尘工地等一系列严厉措施。这些措施，遑不论对经济生产的影响，已经关乎并影响到每一位城市居民的日常生活。

短暂停课后，中小学恢复上课，生活又渐渐恢复了平静。事实上，除了市民们亲身体会到的抗霾举措之外，政府部门所做的远不止这些，也远比普通人感受到的多得多。

2015年秋冬大霾后，据北京市环境保护局总结，为抗击这次连续严重雾霾，按照新《环境保护法》和新修订的《大气污染防治法》，北京市近几年共采取84项举措应对雾霾——如对东城区、西城区30余户居民家的采暖设施改用清洁能源，对城六区5万余蒸吨锅炉实施"煤改气"工程，让全市当年的燃煤总量压减至1 200万吨左右；如全面关停3家燃煤电厂，淘汰印刷、家具、建材等行业326家污染企业，同时淘汰全市38万辆老旧机动车，并对全市8 800余辆柴油公交车实施升级改造，补贴22 000辆新能源机动车辆等。而对污染企业的重罚，全年达到9 600多万元。

在抗霾过程中，北京还首次实施了区域联动防治。在重霾之前的2015年8月

20 日—9 月 3 日，为保证阅兵期间的空气质量，北京市与河北廊坊、保定两市结对，支持大气污染治理资金 4.6 亿元，用于燃煤锅炉脱硫脱硝除尘等深度治理。阅兵期间，两地联手保障了北京连续 15 天大气质量一级优，区域七省市区 $PM_{2.5}$ 浓度同比下降 30%左右，出现"阅兵蓝"。

相关环境保护部门透露，相比较于以前为了保障一些重要时段的空气质量，政府部门往往采用超常规、临时性行政措施关停污染企业、工场工地等举措，短期"创造"出"APEC 蓝""阅兵蓝"等，2015 年抗击重霾天的举措，已经开始从临时性、行政强制性特色，转向依法进行、长期稳定推进的常规化大气治污举措。

"如果没有相关大气防治的法律以及政府部门、民间公益组织等前期诸多的努力，对付这次持续重霾天，无疑将更为艰难"，2015 炉 12 月中旬，这次漫长霾天终于过去，北京一环保官员终于可以舒一口气了。

重霾减少 1 天，微弱的胜利

对大气污染治理，国家早已制定了自己的蓝天路线图。

2013 年，环境保护部宣布力争在 2030 年前将全国所有城市的 $PM_{2.5}$ 年均值降到 35 微克/米^3 的国家大气清洁标准；其后，"大气十条"又再次明确：2017 年前，北京的 $PM_{2.5}$ 年均浓度要控制到 60 微克/米^3。

专家预测，全国所有城市尤其是三大经济带（京津冀、长三角、珠三角）城市要达到大气清洁国标，即使既治理末端排放、又从根本经济结构和能源结构改变着手，双管齐下，也都还需要付出至少 10~20 年的代价。

2016 年 1 月初，北京市环保局公布了 2015 年整一年的抗霾成绩单：2015 年北京空气质量达标天数 186 天，占全年天数的 51%，较 2014 年增加 14 天达标天气，其中一级优天气增加 13 天；而 2015 年重霾天共 46 天，较 2014 年减少了一天。

与此同时，2015 年，SO_2、NO_2、PM_{10}（可吸入颗粒物）、$PM_{2.5}$（直径小于 2.5 微米的细粒子可吸入颗粒物）四项重要的大气污染指标物，其年平均浓度，与

2014年相比，也分别下降了38.1%、11.8%、12.3%和6.2%。

从科学数据上看，这些空气污染物的下降以及重霾天数的减少，都相当来之不易。但相比于普通民众对重寻蓝天碧水的期望而言，这一年大战雾霾所取得的胜利，仍只可能是"小比分"微弱取胜。

北京的秋，向来是这个城市一年里最美的季节。但它的美好，往往与短暂相伴，秋天也是这座城市最短的季节。

刚进入10月，有关2015年霾情的天气预报已经开始频频拉响警报：国庆长假头两天，京津冀中南部和河南北部大部分地区就已处于中轻度大气污染之中。今年的霾情不容乐观，多静风、强逆温、多南风的厄尔尼诺天气又将到来……

而将2015年视作北京市2013—2017年清洁空气行动计划攻坚之年的政府部门，早在秋冬季到来之前，就已经依托各县乡镇基层机构，拉开了"改农村散煤""治高排放车""整治城乡接合部（污染空气排放）"这三大战役序幕。

"中国的雾霾问题，是我国长期以重化工为主导的产业结构、以煤炭为主的能源结构以及以公路交通为主的运输结构综合造成的，要想根治雾霾之患，最根本的是要调整或扭转这一污染型经济结构，而非简单采取末端治理和行政措施就可以解决的"。

在充分肯定近几年政府部门的积极作为之外，中国人民银行研究局首席经济专家马骏及其团队，曾建立过一个用于模拟行业与公共政策对 $PM_{2.5}$ 影响的定量模型。基于这个模型研究，研究团队发现，如果我国目前的煤炭、汽车、资源税、环保税费、公共交通发展政策不改变的话，即使环保类末端治理措施用到极致，到2030年全国城市平均 $PM_{2.5}$ 仍会高达46微克/米^3，仍属超标状态。

马骏及其研究团队认为，要实现 $PM_{2.5}$ 减排以及最终推动经济结构转型，未来政府还必须采取更多的经济手段，以改变投资者、企业和消费者的激励机制，促进经济结构、能源机构等转型。这些具体的经济手段包括提高资源税税率、开征碳税、大幅提高污染物排放标准收费、降低服务业间接税税负、控制工业用地供给、引入汽车牌照拍卖制、引入治理雾霾的区域补偿机制、建立绿色金融、发行绿色债券等。

而这些中长期措施的落实，显然远非一年半载。

而在这一系列政策未来能够出台并落地施行的过程中，毫无疑问，每一个公民参与的力量依然是其最最重要的推手。毕竟"同在一片蓝天下"，无论乡村还是城市，今天整个社会都已经意识到：无论你属哪一个社会阶层，雾霾都已成为你所必须面对的敌人；而重新找回蓝天碧水，也已是每一个人心底最迫切的期盼。

行动带来改变。可以预见，在未来几年甚至可能长达 10 多年的抗霾行动中，政府部门、企业、公益组织和每一位公民，一起携手重造蓝天所要做的事情，还有太多太多。

记者手记

雾霾阻击战是场持久战

又是重度雾霾天。捂着严严实实的口罩出门，再次感受到什么叫"无法呼吸"。

雾霾几乎已经成为北京乃至全国入冬以来逃也逃不掉的梦魇。经过好几年的雾霾科普，面对恶劣天气，整个社会的心态相较于前几年已平稳了不少，查看天气预报、戴口罩出行、减少户外活动、晒污染地图，或者减少开车出行、严查超标排污企业……久受霾情考验的人们，已经有了一套熟悉的应对办法，就如同政府部门也有了一套完整的预警制度一样。

但有了应对的心态和防御措施，远不等于霾散云开，蓝天重来。因为即使不说出来，大家都心知肚明：雾霾之战，注定是一场持久战。伦敦治理雾霾用了几十年，洛杉矶的治理也耗时 40 多年，几乎是整整一代人的黄金岁月。我国能否做得更快更好？

了解国情的人都知道这个问号的沉重分量，以及拉直这个问号背后所必须付出的艰辛努力。在中国雾霾形成的贡献率中，燃煤占到绝对比重。而单改变能源结构这一项，从以往转变能源结构、用清洁能源取代燃煤的经验来看，到 21 世纪中叶，燃煤在能源结构中的比重才可能降到 55%，这与重新找回蓝天碧水所要求配套的能源结构，依然有着一段不小的落差。而要想治霾，更不论比单纯调整能源结构更复杂、更艰难的国家经济结构转型了。

　　道阻且长，但也不意味就因此失去信心。因为踏踏实实每一步的改变，小则生活习惯（减少开车出行、选择无污染企业产品），大至国家政策转变、产业调整等，这些都需要每一个人的努力，需要一代甚至几代人的努力……

　　因为就像霾来了，我们不能坐等风来一样，蓝天也实在无法坐等！

雾霾"惹火"的市场：
绿色消费呼唤"清洁"环保认证

臧公柱[①]

摘　要： 随着人们生态环保意识的逐渐增强，一批企业以此为契机，大幅度地提升产品质量，通过生产绿色环保家居产品提升竞争力，争取市场份额。在这个背景下，有利于消费者选购的"绿色环保"认证制度应运而生。但是，目前市场上的各种"绿色认证"有不少是假的或夸大误导的，有的发证机构根本就没有资质，而仅认证某个单项指标，假借"特别认证"的模糊字眼掩人耳目。

关键词： 空气净化器　生态环保　环保认证　绿色认证

雾霾再严重一点，雾霾多停留几天吧！雾霾来得越多越好。

这是来自空气净化器行业的心声。

污染的空气催生了这个行业，加剧的雾霾强化了这个行业。雾霾有多严重，这个行业就有多火爆。

空气净化器，是家居产业？是环保产业？净化器行业的勃兴与雾霾的存在和加剧呈现直接的因果关系，这是 4 年来不争的事实，更是令民间环保组织"绿家园志愿者"召集人汪永晨等一批环保人士意想不到的结果。

每年的 11 月，华北地区持续大雾天气。气象资料显示，这个月，差不多有

---

① 臧公柱，中央电视台记者。

1/3 时间，空气雾蒙蒙的，北京到石家庄的高速公路经常因大雾而关闭。

对于习惯了阳光恩赐的北方人来说，如果一天没有见到太阳，就等于雾霾。2012 年 11 月，汪永晨在《中国青年报》大厦 9 楼举办每月一期的"环境记者沙龙"，邀请了美国记者和相关人士，谈到了美国大使馆对其附近北京空气质量的监测数据，几天后的《新京报》，记者马力给予了报道。

一石激起千层浪。北京市环保局针对《新京报》等媒体的报道指出：北京市环保局设置的大气质量环境监测点分布均匀、科学论证、数据合理、经得起推敲。美国大使馆仅仅是对其附近的空气质量进行监测，是不可信的。

"雾霾"这个词，2003 年前后，广州的媒体多次报道城市灰霾雾霾现象。

2012 年，雾霾这个词正式走进了北京，走进了北方，用来描述 11 月和 12 月大气中雾蒙蒙、太阳又黯淡下的城市。

此前，北京人对于空气质量最敏感的也最常用的词是"沙尘暴"与"能见度"。"雾霾"这个词的流行，意味着人们很容易将只要阴天的城市，都贴上雾霾的标签。

多年来，即使对空气污染问题关注，空气净化器这种产品也多作为"奢侈品"，来自国外，价格昂贵，原理不明，属于"高大上"的追求，让室内的空气能比室外干净，起码看不出与人们的生活有多大相关性。

最受关注的要数 $PM_{2.5}$ 净化神器——空气净化器。受雾霾影响，空气净化器迅速蹿红，成为新一代"国民家电"。有关数据显示，2014 年空气净化器全年保持高速增长，累计销售达 345 万台，而这一数字在 2015 年被刷新至 450 万台。

然而，令汪永晨等环保人士们始料未及的是，2013—2015 年连续 3 年，比GDP 曾经的上涨幅度更快的，是大众传播媒介对雾霾的报道催生了各种专业部门调查研究分析，催生了政府环境保护部门出台应对雾霾的措施与预警，催生了公众对雾霾的敏感。就像每天陌生人打招呼谈天气一样，雾霾是超越性别与阶层的一个最好话题。

雾霾，使大众传播媒介多了一个绝好的公众议题，又使民众多了一个街谈巷议的话题。尽管数据显示，近 10 年北京的大气质量恶化也好，好转也好，是起起伏伏的，雾霾现象并不是比 10 年前更多。然而，空气净化器行业借助人们对雾霾的敏感，借助新闻媒体的炒作而做大做强，是无法回避的因果关系。

3 年时间，中国的空气净化器产业成为增长最快的环保产业。在国家工商部门登记在册的有空气净化器品牌的生产企业有 520 多家，真正在市场销售的不到 40 个品牌。进口空气净化器占到市场 80%，单个品牌最大的市场占有率达到 12%，这是在百度多个网页都出现的数据。

某《空气净化器市场白皮书》（雾霾也催生了多种这样的《趋势报告》《产业分析》等）显示，2012 年空气净化器销售额 31 亿元，增速接近 40%；2013 年空气净化器销售额 85 亿元，增速接近 180%；2014 年全年空气净化器销售额达到 145 亿元，增速 170%。白皮书还预计，2015—2020 年空气净化器市场将保持 48% 的年均复合增长率。"仅供参考"的同时，其中说明的"爆棚"现象是的确存在的。

"惹火"了空气净化器，给雾霾话题添了一把"柴"

2015 年"两会"前的柴静纪录片《穹顶之下》，点击过亿次，雾霾一时间成为全面关注的关键词。

雾霾是个"双刃剑"，其催成人们高度关注环保话题，在耗钱；也"成就"了空气净化器行业，在挣钱。

空气净化器也是"双刃剑"。空气净化器催生的各种骗局越来越多。

空气净化器除"雾霾"，到底有多少假象？

99% 的净化率？ 净化 PM$_{2.5}$？ 除去所有甲醛？ 越贵质量越好？

有人说，看看空气净化器滤网积累污染物有多黑，这个行业就有多黑。

2015 年 9 月 15 日，国家标准委批准发布新修订的《空气净化器》（GB/T 18801—2015）国家标准，明确规定空气净化器的基本技术指标与空气净化器产品的标志和标注，新标准 2016 年 3 月 1 日实施。

新标准明确，空气净化器的基本技术指标（核心参数）是"洁净空气量"和"累计净化量"，即空气净化器产品的"净化能力"和"净化能力的持续性"；将空气净化器的噪声限值由低到高划分为 4 档。新标准提升了空气净化器针对不同污染物净化能力的能效水平值，分为合格和高效两个等级。

新标准完善了空气净化器产品去除各类目标污染物净化能力的实验方法，包括针对颗粒物、甲醛累计净化量的测试方法，即空气净化器净化寿命实验，以及针对甲醛净化能力测试和重复性评价。

新标准对空气净化器产品说明书的标注内容做出规定：应包括净化器名称、型号，净化器特点、净化原理、主要使用性能指标，以及安装、维护、保养等注意事项。

标准促成产业政策的调整，更促进行业洗牌，达到良币驱逐劣币的作用。

不得不问，这个标准出台前，这些空气净化器是按照什么样的标准生产出来的？又是怎样获得各式各样的认证？

市场经济下，企业产品的好坏，一方面，可以用自己出具的检验报告来说明，内行人可以一目了然；另一方面要由政府和企业之间的第三方认证，认证行业发达，其作用比政府的作用更大，既能消除寻租行为，又能避免自吹自擂。

单就空气净化器的检测认证来说，对于崇洋媚外已久的国人，往往喜欢拿出国际认证来说事。但是对于国内品牌不到 20% 的行业现状来说，不仅看出国产品牌的自主研发能力有限，而且国内认证都够呛，何谈国际认证。

实际上，在空气净化器领域，国际并不比国内认证权威！原因很简单：国外的大气质量高，他们的空气净化器使用环境与国内不一样，只要较低的标准就能达到净化的目的，面对我国的空气质量，有没有水土不服呢？

正是因为欧美国家的空气质量比国内好很多，因此国内在空气净化器的检测方面、在检测手段和检测项目上比欧美市场都要复杂和严格得多！在西方国家，有关法规极严，因而负责任的厂商也绝不会将其在其他国家的检测和认证，来提供给中国市场作为销售依据！

所以对中国的消费者来说，真正具有参考意义的，是中国国内的权威机构出具的检测报告和认证！

空气净化器功能不同，大多宣称以过滤 $PM_{2.5}$ 为主，有的可过滤花粉，还有的去甲醛、TVOC（总挥发性有机化合物）等物质；有的主打净化加湿二合一，有的主打过滤网，还有的提出纳米水离子技术等。消费者有多少需要学习精深的化学知识呢？

也就是说，这一标准的颁布才使人明白，此前的空气净化器行业也是一场令人头疼的"雾霾"。

认证机构模糊概念，"一粒老鼠屎祸害一锅粥"

据《中国消费者报》报道：北京市民孔繁旸热衷于和各种标准、认证规则以及企业虚假宣传、资质缺陷较真，而且还越玩越专业。他不是职业打假人，自称"职业维权人"。

他为什么要起诉国家认监委和国家质检总局？

这要从前年孔繁旸购买的一套客厅家具（由于目前家居与家具意思逐渐合流，以下统一使用"家具"）说起。2014 年 8 月，老孔购买了一套浙江莫霞实业公司生产的"悦木"系列实木客厅家具 6 件套，这套家具说明书上印有中国质量认证中心的"中国环保产品认证"的标识。

但孔繁旸发现，"中国环保产品认证"是根据《家具环保认证规则》（以下简称《规则》）认证的，而《规则》产品检验依据的标准是《室内装饰装修材料 人造板及其制品中甲醛释放限量》（GB 18580—2001）[①]和《室内装饰装修材料 木家具中有害物质限量》（GB 18584—2001）。

孔繁旸认为，标准（GB 18580—2001）作为一部规定人造板及其制品甲醛释放限量的标准，理应只适用于人造板材材料产品，不能适用于家具产品。因为家具产品需要大量黏合剂等，人造板材料是环保的，这些发出异味的胶合剂是不是环保的呢？中国质量认证中心依据该标准制定的《规则》给实木家具颁发环保认证标志，是错误行为。

由于对《规则》依据标准的质疑，孔繁旸向中国质量认证中心的上级机构国家认监委提出申诉，要求责令中国质量认证中心停止实施《规则》并重新修改更正，并对中国质量认证中心的行为进行相应处理。

---

① 现行标准为 GB 18580—2017。

国家认监委于 2015 年 2 月 10 日做出答复，认为未发现中国质量认证中心制定的《规则》存在问题，也未发现认证机构违规实施相应产品认证。对此答复并不满意的孔繁旸，又向国家质检总局提出行政复议申请，但国家质检总局于 4 月 9 日做出行政复议决定，维持国家认监委做出的答复。

这是一个永远不会赢的"结果"。

国家认监委的办公地点设在国家质检总局，而中国质量认证中心与中国认证认可协会"一套人马，两块牌子"，都脱胎于国家质检总局，孔繁旸面对的可以说是"三位一体"的一个运动场，运动员、裁判员、教练员都是一个人。

接连遇挫的孔繁旸并未气馁，他向北京市第一中级人民法院递交了行政诉讼状，将国家认监委以及国家质检总局告上了法庭。他主张自己购买的家具主辅材都是天然实木，没有人造板材料，表面也没有色漆涂饰。即便是《室内装饰装修材料 木家具中有害物质限量》（GB 18584—2001）也不适用此类家具。因为该标准两个检测指标需要的人造板材料试件和色漆在主、辅材都是天然实木的家具中都不存在。

孔繁旸质问：没有标准的认证难道不是假的吗？

中国橱柜业的假环保和假环保认证现象严重。另外，即使是品牌环保橱柜，如果安装不规范，也有可能造成二次污染。孔繁旸号召消费者和环保品牌合力掀起一场"环保打假风暴"。

孔繁旸也许不知道，像这样的非法认证机构至少有上万家！

环保这个词，对于很多装修户来说，不是个陌生的概念。在商家的炒作之下，"绿色认证""欧盟认证""国际环保协会认证"等概念之多，虚拟的机构之多，连正常搞认证的机构都难分真假。更何况不懂环保标准的中国质量中心，将自己拟定的标准冒充环保标准。在利益的驱动下，什么都能做出来。这还不包括，这个认证中心经常搞的模糊概念的各种评奖活动。给钱就获奖，给钱买奖，是不言自明的逻辑。

而"环保认证黑幕"导致了顾客的消费疑虑，不少有意购买家具的消费者比以前更加谨慎。

有记者经常提醒，也借律师的口提醒：消费者不要被"认证"迷了眼，要选择有信誉的认证机构。

假环保认证，还需多久才能让人看清

自 1994 年"中国环境标志"计划实施至今，中国环境标志的"十环标识"，已成为公众在科学消费、绿色消费中选择产品的重要参考。

世界各国对科学消费和绿色消费的要求，一是对产品有无评价标准；二是有无保障体系；三是有无认证检验程序。环境标志则最好地体现了这三点。

（1）产品的质量和环境行为标准是评判依据，无标准则只能是炒作。只有达到国家产品质量标准的 10%～30%的产品才有可能获得环境标志，就是因为环境标志产品是在产品质量优的基础上，还要环境行为优，实现优上加优。

也就是说，任何产品只要达到国家规定的产品质量的基本要求，即符合"国标"就可以上市了。就如企业排放废水，只要达到国家规定的排放标准即可，但是这并不意味着这些废水就可以喝，也不意味着这些废水就不会造成污染，里边照样存在各种污染物质，只不过达到了标准的界限。

但是"国标"之外，多了一个"环标"，环标是远远高于国标的一个台阶。一个国家，只有很少的企业能达到。他们生产的产品被当之无愧称作"环保产品"。

（2）产品的保障体系是科学措施、绿色措施的集成。单纯通过 ISO 9000 和 ISO 14001 体系认证，只能代表管理运行机制优越，不能代表产品优秀；单纯通过产品检验，只能代表样品合格，不能代表批量生产的产品都合格。必须把体系和产品的全部运行要素集合起来，这就是"中国环境标志"产品的特有保障体系。

除了让人眼花缭乱的各种环保证书外，不少家具还带有各种标示着"绿色标志""绿色环保家具""绿色产品"等字样的标牌。这些所谓的环保标牌看起来好像都差不多，但仔细观察就会发现证书的落款并不统一，有全国的、地方的、行业协会的、检测单位的。不少家居品牌为了让自己的产品好卖，干脆将一套假证书直接交给零售商铺。

这与中国质量中心将已达"国标""合格"的家具，作为"环标"来对待，是一个意思。

业内人士表示，目前在环保产品认证方面，"中国环境标志"认证（通俗所说的"十环认证"）和"绿色产品"质量认证，是具备官方性质的正规认证标志。前者，即"环标"是目前国内最高级别的环保产品认证，认证环节极其严格，其唯一的认证机构是"环境保护部环境认证中心"。后者即"国标"，则是对产品的环境性能做出的一种带有"公证"性质的鉴定，能对产品全面的环境质量做出"合格评价"的认证。落款为地方或行业协会、某检测机构的环保证书，消费者不要盲目相信。最为直接的方式是查看家具产品的检测报告，通过里面的数据来体现家具的环保性能，是达到"国标"还是"环标"。

家具认证也能造假，中国家具协会理事长朱长岭并未否认，"这一现象确实存在，但并非主流。"市场上的家具环保认证标识，其可信度并不高。家具商掏钱买标志。对于从事多年家具销售工作的人来说，这些都算公开的秘密。

"ISO 9001 质量体系认证""ISO 14001 环境体系认证""中国环境标志产品认证"，专业与消费者之间的认知存在鸿沟。

尽管有专门负责资质认证的检测机构，但市场上还是存在不少盈利性质的中介检测机构，他们颁发的这些"认证证书"标志各式各样，很容易给消费者造成误导。

中国家具协会理事长朱长岭坦承，国内市场上家具产品的认证主要分为质量认证和环境认证，分属国家两个部门管理。国家质检总局负责把控家具生产环节的质量和标准，以实验室的形式设立了家具的质检中心，并采取两种检验方式：一方面，国家每年到市场上抽查，将不合格的产品在网上公示；另一方面，企业为获取市场信任，将原材料或产品送到检测中心检测。而家具的环境认证则是经由国家环境保护部认证、监管的。

前者标准较低，后者标准很高，所以，获得十环标志认证的品牌很少，但获证企业，一定是本行业环保责任的引领者。

目前市场上一些所谓的环保家具是由假协会甚至是媒体认证的。有些假的协会在香港登记注册后，在大陆活动卖牌子，他们的流窜性非常大，管治起来非常困难。

朱长岭建议消费者如果搞不清这些乱七八糟、鱼龙混杂的认证，只有一个简单可行的办法：尽量选购大企业的产品，"这样的企业除了需要保证产品的质量和管理，以维护品牌声誉外，也同时受到了政府的政策支持和监督管理。"

中央电视台《每周质量报告》报道，在南京的超市，贴上"无公害""绿色""有机"标签的果蔬、鸡蛋等，被称为"有身份"的农产品，它们价格昂贵，但是却因为安全而受到青睐。国家认证认可监督委员会已确认，颁发"绿色标志"的"国际绿色产业协会"属于非法。

当绿色、有机食品越来越受大众欢迎，价格翻倍的时候，假冒的绿色标志也出现了，绿色认证的标志成了某些农产品的"皇帝的新装"，央视记者发现，有贴着绿色食品标志的菜比普通菜贵 20 倍。这个"国际绿色产业协会"称，只要交钱就能贴标。

这种现象在任何城市都存在，据记者的调查，如果不是农产品业内人士，99%的人不知道什么是"三品一标"。在农业部主管下，中绿华夏认证中心对农产品进行的认证：无公害农产品、绿色食品、有机食品以及地理标志农产品。这反过来也证明了蕴含着大市场需求，假机构、假标志，印刷成以上"三品一标"贴到农产品上，有谁能辨真假呢？

需要补充说明的是，如果就是地理标志，现在国家质检总局、农业部和国家工商总局都有本部门的"地理标志"产品，这是不是一种"政出多门"现象呢，无疑给混乱的市场继续添堵。

随着人们生态环保意识的逐渐增强，一批企业以此为契机，大幅度地提升产品质量，通过生产绿色环保家具产品提升竞争力，争取市场份额。在这个背景下，有利于消费者选购的"绿色环保"认证制度应运而生。但是，目前市场上的各种"绿色认证"有不少是假的或夸大误导，有的发证机构根本就没有资质，而仅认证某个单项指标，假借"特别认证"的模糊字眼掩人耳目。

买家具及装饰装修材料时，如果发现产品宣传中有"绿色评比""绿色推荐""绿色认证"等字样，一定要注意核实发证机关和编号的真实性。《中华人民共和国认证认可条例》规定，设立认证机构，必须经中国合格评定国家认可委员会批准。经批准依法取得资格并注册后，认证机构方可从事批准范围内的认证活动。消费者可以通过登录国家的官方网站进行查询。

目前市场上"绿色认证"有产品认证、生产管理体系认证、生产环境体系认证，在选购时应加以区分。如环境保护部环境认证中心颁发的中国环境标志（十环标志）就是对产品和生产过程、环境保护的综合认证。如果发现产品标识存在虚假认证，可以向国家认证管理部门或市场监管部门反映、举报。

"环保认证"普遍存在两种造假

"环保认证黑幕"导致顾客的消费疑虑，不少有意购买家具的消费者比以前更加谨慎。

《福建日报》记者对福州一个建材家具市场的调查发现，几乎所有的商家都承诺自己的产品符合环保认证，认证标志不但有国内的还有国际的，既有国家级的也有地方级的，还有一些英文书写的国际证书，等等。

认证，是指由国家认可的认证机构证明一个组织的产品、服务、管理符合相关标准，是消费者信心的第一道保障。然而，"乱认证""假认证"近年来屡禁不止，让人们对这项提供诚信保证的行为本身的诚信度产生了怀疑。

新华社记者经过数月调查暗访，发现在企业质量管理认证、玩具业产品认证、农产品有机认证三大领域，认证变"认钱"的"潜规则"盛行，弄虚作假走过场司空见惯，一些认证已沦为部分企业自我美化的"假面具"。

暗访记者应聘到北京一家机械企业，被指派负责认证申请。"配合""包过"是记者在接下来几个月中听到的最多的两个词。

合作单位要求这家企业应具备质量管理 ISO 9000 中的核心标准之一的 ISO 9001 认证资质才能投标。经过询价，企业决定与北京某认证咨询有限公司和北京某质量认证有限公司合作，申请认证。北京某认证咨询有限公司王经理称："6 500 元全包，发票开 1.2 万元，因为国家对认证价格有限定，不能低于这个数。"不仅价格打折，效率还高，在正常程序下，从申请到拿到证书，一般需要 9 个月，但王经理表示：1 个月包过！

商定后，北京某认证咨询有限公司派来一位熊姓老师进行培训，而讲授内容却是服装加工质量管理体系知识，与企业业务毫无关联。面对疑问，这位老师称：

"业务流程都是相通的。"两周后再次培训，讲解的是如何填写申请材料。然而，其中所涉大部分规章制度与企业无关。"没有的我来填写，负责人签字就行！"熊老师继续说，"材料填好后，你们要都背过，到时候别出岔子。"

两次培训课即算完成了"全员培训"，包括记者在内的两名受训人员听得一头雾水，能通过吗？"只要你们配合好，包过！"王经理又出主意，"你们企业技工不够，审核老师问起的话，就说快春节了，工人回老家了。"

2014 年 1 月中旬的审核当天，来自北京某质量认证有限公司的两名审核人员刚进门，企业负责人就按王经理事先嘱咐的递上了两个红包，对方坦然收下。

结果审核中超过 1/3 的文件因不合格被挑了出来。按规定，文件审核发现 3 处不合格，现场审核将不予通过。但审核人员却"高抬贵手"，仅要求将不合格文件重填。最后，原本需要 3 天才能完成的现场审核，仅用一天半就完成了。

一个月后，一份中英文双语质量管理体系认证证书便邮寄到了。记者通过国家认证认可监督管理委员会官网查询，证书真实有效！

这是真证书。只不过认证过程和颁发打了折扣。这算是一种"半真诚的欺骗"，因为企业还是费了功夫，动了脑筋。

但还有一种认证，就是假证书。这是彻头彻尾的欺骗，属于"零真诚的欺骗"。家装市场一片"绿"当然重灾区还是家具行业。假认证、假标志，甚至连"认证"都不用，印刷一套"国际"标志与证书，放在店里。

充斥市场的是假证书、假环保，从头到尾都是假的。只不过这假的证书和标志，不懂行的人，无法辨别。

我国最高标准的绿色环保认证是"中国环境标志"（俗称十环标志）。《福建日报》记者采访发现，即使是这个权威性强的"十环认证"，依然有很多中介机构承诺"办出来并不难"。

环保消费，需要防治绿色欺诈

环境保护部中国环境标志认证中心曾经在 2008 年发布过一次环保消费警示，这套警示，今天仍然有效，市场是在规范，只不过忽悠烟雾却没有消散。

（1）偷换概念陷阱。一些企业将产品制作成绿色，在销售时说自己是绿色产品，当一些消费者发现上当受骗要求退货时，商家就以自己的产品是绿色的为由拒绝退货。

（2）质量标准陷阱。国家质量标准是对产品进入市场的最低要求，绿色产品标准是在国家产品质量标准的基础上的更高要求。一些企业利用消费者不了解国家标准体系，宣称自己的产品达到国家什么标准，因此是绿色的。目前我国颁布的绿色产品评定标准主要是由国家环保总局颁布的环境标志产品技术标准。

（3）检测报告陷阱。检测机构对产品的检测一般分两种，一种是抽检，由检测机构到企业进行抽样检测；另一种是由企业自己将产品送到检测机构进行检测，检测机构出具的报告只对送检的样品负责，因此一些企业就利用欺骗的方法骗取检测报告，进而欺骗消费者。

（4）假标志陷阱。一些企业自己设计一个所谓的绿色或环保标志贴在产品上，以此来证明自己的产品是绿色产品。

（5）诋毁绿色产品陷阱。消费者在购买产品时向销售商询问其产品是否是绿色产品时，一些经销商知道自己的产品不环保，却说现在根本就没有真正的绿色产品，都是虚假宣传，只要花钱就能买一个绿色产品的名称等，从而引导消费者放弃绿色消费行为。

（6）假绿色产品证书陷阱。由于一些单位或协会在举行展览或其他活动时，为吸引企业的参与，不负责地承诺并向企业颁发所谓的绿色、环保企业的证书或牌匾，而企业则利用这些证书或牌匾证明自己的产品是绿色的，从而误导消费者。

（7）利用体系证书陷阱。一些企业通过某个管理体系的认证后，就利用该证书来证明自己的产品是绿色、环保的。管理体系认证是对企业内部建立的质量、环境或安全等管理进行的认证，而不是对企业生产产品的认证。获得管理体系认证并不能说明其生产的产品就一定如何。

（8）自称不含某种有害物质陷阱。一些企业自称自己的产品或称其中的某一部分不含某种有毒有害物质。并不能证明该产品不含其他有毒有害物质或其他部分不含有毒有害物质。由于产品自身的特点，一些产品本身就不含某种有害物质或其中的一部分不含这种有害物质，有些产品尽管不含这种有毒有害物质，但含有对消费者毒害更大的其他有毒有害物质。

（9）绿色概念陷阱。一些企业吹嘘自己的产品是所谓的"纯天然""对环境安全""环保技术""纳米技术"等，这些企业只是通过这些概念的炒作来实现其扩大销售的目的。实际上绿色是有标准的，只有符合真正的绿色产品评定标准的产品才是真正的绿色产品。

（10）假冒绿色产品陷阱。个别企业生产的产品不是绿色的却假冒绿色产品标志，声称绿色产品，有的甚至连企业生产地址、企业联系电话都是假的。一旦出现问题连企业都找不到。

从2015年秋季开始，民政部民间组织管理局，频频发布山寨社团与冒用国家正规社团的名单，其中有不少社团有"环保""绿色""国际"等字样，这些社团大部分都在搞各种形式的"环保认证"。

记者手记

大部分人提到环保时，想到的是节约用水、减少垃圾。

环保业内人士想到的是大气污染、固体废物污染、水污染以及核污染等分类，环境保护部内的司局最初也是如此设置。

几乎所有人都忘记了环保的一个领域：环保绿色消费。

什么算是绿色消费，政府倡导的和个人理解的到底有哪些异同点？

什么样的消费算是绿色消费呢？应该有一把"尺子"，一把人人通用，官员和民众都不能产生歧义的尺子——以中国环境标志产品为内容的消费。

人们对它很陌生，而在西方却很流行，甚至说很普通。

希望更多的人在消费时，注意这一标志，也能获得有关的常识。

我觉得对绿色消费进行关注、进行选择的这么一种意识，是各种环保意识中非常重要的一种。

"水十条"：改善环境质量"宪法"

张　焱[①]

摘　要：尽管我国水污染防治工作取得了积极进展，但水环境质量差、水资源保障能力弱、水生态受损重、环境隐患多等问题依然十分突出。主要原因是治理水平偏低、污染物排放总量巨大；此外，产业布局不合理、科技支撑和投入不足、法律法规标准和管理体制机制不完善、节水和环境意识不强等也是重要原因。2015 年 4 月 2 日，国务院印发《水污染防治行动计划》，业内人士普遍认为，这是当前和今后一个时期全国水污染防治工作的行动指南。

关键词：水污染防治　水环境质量　行动计划　水十条

2015 年 4 月 2 日，国务院印发《水污染防治行动计划》（以下简称"水十条"），业内人士普遍认为，这是当前和今后一个时期全国水污染防治工作的行动指南。

当下水污染形势严峻

事实上，全国水环境的形势非常严峻。体现在 3 个方面：第一，就整个地表水而言，受到严重污染的劣 V 类水体所占比例较高，全国约 10%，有些流域甚至大大超过这个数，如海河流域劣 V 类的比例高达 39.1%。第二，流经城镇的一些河段，城乡接合部的一些沟渠塘坝污染普遍比较重，并且由于受到有机物污染，

---

① 张焱，《中国经济时报》记者。

黑臭水体较多，受影响群众多，公众关注度高，不满意度高。第三，涉及饮水安全的水环境突发事件的数量依然不少。

环境保护部门公布的调查数据显示，2012 年，全国十大水系、62 个主要湖泊分别有 31% 和 39% 的淡水水质达不到饮用水要求，严重影响人们的健康、生产和生活。具体表现在以下几方面：

（1）水环境质量差。目前，我国工业、农业和生活污染排放负荷大，全国化学需氧量排放总量为 2 294.6 万吨，氨氮排放总量为 238.5 万吨，远超环境容量。全国地表水国控断面中，仍有近 1/10（9.2%）丧失水体使用功能（劣于 V 类），24.6% 的重点湖泊（水库）呈富营养状态；不少流经城镇的河流沟渠黑臭。饮用水污染事件时有发生。全国 4 778 个地下水水质监测点中，较差的监测点比例为 43.9%，极差的比例为 15.7%。全国 9 个重要海湾中，6 个水质为差或极差。

（2）水资源保障能力脆弱。我国人均水资源量少，时空分布严重不均。用水效率低下，水资源浪费严重。万元工业增加值用水量为世界先进水平的 2～3 倍；农田灌溉水有效利用系数 0.52，远低于 0.7～0.8 的世界先进水平。局部水资源过度开发，超过水资源可再生能力。海河、黄河、辽河流域水资源开发利用率分别高达 106%、82%、76%，远远超过国际公认的 40% 的水资源开发生态警戒线，严重挤占生态流量，水环境自净能力锐减。全国地下水超采区面积达 23 万平方千米，引发地面沉降、海水入侵等严重的生态环境问题。

（3）水生态受损重。湿地、海岸带、湖滨、河滨等自然生态空间不断减少，导致水源涵养能力下降。三江平原湿地面积已由新中国成立初期的 5 万平方千米减少至 0.91 万平方千米，海河流域主要湿地面积减少了 83%。长江中下游的通江湖泊由 100 多个减少至仅剩洞庭湖和鄱阳湖，且持续萎缩。沿海湿地面积大幅减少，近岸海域生物多样性降低，渔业资源衰退严重，自然岸线保有率不足 35%。

（4）水环境隐患多。全国近 80% 的化工、石化项目布设在江河沿岸、人口密集区等敏感区域；部分饮用水水源保护区内仍有违法排污、交通线路穿越等现象，对饮水安全构成潜在威胁。突发环境事件频发，1995 年以来，全国共发生 1.1 万起突发水环境事件，仅 2014 年环境保护部调度处理并上报的 98 起重大及敏感突发环境事件中，就有 60 起涉及水污染，严重影响人民群众的生产、生活，因水环境问题引发的群体性事件呈显著上升趋势，国内外反映强烈。

水环境保护事关人民群众切身利益，事关全面建成小康社会，事关实现中华民族伟大复兴中国梦。当前，我国一些地区水环境质量差、水生态受损重、环境隐患多等问题十分突出，影响和损害群众健康，不利于经济社会持续发展。为切实加大水污染防治力度，保障国家水安全，"水十条"应运而生。

"水十条"出台意义重大

尽管我国水污染防治工作取得了积极进展，但水环境质量差、水资源保障能力弱、水生态受损重、环境隐患多等问题依然十分突出。主要原因是治理水平偏低、污染物排放总量巨大；此外，产业布局不合理、科技支撑和投入不足、法律法规标准和管理体制机制不完善、节水和环境意识不强等也是重要原因。

针对水污染防治工作面临的严峻形势，充分吸收国内外成功经验，借鉴相关科研成果，"水十条"起草工作自 2013 年 4 月起，主要经历了准备、编制、征求意见和报批 4 个阶段，先后 6 次征求中央及国务院 34 个部门和单位意见，两次征求各省（区、市）人民政府意见，3 次组织专题调研，历时近两年，30 易其稿。

2014 年 12 月 31 日，国务院常务会议审议并原则同意"水十条"。根据会议精神，2015 年 2 月 26 日，中央政治局常务委员会会议审议通过"水十条"。2015 年 4 月 2 日，国务院正式向社会公开"水十条"全文。

业内人士普遍认为，"水十条"的出台十分及时，并且意义重大。环境保护部环境规划院副院长吴舜泽认为，"水十条"有以下几点创新：

（1）污染源管控"严"字当头，求力度。按照新《环境保护法》要求，取缔难监管、污染严重的"十小"企业；推进城镇生活污染达标排放。"水十条"重拳打击违法行为，对环保违法行为"零容忍"，依法严厉处罚。实行"红黄牌"管理，定期公布环保"黄牌""红牌"企业名单。从排污许可主体责任落实、自行监测、信息公开、信用评价、红黄牌管理，一条龙地实现污染源全过程严管，形成"过街老鼠，人人喊打"的强大震慑。

（2）任务措施稳、准、狠，求实效。治污减排存在薄弱环节，各类污染源排放量大，是我国水环境质量改善避不开、必须解决的核心问题。坚持问题导向，突出重点，抓污水、污染物排放量占全国 50%以上的十大重点行业，强化工业集聚区水污染预处理和集中治理，杜绝园区藏污纳垢；牢牢把握管网覆盖率低、污水收集处理系统不完善的问题核心，突出截污纳管要求，解决污水直排问题；对于量大面广、监管难度大的畜禽养殖污染，依法划定畜禽养殖禁养区，关闭或搬迁禁养区内的畜禽养殖场（小区）和养殖专业户，优化养殖布局，推进粪便污水资源化利用。

（3）制度建设力求点上创新，带动突破。管理制度是水环境质量持续改善的长效保障，"水十条"首次将每条、每款、每项都落实到具体的牵头部门或者参与部门，形成"合力治污"局面。坚持节水即减污，将保障生态流量作为硬任务并在黄河和淮河流域试点。排污许可强化了质量和风险管控、强调了按许可要求排污，这实际上改变了排污许可过去资格证和程序要求的偏软局面。

（4）分阶段推进从水源到水龙头全过程信息公开，具体量化了政府和企业信息公开的内容，环境质量目标管理也自始至终体现了信息公开，这样就使信息公开、社会监督制度有抓手、有新意，也紧紧抓住了水环境质量改善真正服务于民这一落脚点。

（5）政策措施强调可操作，在针对性上下功夫。"水十条"坚持继承与改革创新相结合的原则，进一步推广新安江流域跨界水环境补偿试点经验，扩大跨省界补偿试点范围，从"河长制"提炼了黑臭水体责任人公示要求，从《大气污染防治行动计划》借鉴了城市排名等。

资源环境承载能力监测预警落实在县级层次，统一的水环境监测体系、水污染防治联动协作机制都在京津冀等地区先行启动，体现了稳步突破、可达可行的原则。

吴舜泽分析：为了把再生水利用原则要求落到实处，编制过程反复研讨找到了大型公建和保障房的切入点。环境绩效合同管理、水环境保护政府投资事权范围界定等也使长效机制政策建设有了新的着力点。

这一系列新举措，贯彻落实了党的十八届三中全会、四中全会改革创新和依法治水的精神，结合了新《环境保护法》的要求，针对长期困扰水污染防治的痼疾重拳出击，顺应了改善民生的需求，对于理顺水污染防治机制体制，促进水环境管理方式调整都具有深远的积极作用。

铁腕治污将进入"新常态"

据悉，因为要与已经出台的"大气十条"相对应，改为"水十条"。环境保护部所属环境保护部环境规划院（中国环境规划院，CAEP）是"水十条"编制组牵头单位和主要技术支持单位。

据测算，"水十条"投资将达两万亿元。经过多轮修改的"水十条"将在污水处理、工业废水、全面控制污染物排放等多方面进行强力监管并启动严格问责制，铁腕治污将进入"新常态"。

事实上，党中央、国务院高度重视水污染防治工作。针对水污染防治的紧迫性、复杂性、艰巨性、长期性，行动计划突出深化改革和创新驱动思路，坚持系统治理、改革创新理念，按照"节水优先、空间均衡、系统治理、两手发力"的原则，突出重点污染物、重点行业和重点区域，注重发挥市场机制的决定性作用、科技的支撑作用和法规标准的引领作用，加快推进水环境质量改善。

行动计划238项具体治理措施中，除了136项改进强化措施、12项研究探索性措施外，重点提出了90项改革创新措施。在自然资源用途管制、水节约集约使用、生态保护红线、资源环境承载能力监测预警机制、资源有偿使用、生态补偿、环保市场、社会资本投入、环境信息公开、社会监督等方面体现了改革创新的新要求。

行动计划提出，到2020年，全国水环境质量得到阶段性改善，污染严重水体较大幅度减少，饮用水安全保障水平持续提升，地下水超采得到严格控制，地下水污染加剧趋势得到初步遏制，近岸海域环境质量稳中趋好，京津冀、长三角、珠三角等区域水生态环境状况有所好转。到2030年，力争全国水环境质量总体改善，水生态系统功能初步恢复。

为实现以上目标，行动计划确定了10个方面的措施：①全面控制污染物排放。针对工业、城镇生活、农业农村和船舶港口等污染来源，提出了相应的减排措施。

②推动经济结构转型升级。加快淘汰落后产能，合理确定产业发展布局、结构和规模，以工业水、再生水和海水利用等推动循环发展。③着力节约保护水资源。实施最严格水资源管理制度，控制用水总量，提高用水效率，加强水量调度，保证重要河流生态流量。④强化科技支撑。推广示范先进适用技术，加强基础研究和前瞻技术研发，规范环保产业市场，加快发展环保服务业。⑤充分发挥市场机制作用。加快水价改革，完善收费政策，健全税收政策，促进多元投资，建立有利于水环境治理的激励机制。⑥严格环境执法监管。严惩各类环境违法行为和违规建设项目，加强行政执法与刑事司法衔接，健全水环境监测网络。⑦切实加强水环境管理。强化环境治理目标管理，深化污染物总量控制制度，严格控制各类环境风险，全面推行排污许可制度。⑧全力保障水生态环境安全。保障饮用水水源安全，科学防治地下水污染，深化重点流域水污染防治，加强良好水体和海洋环境保护。整治城市黑臭水体，直辖市、省会城市、计划单列市建成区于2017年年底前基本消除黑臭水体。⑨明确和落实各方责任。强化地方政府水环境保护责任，落实排污单位主体责任，国家分流域、分区域、分海域逐年考核计划实施情况，督促各方履责到位。⑩强化公众参与和社会监督。国家定期公布水质最差、最好的10个城市名单和各省（区、市）水环境状况。加强社会监督，构建全民行动格局。

以调整产业结构淘汰落后产能

自2015年起，各地要依据部分工业行业淘汰落后生产工艺装备和产品指导目录、产业结构调整指导目录及相关行业污染物排放标准，结合水质改善要求及产业发展情况，制定并实施分年度的落后产能淘汰方案，报工业和信息化部、环境保护部备案。未完成淘汰任务的地区，暂停审批和核准其相关行业新建项目。

同时，要严格各行业的环境准入门槛和标准。根据流域水质目标和主体功能区规划要求，明确区域环境准入条件，细化功能分区，实施差别化环境准入政策。建立水资源、水环境承载能力监测评价体系，实行承载能力监测预警，已超过承载能力的地区要实施水污染物削减方案，加快调整发展规划和产业结构，到2020

年，组织完成市、县域水资源、水环境承载能力现状评价。

还要完善法规标准，健全法律法规，加快水污染防治、海洋环境保护、排污许可、化学品环境管理等法律法规制修订步伐，研究制定环境质量目标管理、环境功能区划、节水及循环利用、饮用水水源保护、污染责任保险、水功能区监督管理、地下水管理、环境监测、生态流量保障、船舶和陆源污染防治等法律法规。各地可结合实际，研究起草地方性水污染防治法规。

完善标准体系也十分重要，如制修订地下水、地表水和海洋等环境质量标准，城镇污水处理、污泥处理处置、农田退水等污染物排放标准。健全重点行业水污染物特别排放限值、污染防治技术政策和清洁生产评价指标体系。各地可制定严于国家标准的地方水污染物排放标准。

依法公开环境信息是关键

在具体执法过程中，要强化公众参与和社会监督，依法公开环境信息。综合考虑水环境质量及达标情况等因素，国家每年公布最差、最好的 10 个城市名单和各省（区、市）水环境状况。对水环境状况差的城市，经整改后仍达不到要求的，取消其环境保护模范城市、生态文明建设示范区、节水型城市、园林城市、卫生城市等荣誉称号，并向社会公告。

同时，各省（区、市）人民政府要定期公布本行政区域内各地级市（州、盟）水环境质量状况。国家确定的重点排污单位应依法向社会公开其产生的主要污染物名称、排放方式、排放浓度和总量、超标排放情况，以及污染防治设施的建设和运行情况，主动接受监督。研究发布工业集聚区环境友好指数、重点行业污染物排放强度、城市环境友好指数等信息。

除了以上措施外，还要加强社会监督。为公众、社会组织提供水污染防治法规培训和咨询，邀请其全程参与重要环保执法行动和重大水污染事件调查。公开曝光环境违法典型案例。健全举报制度，充分发挥"12369"环保举报热线和网络平台作用。限期办理群众举报投诉的环境问题，一经查实，可给予举报人奖励。通过公开听证、网络征集等形式，充分听取公众对重大决策和建设项目的意见，还要积极推行环境公益诉讼。

所有排污单位必须依法实现全面达标排放，要逐一排查工业企业排污情况，达标企业应采取措施确保稳定达标；对超标和超总量的企业予以"黄牌"警示，一律限制生产或停产整治；对整治仍不能达到要求且情节严重的企业予以"红牌"处罚，一律停业、关闭。

自2016年起，定期公布环保"黄牌""红牌"企业名单。定期抽查排污单位达标排放情况，结果向社会公布。完善国家督查、省级巡查、地市检查的环境监督执法机制，强化环保、公安、监察等部门和单位协作，健全行政执法与刑事司法衔接配合机制，完善案件移送、受理、立案、通报等规定。加强对地方人民政府和有关部门环保工作的监督，研究建立国家环境监察专员制度。

严厉打击环境违法行为，重点打击私设暗管或利用渗井、渗坑、溶洞排放、倾倒含有毒有害污染物废水、含病原体污水，监测数据弄虚作假，不正常使用水污染物处理设施，或者未经批准拆除、闲置水污染物处理设施等环境违法行为。对造成生态损害的责任者严格落实赔偿制度，严肃查处建设项目环境影响评价领域越权审批、未批先建、边批边建、久试不验等违法违规行为。对构成犯罪的，要依法追究刑事责任。

未来图景可期

要全面贯彻党的十八大和十八届二中、三中、四中全会精神，大力推进生态文明建设，以改善水环境质量为核心，按照"节水优先、空间均衡、系统治理、两手发力"原则，贯彻"安全、清洁、健康"方针，强化源头控制、水陆统筹、河海兼顾，对江河湖海实施分流域、分区域、分阶段科学治理，系统推进水污染防治、水生态保护和水资源管理。

同时，要坚持政府市场协同，注重改革创新；坚持全面依法推进，实行最严格环保制度；坚持落实各方责任，严格考核问责；坚持全民参与，推动节水洁水人人有责，形成"政府统领、企业施治、市场驱动、公众参与"的水污染防治新机制，实现环境效益、经济效益与社会效益多赢，为建设"蓝天常在、青山常在、绿水常在"的美丽中国而奋斗。

到 2020 年，全国水环境质量得到阶段性改善，污染严重水体较大幅度减少，饮用水安全保障水平持续提升，地下水超采得到严格控制，地下水污染加剧趋势得到初步遏制，近岸海域环境质量稳中趋好，京津冀、长三角、珠三角等区域水生态环境状况有所好转。到 2030 年，力争全国水环境质量总体改善，水生态系统功能初步恢复。到 21 世纪中叶，生态环境质量全面改善，生态系统实现良性循环。

到 2020 年，长江、黄河、珠江、松花江、淮河、海河、辽河七大重点流域水质优良（达到或优于Ⅲ类）比例总体达到 70%以上，地级及以上城市建成区黑臭水体均控制在 10%以内，地级及以上城市集中式饮用水水源水质达到或优于Ⅲ类比例总体高于 93%，全国地下水质量极差的比例控制在 15%左右，近岸海域水质优良（Ⅰ类、Ⅱ类）比例达到 70%左右。京津冀区域丧失使用功能（劣于Ⅴ类）的水体断面比例下降 15 个百分点左右，长三角、珠三角区域力争消除丧失使用功能的水体。

到 2030 年，全国七大重点流域水质优良比例总体达到 75%以上，城市建成区黑臭水体总体得到消除，城市集中式饮用水水源水质达到或优于Ⅲ类比例总体为 95%左右。

记者手记

《水污染防治行动计划》（以下简称"水十条"）的出台历经多种困难，最后终于出台，我们不敢说"水十条"的规定都十全十美，但是"水十条"的出台确实为全国水污染防治工作指明了方向，是未来工作的行动纲领，更是改善环境质量的"宪法"。

要知道，《宪法》是母法，是凌驾于一切法律法规和行政规章之上具有更高价值位阶的法律，所以，在未来，全国水污染防治的任何工作中，如果有哪些法规和行政规章的内容有违"水十条"的话，那么就应该以"水十条"的规定为准，有哪些地方规定与"水十条"的规定冲突的话，就应该尽快启动相关的立法程序，对当地的法律法规进行及时的修改，并做好相关的宣传科普工作。

同时，来自政府、协会、企业、机构和媒体多方应该进一步形成一个全民都参与的水污染防治新机制和新环境。

到 2030 年，全国七大重点流域水质优良比例总体要达到 75%以上，城市建成区黑臭水体总体要得到消除，城市集中式饮用水水源水质达到或优于Ⅲ类比例总体为 95%左右。

这是"水十条"的一个重要目标，我们期冀着"水十条"的出台能够在未来改变全国水环境的严峻形态，还人民一个原本应该有的绿水青山！

"排放门"事件始末：大众如何失信于众

李艳婷[①]

摘　要： 2015 年 9 月 18 日对于德国大众汽车公司来说是一个灾难性的星期五。美国国家环境保护局当日对大众公司提出指控，称其美国市场的部分柴油车存在使用操控软件躲避尾气检测的情况，涉及 48.2 万车辆。大众"排放门"事件自此浮出水面。

这一汽车行业近年来最大的丑闻之一不仅促使多国展开对大众汽车的调查，还波及其他汽车制造商，甚至引发人们对整个清洁柴油车辆技术以及整个汽车制造行业的信任危机。

关键词： 大众　尾气检测　柴油车　失效保护器　三菱　赔偿

"排放门"因何而曝光？

颇具讽刺意味的是，大众汽车的"作弊"行为，却是因为一家环保机构为展示在美国销售的柴油车清洁环保所进行的检测而暴露。

业界一般认为，美国的汽车排放标准及执行力度比欧洲严格。为向欧洲人展示美国柴油车的环保，总部位于伦敦的环保组织国际清洁运输委员会 2013 年委托西弗吉尼亚大学对在美国销售的多款柴油发动机汽车开展尾气排放检测，结果意

---

① 李艳婷，《新京报》记者。

外发现，被寄予厚望的大众"捷达"和"帕萨特"尾气排放虽然在实验室检测中达标，却在从加州圣迭戈到西雅图的上路测试中严重超标。

原来，大众并没有生产出清洁的汽车，而是利用软件造假通过官方测试。这也解释了为什么美国的汽车可以毫不费力地通过比欧洲更为严格的污染检测。国际清洁运输委员会的工作人员因此将发现的相关情况提供给了加州空气资源委员会和美国国家环境保护局。

2014 年 5 月，加州空气资源委员会进行跟进确认性质的上路测试时，发现大众柴油车的尾气排放"有某种程度的减少"，但氮氧化物排放依然严重超标。该委员会随后与大众方面进行数次商谈，但大众方面表达的意思是进行技术上的改进。

随即，加州空气资源委员会介入调查，但大众的回应却是，尾气排放超标是因为"各种技术问题和超出预期的使用情况"，并于 2014 年 12 月宣布召回所谓受影响的约 50 万辆柴油车，这次召回按大众的说法已经解决了氮氧化物排放超标问题。

此次涉及违规排放车辆包括大众 2008 年以来在美销售的捷达、甲壳虫、高尔夫、奥迪 A3 及帕萨特。令人震惊的是，调查表明，大众不是一次而是两次试图欺骗美国政府。

真相到底是什么？美国政府为此发出威胁，如果不能给出"充分解释"，美国将不允许 2016 年款大众柴油车上市。因此，直到加州空气资源委员会和美国国家环境保护局两家监管机构拒绝为大众 2016 年柴油车颁发合格证书时，大众公司才在 9 月初承认犯下了错误。"到了这个时候，大众才承认在这些汽车上设计并安装了失效保护器，它以复杂的软件算法检测出汽车处于尾气排放检测状态"，美国政府公布的有关大众违规的通知中说。

此外，据英国《泰晤士报》2015 年 10 月报道，英国国家运输部承认，2014 年 10 月就收到国际清洁运输委员会的一份长达 60 页的报告，报告称有明显证据显示，在欧洲和美国的汽车路检中，均存在柴油乘用车氮氧化物排放不合格问题。但该部门并未就此展开调查。在大众汽车"排放门"丑闻发生后，英国运输大臣帕特里克·麦克洛克林才致信欧盟委员会呼吁展开相关调查。

到底怎么作弊的？

那么，大众是怎么作弊，从而两次欺骗美国政府的呢？那个叫"失效保护器"（defeat device）的软件怎么工作？

按照美国国家环境保护局的文件，"失效保护器"其实是一个"开关"，它安装在汽车电控系统的核心——电子控制单元上。通俗地讲，它是一段控制程序，被植入在运行发动机控制电脑的软件代码之中，完全自主运行，车主无法自己打开或关闭这一软件。

"失效保护器"专门对付美国政府的尾气排放检测。简而言之，一旦发现汽车在接受检测，则汽车的排放控制系统全力运行，使汽车的尾气排放达标；但汽车在平时行驶时，这些排放控制系统工作效率将大幅降低，此时汽车日常的氮氧化物排放量会高达法定标准的 40 倍。

"失效保护器"又是怎么知道汽车在接受尾气排放检测的呢？据美国国家环境保护局给大众发送的违规通知，"失效保护器"可感知方向盘位置、车速、发动机运行时长和气压等多个不同输入信号，而这些输入信号都与美国尾气排放检测程序各个参数"精确"对应，据此可判断车辆是否处于检测环境。

该通知表示，一旦发现汽车处于检测环境，"失效保护器"将被关闭，此时汽车电控系统运行"检测校准"（dyno calibration）设备，从而保证车检过关；平时行驶时，"失效保护器"会被启动，此时汽车电控系统运行另一个"上路校准"（road calibration）设备，汽车排放控制系统的工作效率大幅降低，导致排放超标情况发生。

2015 年 9 月 18 日丑闻曝出后，德国大众立即发表声明致歉，表示将全力调查此事，坦言全球大约有 1 100 万车辆牵涉其中，并拨备 65 亿美元资金应对此事。

但这并未能阻止大众股价 2015 年 9 月 21 日开盘就开启了暴跌模式，两日内分别下跌 17% 和 20%，跌至 4 年最低点，市值蒸发 250 亿欧元。为重振外界信心，大众首席执行官（CEO）马丁·温特科恩两天后宣布辞职。随后两日，大众股价有所回升，但 25 日因为丑闻持续发酵再次下滑超过 4%。

据了解，温特科恩 1993 年加入大众，2007 年 1 月起担任大众集团董事会主席兼首席执行官。在掌舵大众的 8 年时间里，温特科恩让该集团销量翻了一番，利润是之前的近 3 倍。今年 68 岁的温特科恩原本享有"品质先生"的绰号，声称知晓大众汽车的"每一个螺钉"，尽管他本人辞职时坚称自己没有任何过失，但这样的离职依然令其可能获得的约 6 000 万欧元的离职金显得不那么光彩。

德国大众集团监事会 2015 年 9 月 25 日发布声明宣布，现任保时捷公司董事会主席兼首席执行官马蒂亚斯·米勒接任大众集团董事会主席兼首席执行官。现年 62 岁的米勒当日在位于沃尔夫斯堡的大众集团总部表示，目前大众的首要任务就是恢复外界的信心，大众能够并将战胜目前的危机。但修补因"排放门"受损的声誉绝非易事。米勒 1978 年加入奥迪公司，2007 年任大众集团产品经营部门负责人，2010 年 10 月起担任保时捷公司董事会主席兼首席执行官，以处事沉稳著称。

因为一场"排放门"事件，大众汽车不仅损失了面子，也面临着高额的经济损失。尽管目前还不能确切地知道具体的财务负担是多少，但大众汽车已经预留了约 162 亿欧元的资金解决"排放门"带来的后续问题。

此外，在 2016 年 4 月 28 日大众汽车举办的年会上，新任大众集团总裁穆勒公布，2015 年大众汽车的营业利润为 128 亿欧元，净亏损达到了 13.6 亿欧元。这意味着因"排放门"事件，大众汽车面临自 1993 年以来首次的账面亏损。

各国如何追责？

虽然大众自己颇为积极地做出回应，但还是难以躲避相应法律追责。针对大众"排放门"事件，美国国家环境保护局 2015 年 9 月 28 日对大众公司提出指控，称其美国市场的部分柴油车存在使用操控软件躲避尾气检测的情况，涉及 48.2 万车辆。

这一消息令美国监管部门、环保组织和消费者等各界人士感到震惊。美国已暂停了大众品牌的柴油汽车的新车销售。美国国家环境保护局和空气治理委员会宣布立即介入调查，美国司法部也宣布展开刑事调查，据称美国国会在计划几周内宣布对大众的排放检测丑闻进行听证。根据美国《清洁空气法》，每辆违规排放的汽车可能会被处以最高 3.75 万美元的罚款，大众面临的罚款总额可高达 180 亿美元。

"排放门"丑闻不断发酵，其影响迅速在全球蔓延。德国的交通部门表示，大众汽车公司已经承认在欧洲也使用了在美国市场使用的排放检测造假软件，在德国市场涉及的汽车达 280 万辆。

欧盟呼吁 28 个成员国调查制造商的汽车排放检测是否符合环保法规，包括德国、瑞士、意大利、法国、英国和韩国在内的多个国家的监管部门都在针对大众进行相关调查。挪威、澳大利亚、印度政府宣布调查本国在售的大众汽车是否有类似问题，要求大众公司尽快"给个说法"；韩国环境部表示将考虑是否勒令大众进行召回；瑞士表示将暂停大众柴油车在该国的新车销售；西班牙政府表示，要求大众归还采用了造假软件的柴油汽车获得的高能效车辆补贴。

因此，不管大众汽车是盈利还是亏损，"排放门"事件带来的赔偿问题都是难以推脱的。

德国大众汽车集团 2016 年 4 月 21 日晚发布新闻公报称，在美国联邦贸易委员会的参与下，大众汽车已与美国司法部、美国国家环境保护局、美国加州空气资源委员会就解决柴油车尾气"排放门"事件达成原则性协议。

公报说，就调解规则的基本要点，大众汽车与在美国旧金山地方法院因"排放门"提起集体诉讼的原告也达成了原则性协议，旧金山地方法院高级地区法官查尔斯·布雷耶在当天的听证会上对上述进展表示欢迎。

布雷耶当天在旧金山表示，大众汽车已经与美国政府达成原则性协议。他并未透露具体内容，只说协议预计将包括大众汽车回购约 50 万辆排量为 2.0 升的柴油车，设立一个环境补偿基金，并对美国车主给予赔偿。

据美国媒体报道，大众汽车与美国政府达成的最终和解协议将于 2016 年 6 月底对外公布。

虽然大众与美国监管机构达成协议，将回购或修复美国的问题车辆，解决法律纠纷，但它仍然面临美国司法部用于民事和解部分的罚款。部分分析师预计，加上罚金和其他开支，大众最终支出的费用将高达 400 亿欧元。

此外，由于涉及大众排放丑闻发生地区不仅仅在美国，全球范围内受到丑闻影响的大众汽车约有 1 100 万辆，而美国地区的解决方式将成为一种样板，因此，大众集团最终所要承担的经济压力不可估量。

柴油汽车还有未来吗？

这起大众"排放门"事件不禁让人发问，清洁柴油汽车还有未来吗？按照汽车制造商的说法，通过不断改良技术，柴油车尾气中所含二氧化碳少于汽油车，因此使用柴油比使用汽油更有利于遏制温室效应，能效也更高。在不少重视环保和能效的欧洲国家，柴油车比汽油车更受青睐。因此，柴油车辆在欧洲市场比在美国市场更受到欢迎。

据英国媒体报道，在大众曝出"排放门"丑闻后，英国交通部长专门下令进行测试调查。此次调查历时 6 个月的时间，耗资 100 万英镑。英国交通部测试了过去 5 年来最畅销的 37 款柴油汽车，其中包括日产逍客、雷诺梅甘娜、福特蒙迪欧和现代 i30 等车型。

报道指出，英国官方在实际环境（非实验室）下测试显示，所测试车辆的氮氧化物排放量平均高于法律限定标准 6 倍之多。据了解，氮氧化物对环境的损害极大，会导致酸雨、光化学污染等，而人体长期暴露于氮氧化物的环境中能够引发呼吸性疾病，使哮喘症状更加严重，此外还可能提高中风和心脏病突发的风险。

此次测试由伦敦帝国学院的专家分别在实验室以及实际驾驶环境中进行。但是测试人员指出，并没有证据表明，其他汽车制造商使用了与大众类似的"禁止设备"来躲避测试。

不过，报道还指出，由于测试体制的漏洞导致上述的测试车辆没有任何一辆违反法律的规定。在欧洲的法规下，汽车只需在实验室中测试和检查其性能，而不是在开放的室外公路上进行测试。

英国消费者组织执行长官理查德·罗伊德表示，看到这样的测试结果，车主会感到非常震惊，因为排放和燃油数据是车主们在购买新车时非常看重的因素。"我们非常高兴地看到，政府最终承认在实际环境的测试中，汽车污染物的排放量要高于在实验室中测试的数值。现有的测试已经不能达到原本的测试目的。"

英国交通部部长罗伯特·古德威尔表示，"车企的违规行为令人感到失望"。英国交通部的报告显示，英国政府已经敦促制造商尽快引进新技术以降低排放。这一时间应该快于新的欧盟规定所要求的时间。

英国运输大臣霍恩·麦克朗林-帕特里克表示，试验结果确实表明汽车上广泛使用的防止发动机损坏的发动机管理系统，导致在实际低于实验室温度条件下的测试中，汽车出现更高的排放水平。

一些分析认为，大众"排放门"损害了消费者对柴油车技术的整体信任，似乎柴油车如果不依靠尾气处理装置，其污染物排放就无法达标。消费者目前正在静观事态发展，看看是否只是一家公司存在这样的问题。

不过，也有一些业内人士表示，不应该因为这一丑闻质疑整个行业。德国汽车工业联合会主席马蒂亚斯·维斯曼就此表示，大众汽车公司事件涉及操控发动机软件，并不牵涉整个柴油发动机技术本身。德国汽车企业开发了能够实现降低有害物排放的现代柴油技术，该技术对实现欧盟相关环保目标不可或缺。德国汽车业不应为此遭受不公平待遇。

除了信任方面的危机，此次大众"排放门"还将推动柴油汽车尾气排放检测程序的加速改进，可能提高汽车制造商所需支付的成本。

物理环境的不同决定了实验室检测与实际道路检测之间存在差异。法新社2015年9月27日报道称，消息人士透露，为了杜绝类似大众这样的"作弊"事件发生，欧盟计划改变柴油汽车的尾气排放检测程序。据悉，欧盟定于2016年1月开始实施新的汽车检测程序，不仅包括实验室检测，还将增加实际道路测试。

但无论如何，汽车的环保性能必将因为大众"排放门"受到更多关注。英国《泰晤士报》的分析甚至认为，这一丑闻将被视为汽车业历史的转折点，而受益方将是混合动力和纯电动汽车制造商。美国电动汽车制造商特斯拉的 CEO 埃隆·马斯克 25 日说，大众"作弊"可能是"无奈之举"，表明柴油车制造商在改进排放控制水平方面"承受很大压力"，可能已经"达到极限"。

此外，法国政府抓住大众造假事件，狠狠地"踹"了柴油车一脚。"排放门"事件被曝光时，法国的柴油税比汽油税低 0.2 欧元（约合人民币 1.5 元）/升。此举令法国的柴油车更为普及，柴油车数量超过其汽车总数的一半。但由于大众集团排放丑闻使得柴油车名声被败坏，法国总理办公室已于2015年10月14日决定，从2016年起开始逐渐取消对柴油的低税率优惠政策，鼓励司机选择污染较低的汽油车。

同时，德国环境保护部也抓住大众柴油车造假，呼吁终止柴油车优惠，转而推广电动车。德国环境保护部部长亨德里克斯在接受德国电视二台（ZDF）采访时表示，政府应上调对高油耗汽车的征税。

溢出效应有哪些？

不过，世界各国的追责行动不会仅仅局限在大众这一品牌以及柴油车上，毕竟大众尾气排放造假丑闻曝出后，立即令人联想其他汽车制造商是否存在类似问题。

美国国家环境保护局在"排放门"事件曝出后不久便宣布，在现有尾气检测标准上新增的测试，将开始对美国国内所有柴油汽车重新进行检测，以找出类似"作弊"软件。德国运输部部长亚历山大·多布林特也表示，不仅会把注意力放在大众的汽车上，还会随机对其他一些汽车制造厂商进行相关的检查，以弄清是否存在违规行为。

越来越多的制造商受到影响。首先是德系汽车制造商"人人自危"，德国戴姆勒汽车公司等制造商纷纷站出来与大众撇清关系，不断声明自己所产汽车均未使用大众柴油车安装的尾气"作弊"软件。

但宝马依然很快中招。德国发行量最大的汽车杂志《汽车画报》爆料，德系车里涉嫌尾气排放作假的不止大众一家，美国环保组织国际清洁运输委员会（ICCT）的路试结果显示，宝马X3系列xDrive20d运动车型的柴油发动机尾气排放超过欧盟标准11倍。宝马汽车公司当天立即发表声明否认这一说法。但宝马股价当日仍然应声大跌，跌幅一度接近10%。

国际清洁运输委员会官员皮特·莫克说："这些数据显示，不只是大众有问题。尾气所含氮氧化物水平超标，不止大众一家。"

此外，日本作为汽车生产大国，也很快受到关注。由于投资者担心日本汽车企业是否存在类似情况，包括日产汽车在内的汽车股在"排放门"事件后几日内也一度遭到投资者抛售。

然而，正所谓怕什么来什么。2016 年 4 月 20 日，三菱公司接力了汽车行业的丑闻曝光。更令人震惊的是，三菱燃效数据造假的问题竟然已经存在了 25 年之久。

2016 年 4 月 20 日，三菱汽车承认操纵 62 万辆汽车的燃油经济性测试结果，以美化排放水平数字。同日，三菱汽车股价由 875 日元跌至 733 日元，下跌 16%，市值蒸发 1 397 亿日元，约合 12.7 亿美元。

根据三菱公司的声明，发生违规的是三菱汽车的"eK Wagon"和"eK SPACE"，以及供给日产的"DAYZ"和"DAYZ ROOX"共 4 个车型。其中，以三菱品牌销售的车辆为 157 000 辆，日产品牌车辆为 468 000 辆，总计约 625 000 辆。这些车将暂停生产和销售，出口车也将进入调查程序。两家公司正在紧急磋商赔偿事宜。三菱还在对海外车辆进行检查。公司停止了受影响汽车的生产，与日产一同暂停销售受影响车型。

据日媒报道，三菱公司在测试时采取了不当的方法，使油耗数据好于实际水平。测试方法未遵守日本的相关法律。这是三菱汽车继 10 多年前隐匿瑕疵事件以来的最大丑闻。

根据三菱汽车方面的解释，在测试中，车辆在轮胎和空气阻力等方面进行舞弊，使得燃油经济性测试结果好于真实情况，差距达到 5%～10%。

《日经新闻》报道称，三菱将为顾客补偿超出公司油耗数据那一部分的油费。而日本《商业日报》称，三菱此举是为避免顾客流失。

据了解，这是三菱汽车近年来第三次爆发大规模丑闻事件。2000 年和 2004 年，三菱汽车两次因隐瞒车辆缺陷记录和客户投诉信息而被曝光。该公司在长达数十年间未向日本国土交通省报告汽车安全隐患问题，选择私下修理和调整存在缺陷的汽车零部件，受到广泛关注和批评。

日本内阁官房长官菅义伟表示，将严肃处理这一事件。菅义伟称，我们认为这一事件极其严重，日本国土交通省 2016 年 4 月 20 日已经要求三菱汽车公司在 4 月 27 日前提交关于测试造假的完整报告，根据本次搜查的结果和三菱公司的报告，我们希望能够尽快调查清楚测试数据造假的范围有多大，将严肃处理此事，确保汽车的安全。

目前，美国国家环境保护局也已经与加州空气资源局取得一致意见，责令三菱重新进行油耗检测，并且尽快提交新的数据。此项滑行测试要求车辆以 129 千米/时的速度匀速行驶，从而生成车辆行驶时的空气阻力和摩擦力数据，这些数据将被用于特定程序中，从而在实验室环境下模仿车辆的实际道路表现，而最终数据将参与能效等级的评定和划分。

值得注意的是，三菱并不是唯一一家面临大麻烦的汽车厂商。菲亚特眼下也因在尾气测试排放中"作弊"而成为众矢之的。路透社报道称，大众"排放门"事件之后有关方面对其他车企展开相关调查，结果发现部分菲亚特柴油引擎在尾气排放测试中存在不合常理的现象。调查人员宣称，他们发现菲亚特 500X 安装的一款软件在车辆启动 22 分钟以后会关闭尾气排放控制装置。

此外，据欧洲《汽车新闻》4 月 21 日报道，目前，法国反不正当竞争、消费和欺诈管理局对法国汽车公司标致雪铁龙排放污染物进行了突击调查。突击调查在 4 个研发中心持续展开，调查人员封锁了办公室，收押了电脑及驱动器。

当天，标致雪铁龙发布官方声明表示，"标致雪铁龙集团确定，公司在所有国家销售的汽车污染物排放量均符合标准。标致雪铁龙对公司技术有自信，将完全配合相关部门工作"。

2016 年 1 月初，法国反不正当竞争、消费和欺诈管理局对雷诺公司也进行了突击调查，随后雷诺股价大跌。

分析人士认为，"排放门"事件引起各国开始对大众汽车展开调查，同时其他品牌汽车也被列入调查范围。分析人士指出，更加严格的排放规定可能影响整个柴油车和其他市场。

汽车行业的神话破灭？

德国、日本乃至欧美汽车通常是很多人心目中技术先进、工艺精湛、性能出众、耐用性好的代名词，虽然这些车之间还有高下之分。不过，随着丑闻的先后曝光，或许这样的光辉形象也会在一些人心中悄悄发生变化。

事实上，汽车行业中国际品牌的造假行为似乎并非只在少数企业存在，也并非只在小企业存在。

据报道，《绿色汽车杂志》曾有绿色汽车奖的奖项。大众旗下的汽车也曾获得过这一奖项，但是这个奖项最近废除了。人们开始认识到一个骗局在左右着以往的购车行为。美国大概有 580 000 辆大众汽车，全世界大概有 1 050 万辆大众汽车，根本就不"绿色环保"。大众的"排放门"就揭示出作弊软件能使汽车在排放测试中减少排放，但是汽车一旦上路该装置就不再起作用，致使氮氧化物的排放水平高达规定的 40 倍。而多年来，大众伪造的生态友好广告充斥着媒体，麻痹着人们的神经。

可以说，"排放门"事件是大众将近 80 年的历史上遭受的最严重的名誉损失。大量受过教育的中产阶级或者富裕的原告觉得他们被所热爱的品牌故意欺骗了。

由于这次形象扫地，人们甚至评论大众公司有丑闻和钻法律"空子"的历史，只是在此之前每一次都逃脱了可怕的后果。人们指责大众拥有巨大的力量，至少在欧洲，似乎永远不必觉得抱歉，大众作为一个准国有实体长期凌驾于监管机构之上。人们认为大众汽车由一种无情、自负的文化推动。

另以三菱汽车为例，2000 年三菱汽车曾爆出刻意隐匿安全记录和客户投诉的问题。4 年后，三菱汽车承认事件涉及更广泛问题，且存在长达几十年。这在当时是日本最严重的汽车召回丑闻。2000 年和 2004 年，三菱汽车两次因隐瞒车辆缺陷记录和客户投诉信息而被曝光。该公司在长达数十年间未向日本国土交通省报告汽车安全隐患问题，而是选择私下修理和调整存在缺陷的汽车零部件，受到广泛关注和批评。这次则未能再躲避调查。

此外，近一些的事例显示，2014 年 11 月美国国家环境保护局和司法部称，因夸大燃油经济性，同属于现代汽车集团的现代和起亚汽车缴纳 1 亿美元民事罚款，并被罚没 2 亿美元的监管信用额度。这在当时被称为是因为虚报油耗问题，美国政府开出的最高金额罚单。此外，两家公司还被要求投入 5 000 万美元进行内部整改。现代和起亚都是美国的知名品牌。

2015 年 9 月，宝马 X3 被曝柴油版车型在排放检测中超标。德国汽车司机协会的一项测试显示，除大众外，雷诺、日产、现代、雪铁龙、菲亚特、沃尔沃、福特等多家汽车制造商的柴油乘用车也存在尾气排放超标问题。尽管德国联邦机动车运输管理局（KBA）近日完成对该国柴油汽车的排放测试，得出的结论是：大众集团是唯一在柴油汽车中安装作弊软件的汽车制造商。

媒体援引德国运输部部长多布林特的话说，德国当局在审查各个车款汽车排放量测试的过程中，发现汽车制造商利用其他技术"提高"引擎效能，却导致废气排放量提高。多布林特说，大型制造商包括大众、奥迪、保时捷、欧宝等已经同意召回其所生产的 63 万辆汽车，这些车辆的废气排放系统都不达标。看来这些问题并不再偶然。

为了挽回声誉和形象，这些企业无一例外选择了巨额赔偿，以达成和解，不过形象修复之路恐怕仍很漫长。

记者手记

2015 年 9 月 18 日，美国国家环境保护局提出指控，大众汽车在美国市场所售部分柴油车安装了专门应对尾气排放检测的软件，可以识别汽车是否处于被检测状态，继而在车检时秘密启动，从而使汽车能够在车检时以"高环保标准"过关，而在平时行驶时，这些汽车却大量排放污染物，最大可达美国法定标准的 40 倍。这便是大众"排放门"事件的由来。

这一事件可谓汽车行业近年来最大的丑闻之一，令美国监管部门、环保组织和消费者等各界人士感到震惊，不仅促使多国展开对大众汽车的调查，还波及其他汽车品牌，甚至引发消费者对清洁柴油技术的"整体信任危机"。

大学生掏鸟窝获刑：该不该？

章 轲[①]

摘 要： 2014 年暑期，河南大学生闫某和王某一起掏自家门外鸟窝，共掏鸟
16 只，售卖 10 只，被判犯非法收购、猎捕珍贵、濒危野生动物罪等，分别获
刑 10 年半和 10 年。两人掏的鸟是燕隼，属国家二级保护动物。

此案经媒体披露后，引发公众热议和思考。随着媒体对更多案情细节的
披露，公众意识到，案件不是最初媒体公布出来的"大学生假期闲来无事自
家门口掏鸟窝"这么简单。

关键词： 野生动物保护 河南大学生 掏鸟窝

国家林业局公布的 2015 年中国野生动植物保护十件大事中，"河南大学生掏
鸟窝获刑 10 年半"引发公众热议，被确定为十件大事之一。

2014 年暑期，河南大学生闫某和王某一起掏自家门外鸟窝，共掏鸟 16 只，
售卖 10 只，被判犯非法收购、猎捕珍贵、濒危野生动物罪等，分别获刑 10 年半
和 10 年。两人掏的鸟是燕隼，属国家二级保护动物。

此案经媒体披露后，引发公众热议和思考。随着媒体对更多案情细节的披露，
公众意识到，案件不是最初媒体公布出来的"大学生假期闲来无事自家门口掏鸟
窝"这么简单。

根据最高人民法院的相关司法律解释，非法收购、运输、出售国家二级保护

---

① 章轲，《第一财经日报》记者。

动物隼（所有类），6～9 只就是情节严重的，须处 5 年以上 10 年以下有期徒刑，并处罚金；10 只以上的，属于情节特别严重的，处 10 年以上有期徒刑，并处罚金或者没收财产。闫某和王某一共抓捕和出售了 16 只燕隼，属于情节特别严重的。站在法律的角度，对他们判处 10 年半和 10 年有期徒刑，并处罚款，完全是在法律规定的幅度和范围内量刑，根本谈不上过重。如果法律对非法捕猎、出售重点保护野生动物的恶行不予以严惩，其后果将是更多的珍禽猛禽被贩卖、猎杀。

在评委会此前公布的候选事件中，"大学生掏鸟窝"事件并未被纳入其中。在最终专家评审会上，国家林业局有官员表示，"大学生掏鸟窝"事件虽然从表面上看是一个局部的、负面的事件，但通过这一事件，在全社会开展了一次很好的普及科学知识和法律知识的教育，对中国野生动物保护是一件好事。

其余九件大事还包括：野生动植物保护工作上升到国家发展战略；全国人大常委会审议野生动物保护法修订草案；加强象牙贸易管控，我国临时禁止进口非洲象牙雕刻品和象牙狩猎纪念物；全国第四次大熊猫调查结果发布；中国首个野生动物保护类型国家公园建立；我国林业系统国家级自然保护区开展全面监督检查；陕西楼观台发生大熊猫犬瘟热疫情并引发社会对野生动物疫源疫病监测防控的广泛关注；全球联合执法行动，"眼镜蛇三号行动"成绩斐然；中国、南非首次合作开展野生动植物保护宣传教育活动。

民间组织人员在广西靖西一所小学宣传野生动物保护知识　摄影/章轲

国家林业局表示，2015 年，野生动植物保护上升到国家发展战略是一件标志性的重要事件。这一年，中央领导同志多次对野生动植物保护工作做出重要批示；在出台的中央系列文件中又多次明确提出加强野生动植物保护工作要求，批示之多、文件之多，前所未有。

　　此外，2015 年 12 月 21—27 日，第十二届全国人民代表大会常务委员会第十八次会议审议了野生动物保护法修订草案。修订草案在一些重大的问题上做了修订和补充，规定了要保护的野生动物新的范围、栖息地的保护、人工繁育重点保护动物的规范、管理等。这是该法自 1989 年实施以来的首次大规模修订。

生活在成都大熊猫繁育研究基地的大熊猫　摄影/章轲

生活在哈尔滨虎园的东北虎　摄影/章轲

　　2014年9月16日，"西藏羌塘藏羚羊、野牦牛国家公园"授牌仪式在拉萨举行，这标志着我国第一个野生动物保护类型国家公园开始建设。羌塘国家公园作为我国目前面积最大、海拔最高和物种最典型的国家公园，彰显了它在保护野生动物方面的特色。

可可西里的藏羚羊　摄影/章轲

2015 年，中国与国际社会联合开展野生动物保护的事例明显增多，力度更大。中国会同亚洲、非洲、欧洲和美洲的 64 个国家，针对涉及象、犀牛、虎豹等大型猫科动物、猩猩等大型类人猿、穿山甲、藏羚羊、海龟、淡水龟鳖、蛇和红木等非法贸易实施的跨洲跨国联合执法行动"眼镜蛇三号行动"。会同南非、美国与东盟野生动植物执法网络、南亚野生动植物执法网络、卢萨卡议定书执法特遣队共同组织。"眼镜蛇三号行动"共查获各类涉及走私濒危物种案件 300 多起，逮捕犯罪嫌疑人 200 多名，缴获象牙及其制品 12 吨、犀角制品 187 千克等。

2013 年在国内某产品博览会上展示的象牙制品　摄影/章轲

2014 年 2 月 26 日，国家林业局宣布我国临时禁止进口《濒危野生动植物种国际贸易公约》（以下简称《CITES 公约》）生效后所获的非洲象牙雕刻品和象牙狩猎纪念物，期限均为一年，要求中国公民不要购买和携带象牙雕刻品及象牙狩猎纪念物入境。此后有许多社会组织也积极参与打击象牙非法贸易行动。

"2015 年中国野生动植物保护十件大事"由国家林业局野生动植物保护与自然保护区管理司和中国绿色时报社联合开展评选活动，入围候选大事由网友和专家共同推荐，权威专家结合网友投票综合评议后最后评出。

国有林场：绿水青山如何变成金山银山

章 轲[①]

摘 要： 国有林区拥有着 1/6 的全国森林面积、1/4 的全国森林蓄积，管护着我国最优质、最稳定、最完备的森林资源和生态系统。目前，全国共有国有林场 4 855 个。由于缺乏正常稳定的经费来源，且富余职工的人数不断增加，林场发展陷入困境，政策边缘化、职工贫困化问题十分突出。

关键词： 国有林场　国有林区　生态环境　绿水青山　金山银山

城里人想的是如何将自己身边的环境变成绿水青山，而住在偏远地区、守着绿水青山的人们，想的却是如何让身边的绿水青山，变成金山银山。

如今，全国 4 800 多个大小国有林场，想的都是同一件事：在守护好这片山林的同时，如何让这片林子产生一些经济效益，以改善自己的生活。

"守着绿水青山，过着清贫的生活。这就是国有林场普遍的境况。" 2015 年 7 月 9 日，昆明市林业局副局长张建坤对记者说。

统计数据显示，只拥有 1/20 国土面积的国有林区，拥有着 1/6 的全国森林面积、1/4 的全国森林蓄积，管护着我国最优质、最稳定、最完备的森林资源和生态系统。

然而，国有林区 68.8 万的在册职工也是全国收入最低的人群之一。数据显示，2013 年，全国国有林场在职职工人均年收入只有 1.8 万元，仅为同期全国城镇就

---

① 章轲，《第一财经日报》首席记者；首都编辑记者协会理事、中国环境文化促进会传媒委员会理事，中国环境科学学会环境经济学分会委员。撰写过大量有影响力的环境新闻报道。

业人员平均工资的 35.3%，其中还有 10.8 万人没有参加基本养老保险，14.7 万人没有参加基本医疗保险。

林场场长：整天忙着"找饭吃"

2015 年 7 月 10 日上午，云南昆明，海拔 2 300 米的海口林场陡山瞭望台，护林员陈华正通过望远镜警惕地观察远处的火情。"每年，我有 320 多天待在这里。我都把这里当成家了。"陈华对记者说。

海口林场距昆明市区 40 多千米，有 4 个林区，总面积 6 829.8 公顷，是昆明滇池西面的天然生态保护屏障，也是昆明生态系统的重要组成部分。1964 年 3 月 3 日，周恩来总理曾在海口林场亲手种下了一株油橄榄树，海口林场也由此出名。

2005 年，陈华退伍转业到了海口林场，先是在一个护林点当护林员，"那里条件很艰苦，饮用水很脏，取水的塘里甚至还漂着羊粪"。

后来，陈华调到了陡山瞭望台。刚到的时候，依然是没水、没电，但他觉得很满足。如今，陈华每个月可以领到 2 000 元工资，在瞭望台还有额外 800 元的补助。"我的妻子也在海口林场当护林员，月收入是 1 500 元。"他对记者说，"如果在城里找份工作干，收入可能会高一些，但我还是喜欢当护林员。"

"我的妻子在另一个护林点工作，也是长期住在宿舍里。我今年已经 40 多岁了，没有自己的住房，还要供养两个孩子上学，经济压力相当大。"陈华对记者说，"现在最担心工作有所变动，已经付出的努力就白费了。"

51 岁的冯玉和、50 岁的白树军冒雨在护林站的屋顶上看护着 2 万亩山林　摄影/章轲

记者在陡山瞭望台看到，陈华在生活区外围圈起了栅栏，养了20多只鸡和6只兔子。他还在瞭望台的另一侧盖起了鸡舍和羊圈。"我打算养上200只鸡和几只羊，这样，以后卖了还能增加些收入。"陈华说。

"林场大多远离城镇和社区，由于交通不便，林场职工及子女生活、就医、就业困难。"张建坤告诉记者，虽然海口林场是财政全额拨款，但财政经费仅能满足林场的人工经费，森林防火、植树造林、人员培训、林区道路建设、饮用水安全、电力设施改造、危旧房改造等都缺乏资金。

"政策规定全额拨款的事业单位，不能从事经营性活动。即便有，收入也必须全额上缴。当然，需要资金可以向财政申请。但你也知道，财政的资金很难申请到，周期也很长。"昆明市林业局局长曾令衡对记者说。

海口林场场长陈金龙也表示，帮大家"找饭吃"牵涉自己很大一部分精力。在靠近海口林场场部的一块林地上，陈金龙拿出16亩地尝试着种植当归等中药材，由林场工人自愿加盟参与管理，"刚种了一年，还没有收益"。

另外，海口林场还办了两家年产近万只的养鸡场，饲养名为"小飞鸡"和"小黑鸡"的生态鸡，市场价每千克约78元，也是由林场职工自行经营，林场负责包装、销售。

国有林场管护着我国最优质、最稳定、最完备的森林资源和生态系统　摄影/章轲

"由于政策限制，国有林场经营放不开手脚，这严重制约了国有林场的整体发展，也影响了广大干部职工的积极性。"曾令衡说。

在海南采访时，记者也发现，守护着我国南疆最重要生态屏障、每年创造约890亿元生态系统服务功能价值量的海南省国有林场，如今也大多陷入了"找饭吃"和收不抵支的窘境。

"政府让我们自主经营、自负盈亏，又要让我们承担生态建设的公益职责。整天饿着肚子，有多少精力去保护森林？"海南省东方市国营岛西林场场长倪明强说。

海南省林业厅给记者提供的资料显示，该省38家国有林场中有七成是企业，尤其是省直林场全部是企业。"因苦于自己'找饭吃'，主要精力难以集中保护森林，一些林场还要'因养人而砍树'。"

海南省林业厅刚刚完成的该省《国有林场基本情况调查报告》显示，国有林场管护着785.08万亩森林面积，其中天然林面积652.79万亩，占海南省天然林总面积的66%；公益林面积735.48万亩，占海南省公益林总面积的54.7%。

但记者近日在海南实地采访时发现，由于功能定位不清，管理职能缺失，海南多数国有林场对森林资源管护乏力。

该省国有林场在1956—1982年先后创立,截至2015年4月,林区总人口27 550人，职工总数9 213人，其中在职3 815人，离退休5 398人。目前，这些国有林场大多经营困难，历史债务沉重，长期负债经营。

据该省林业厅对全省38个国有林场2010—2014年收支情况分析，国有林场财务收入主要来源为木材、种植业、水电加工、林地出租等。有34个林场收不抵支，占总数的89.5%，支出缺口2.79亿元，年均支出缺口0.56亿元，共欠债6.08亿元，其中社保欠债0.38亿元，银行债务1.45亿元，非银行债务4.12亿元，拖欠职工工资0.13亿元。

桦木沟林场里的"老头们"

在内蒙古赤峰市的桦木沟林场，人们遇到的却是另一种困境。

由于地处偏远的山区，经费匮乏，生产生活条件艰苦，无法留住年轻人甚至是有中专以上学历的人才，管护人员队伍已经出现了明显的断层。

53岁的冯玉平是内蒙古自治区赤峰市克什克腾旗国有桦木沟林场的在职职工。他告诉记者，因股骨头坏死，2015年起只能在家养病。而之前，他每天都要进山看护林子。

冯玉平是这个林场的第二代，他的父亲曾经是最早的一批创业者，"父亲上过电视，当过很多年的劳模。"冯玉平说，他从小就在林场里长大，之后便自然而然地成了一名护林员。

由于林场效益差，冯玉平每年只能领到一半的工资2万多元，而这种情况已经持续了10年。他的老伴在林场附近的一个旅游景点门口摆摊，卖蔬菜和水果。他自己租了几间路边的房子，开了一家杂货店，"每年房租6 000元。小店挣不到钱，最多是混口饭吃"。

桦木沟林场培育了上百万株樟子松、云杉苗木，卖不掉，但仍要花钱管护　摄影/章轲

53 岁的护林员冯玉平因股骨头坏死，2015 年起只能在家养病　摄影/章轲

4 年前，冯玉平响应林场的号召，在小店的院子里种了 5 000 株樟子松、云杉苗木，等着卖大钱。林场又给每户职工家里分了一亩地种植苗木，冯玉平又种了 1 万多株，"但市场行情不好，一棵都没卖出去"。

冯玉平指着院子里已经长到半米高的树苗对记者说："实在太密，没法再长了。田里的树苗都有 1.5 米了。愁人。"

这天下午，在距离克什克腾旗约 90 千米的桦木沟林场望火楼，51 岁的冯玉和、50 岁的白树军爬上简易的梯子，到屋顶冒雨看护着四周的 2 万亩山林。

这片山林，将浑善达克沙地与科尔沁沙地隔开，阻止着两大沙地的"握手"。

冯玉和告诉记者，他们每年有 260 多天吃住在破旧、墙皮脱落发霉的护林站里。林场分给他们的棚户区改造房，由于没有时间住，卖掉换钱了，以贴补家用。不在护林站时，他们还是住在林场 20 世纪 60 年代盖的平房里。

"要等到 61 岁才能退休，我还得干 10 年。"冯玉和说："没办法，没有年轻人了。"

桦木沟林场是克什克腾旗 4 个经营面积达到百万亩以上的国有林场之一。

桦木沟林场场长柴景峰对记者说，林场现有在编职工 111 人，离退休职工 64 人，"在职职工年龄都在 48～56 岁，45 岁是最小的"，桦木沟快变成"老头沟"了。

冯玉平对记者说，"老头们"管护起山林来，腿脚肯定没有年轻人灵活，有的时候就只能在大道上看看，或者干脆住在护林站里不动弹。

柴景峰介绍，1955 年桦木沟林场刚成立时，属于全额事业单位。1958 年改为差额事业单位，政府每年拨付 13.5 人的工资经费。1992 年，克什克腾旗将林场定性为自收自支的事业单位，不再拨付工资经费。

"2005—2009 年，当时林场还有采伐指标，最高时每年可采伐 1.2 万立方米木材，加上苗木销售和公益林补偿，林场的日子还算好过，盖起了办公楼。"柴景峰说，但之后随着工资上涨、管理费增加，特别是采伐指标逐年缩减，林场目前的处境十分困难。

柴景峰说，但护林防火的任务一点都不能打折扣，林场有专业的护林防火队，实行准军事化管理，24 小时值班。这块投入一分钱都不能少。

"采伐指标 2015 年已全部取消了，林场的任务就是管护。苗木也不好卖。目前林场的收入只有一项，就是国家给的每亩 4.75 元的公益林补偿。"柴景峰说，林场每年年底拿到这笔钱后，才能给职工发工资，而且还只能发 55% 的工资，其余的挂在账上。职工的养老、医疗保险每年要支出 260 多万元，"2015 年只交到 4 月，没钱再交了。这样的经济状况，怎么会有年轻人留下来？"

内蒙古自治区林业厅党组成员、新闻发言人李树平巡视员对记者说，全自治区 316 个国有林场，眼下面临的最大的难题就是"后继无人"。

"我在林业厅分管人事，明显感觉到，这些林场老职工退休后，断档问题无法解决。"李树平说，林场大多处在偏远的山区，生产生活条件艰苦，加上连工资都发不全，很难吸引人才。"这样的人才结构，要想保证林业的可持续发展，守护住这片青山绿水，很难。"

"我们急切地盼望着改革！理顺林场管理体制，明确林场公益性质，建议上级在政策和资金方面给予倾斜，保障林场健康、稳定发展。"柴景峰说。

林区普遍遇到四大问题

记者从国家林业局了解到，这些年，全国许多国有林场都遭遇到海口林场这样的困境。

国家林业局新闻发言人程红介绍，目前，全国共有国有林场 4 855 个。由于缺乏正常稳定的经费来源，且富余职工的人数不断增加，林场发展陷入困境，政策边缘化、职工贫困化问题十分突出。

国家林业局经济发展研究中心副主任王月华介绍，目前，我国国有林区普遍面临着四大突出问题：

（1）可采森林资源枯竭，生态功能严重退化。以东北林区为例，长期过度采伐是东北重点国有林区经济社会发展陷入困境的根源，目前可采资源蓄积量只有 2.68 亿立方米。与开发初期相比，大小兴安岭林区林缘向北退缩了 100 多千米，湿地面积减少了一半以上，局部地区特大洪水等自然灾害频发，直接威胁着林区的生存发展。

（2）民生问题比较突出。2013 年东北重点国有林区在岗职工年平均工资 2.3 万元，仅相当于当地城镇非私营单位就业人员年平均工资的 51.4%。特别是天然林保护工程一期一次性安置职工 52 万人，约 50% 的一次性安置人员目前生活困难，因无力缴纳社会保险费而"断保"。另外，全国还有 486 个林场场部不通公路，170 个不通电，575 个不通电话，1 575 个存在饮水安全和吃水困难。

（3）森工企业债务负担沉重。各重点国有林区累计拖欠金融机构债务 209.9 亿元，其中无力偿还的金融机构债务 133.1 亿元。累计拖欠职工工资 70 亿元，拖欠退休金 13 亿元。累计拖欠养老保险费 50.2 亿元、医疗保险费 14.2 亿元。

（4）林业职工较多，就业安置压力大。目前全国林区下岗待业职工有 6 万多人，就业十分困难。

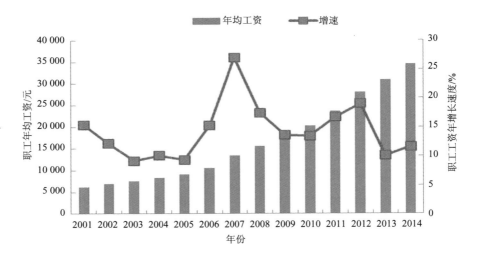

林业系统在岗职工年平均工资与增长速度

资料来源：2014年全国林业统计年报分析报告。

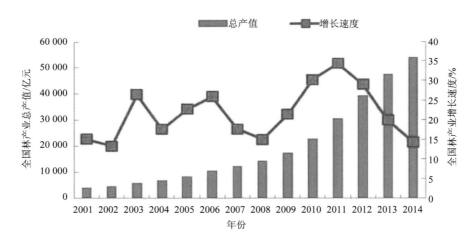

2001—2014年全国林产业总产值及其增长速度

资料来源：2014年全国林业统计年报分析报告。

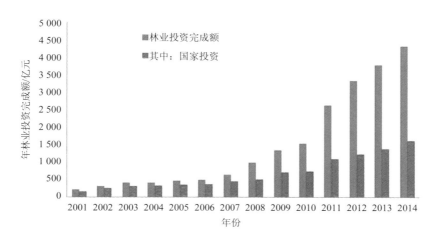

2001—2014 年林业投资完成额与国家投资

资料来源：2014 年全国林业统计年报分析报告。

王月华介绍，长期以来，国有林场和国有林区还承担了许多社会管理和半社会的职能。目前，有 400 多个国有林场开办场办中小学 454 所、教职工人数 5 356 人。有场医院（医务所、卫生站）772 处，医护人员 3 218 人。林场代管村 1 100 个、乡镇 78 个，人口 15 万人。

国家林业局国有林场和林木种苗工作总站站长杨超介绍，国有林场"不城不乡、不工不农、不事不企"，大多数苦于"找饭吃"，无法将主要精力集中到森林资源保护和培育上来。

张建坤告诉记者，昆明市所辖 14 个县市区范围内，共有 14 个国有林场，大部分成立于 20 世纪 50 年代。尽管经过多年的投入和建设，林区条件有了很大改善，但目前在全市国有林场的辖区内 87 个护林点中，仍有 21 个尚未通电，33 个尚未通水，且交通、通信条件较差。

国有林场"吊罗山"突围记

在采访中，记者也发现，国有林场只要找到自身的发展优势，加上相应的政策扶持，发展仍然大有希望。

在海南省陵水县吊罗山林区，记者驻足在被称为"旅游风情小镇"的道路旁看到，这里道路宽阔、整洁，绿叶成荫，两旁的建筑金黄色与棕褐色交相辉映。沿路的小店铺，老人们一边纳凉，一边卖着香蕉、菠萝蜜等热带水果，脸着挂着笑容，悠然自得。

要不是路旁停放着的几辆橘红色的森林消防车，记者真的怀疑自己置身于某个欧洲小镇。

吊罗山林区位于海南省东南部，地跨陵水、保亭、琼中、五指山、万宁 5 个市县，总面积 56.49 万亩。吊罗山林业局始建于 1958 年，正是国家"大炼钢铁"的时期。"那个时期，谁砍的树多，谁就能当劳模。"护林员苏伟民对记者说。

砍树持续了近 40 年的时间，到 1994 年，海南省全面禁止森林砍伐。当年 1 月 1 日，海南率先在全国实行天然林资源保护。1998 年，吊罗山林区被列入全国国有重点林区天然林资源保护工程区。

吊罗山林区优美的环境　摄影/章轲

吊罗山林业局局长李华告诉记者，"从名称上看，吊罗山林业局像是政府的一个部门，但实际上是一个企业。林场实行企业化经营。林业局局长同时兼任林业公司经理、法人代表。"

李华介绍，2000 年天保工程一期实施时，吊罗山林业局共有在职职工 573 人（含公司人员）。2003 年起，通过一次性安置（216 人），森林公安人员转为公务员及剥离社会性事务（将企业子弟学校、医院剥离移交当地政府管理）。到 2014 年年底，全局共有在册职工 839 人，包括在岗职工 363 人（其中天保 222 人，企业 141 人），离退休 476 人。

禁伐后，木材销售的路子断了。"收入主要靠国家和海南省拨付的天然林保护财政专项资金。每亩每年标准为 23 元。"李华说。

之后的几年，全国许多国有林场也开始部分或全面禁伐。也正是从这时起，一些国有林场开始靠天保财政专项资金、公益林补偿过日子，但也有一些国有林场开始探索突围新路。

吊罗山林区与职工住宅区　摄影/章轲

吊罗山林业局找到了自己旅游资源、水资源和热带林木种苗种植的优势。

在海拔 900 多米的原伐木工人宿舍区，如今已经建成了山水林田湖一体的度假村。李华告诉记者，吊罗山旅游总体规划已通过海南省旅游规划委员会组织的专家评审并已获批复。土地利用规划纳入陵水县土地利用总体规划，海南省政府也已批复。18 千米长的旅游专线公路建设工程获得了批复，7 300 万元中央财政资金和 3 000 万元的陵水县配套资金已全部到位，计划修建 4.4 千米旅游栈道和其他设施。李华说，度假村已接待 1 万多名游客，收入超过 200 万元。

记者在吊罗山林区实地采访时看到，这里水资源丰富，多处有规模较大的瀑布、激流。吊罗山林业局给记者提供的资料显示，目前当地水电年均发电上网销售量约 1 100 万度，年均收入约 330 万元。

苗木种植是国有林场的拿手活。但记者此前在一些国有林场采访时注意到，有的盲目种植，品种单一，一遇到市场不景气，便砸在手里。

吊罗山林业局介绍，已建成了占地 230 亩的种苗基地，有罗汉松、重阳木、花梨木等十多个品种，共 13 万株，育有小叶榄仁、重阳木、火焰木苗木 1 000 多万株。此外，386 户职工家庭还种植 4 098 亩槟榔、橡胶、龙眼等经济作物，年产值约 1 024 万元，户均收入约 2.7 万元。

李华对记者说，国有林场改革，最关键的是要在保护资源的同时，让职工受益。其中，最主要的是要有一个好的生活环境。记者在吊罗山林区看到，766 户职工已经住上了崭新的楼房，小区垃圾箱、车位、绿化带、路灯等配套设施齐备。

"我们已经实现了每户职工家庭一套住房的奋斗目标。"李华介绍，利用国家给予的林场棚户区改造资金以及海南省财政的扶持资金，这些年，吊罗山林业局共投资 8 000 万元实施旧房改造工程，在职职工、离退休人员包括引进的大学生，都住上了新房。此外，吊罗山林业局投资 470 万元建设了热带雨林休闲会馆。

其他地方国有林场拖欠工人工资、没钱交养老保险的情况在吊罗山林业局也没发生，"林区 214 名职工家属全部参加城镇居民养老保险，还能一年体检一次"。

但李华也告诉记者，吊罗山林区发展仍面临着诸多困难。

"实施天然林保护工程后，林业局从原来的森工企业转为从事保护天然林的社会公益性事业单位，但目前林业局仍保持着原有的企业性质，职工依然是企业员工，保护主体与经营主体混淆。"李华说，由于事企不分，管护人员身份不明确，虽然行使着管护国有天然林资源的行政事业性职能，却仍是企业化管理，没有行政执法权。

"在履行国家赋予的林业行政执法职责、制止毁林开垦、盗伐林木和盗猎野生动物中，存在诸多困难。"李华说。

吊罗山林业局提供的资料显示，国家政策性停止木材采伐后，该局还欠有银行机构债务 689.3 万元，其中本金 610 元，利息 79.3 万元。至今无力还本付息。

李华反映，林区原有产业基础设施薄弱，天保工程专项资金根本无法满足林区替代产业建设的需求。记者在采访中了解到，由于缺乏建设资金投入，目前，吊罗山林业区森林旅游业、种植业、花卉苗木业等后续产业开发进度仍缓慢。

李华对记者说，吊罗山森林旅游风情小镇建设已初具规模，并已获得了"海南省十大最美小镇"的荣誉。但目前，林区的生活用水和污水处理问题一直没有得到很好解决。

"我们期盼省里能帮助解决吊罗山自来水厂改造工程项目建设资金 1 275 万元，并将吊罗山污水处理项目纳入海南省城镇污水处理及再生水利用设施建设'十三五'规划。"李华说。

改革应该实现两个确保

"从总体上看，我国仍然是一个缺林少绿的国家，生态问题依然是制约我国可持续发展的突出问题，生态差距依然是我国与发达国家的主要差距，生态建设依然是全面建设小康社会的艰巨任务。"程红说。

2015 年 2 月，中共中央、国务院印发了《国有林场改革方案》和《国有林区改革指导意见》；3 月中旬，国务院召开全国国有林场和国有林区改革工作电视电话会议，对国有林业改革进行全面部署。

根据上述改革方案和改革指导意见提出的要求，到 2020 年，国有林场和林区生态功能要显著提升，生产生活条件明显改善，使职工就业有着落、基本生活有保障。同时，重点国有林区森林面积增加 550 万亩左右，森林蓄积量增长 4 亿立方米以上，森林碳汇和应对气候变化能力有效增强，森林资源质量和生态保障能力全面提升。

"当前，国有林场改革已进入全面展开、全力推进的关键阶段。"程红说，改革既要坚持生态导向、保护优先，又要坚持改善民生、保持稳定。坚持因地制宜、分类施策。以"因养林而养人"为方向，根据各地林业和生态建设实际，探索不同类型的国有林场改革模式，不强求一律，不搞"一刀切"。

杨超介绍，此次改革的主要任务是将国有林场主要功能明确定位于保护培育森林资源、维护国家生态安全，并合理界定国有林场属性。国有林区改革关键在于厘清中央与地方、政府与企业各方面关系，推进政企、政事、事企、管办分开，健全森林资源监管体制，逐步建立精简高效的国有森林资源管理机构。

记者在采访中了解到，改变国有林场的现状，除了国家投入支持外，更需要地方政府在政策、资金等方面的扶持和创新。近年来，一些地方国有林场改革已经探索出了成功经验。

贵州省毕节市共有 12 个国有林场，全部被当地政府纳入全额预算管理。毕节还建立了收支两条线的财务管理制度，即国有林场的木材采伐、多种经营等收入上缴同级财政，同级财政按一定比例返还国有林场，作为林场发展资金和工作奖励。

赫章县规定，国有林场非税收入同级财政按 80%的比例返还国有林场。2012年，赫章县平山林场和水塘林场的木材收入、占用林地补偿费收入、多种经营收入等近 900 万元上缴县财政后，县财政又返还林场 700 多万元。

毕节市最新出台的《关于进一步加快国有林场改革发展的意见》规定，将国有林场发展产业取得的收入全额返还给林场，60%作为林场发展资金，40%用于工作奖励（其中 20%用于奖励林场领导班子，80%用于奖励有关人员）。在确保国有林场做好森林经营管护的同时，此举调动了林场和职工发展经济的积极性，职工干劲足了。

"国有林场和林区改革就是应该实现两个确保，一是确保森林资源稳步增长，二是确保职工基本生活有保障。"王月华说。

曾令衡告诉记者，《海口林场改革总体方案》已经确定，昆明市计划把海口林场改革作为全市国有林场改革的试点，先行先试，为下一步全面开展国有林场和国有林区改革积累经验，"力争用 5 年时间，通过盘活资源，探索实体化经营，创新管理机制，实现林场生态效益明显提升，实现以林养林"。

被贱卖的黄金？煤炭分质利用调查

孔令钰[①]　刘伊曼[①]

摘　要： 对煤炭产业来说，随着绿色化、清洁化、资源化等概念的提出，"分质利用"被称为下一个发展方向。所谓分质利用，就是不只将煤炭简单看成能源，还是具有多种化工原材料的宝贵资源。2015 年 4 月，国家能源局发布《煤炭清洁高效利用行动计划（2015—2020 年）》，将"稳步推进煤炭优质化加工、分质分级梯级利用、煤矿废弃物资源化利用等的示范，建设一批煤炭清洁高效利用示范工程项目"作为其 7 个目标之一。并提出，要在 2017 年，低阶煤分级提质关键技术取得突破；2020 年，建成一批百万吨级分级提质示范项目。但是，由于工艺不成熟，对高油煤的"分质利用"面临两个严峻问题。一是生产出来的油品质量差，二是环境污染严重。

关键词： 煤炭　分质利用　零排放　蒸发塘　环评　煤化工

点金成铁——淖毛湖的故事

淖毛湖位于新疆哈密地区，往北 50 千米便是蒙古国，是一个遥远的边陲小镇。从哈密市驱车至淖毛湖乡，路程约 240 千米，但由于穿越天山北麓，所以山路曲折，一般车程 5 个多小时。从卫星地图上看，淖毛湖就是茫茫戈壁滩中一片小小

---

① 孔令钰：原《财新传媒》记者；刘伊曼：《新京报》记者。两位作者同为 2015 年度和 2014 年度最佳环境报道奖得主，共同关注并持续报道能源化工产业可持续发展问题。

的绿洲。

戈壁滩长约 400 千米，宽约 50 千米，淖毛湖——这片绿色孤岛的出现，像是一个奇迹。历史上这里曾是哈密王流放犯人的地方，因为四周是辽阔的无人区，简直是一个绝佳的天然监狱。

淖毛湖并非一个真正的"湖"。但从名字可以推断，这里地势低平，类似"湖床"。往南是东天山的最高峰，喀尔里克峰，海拔 4 800 多米，终年积雪，拥有冰川大大小小 63 条。每年春季冰雪融水流进伊吾河，伊吾河再由南流向北部，进入淖毛湖南侧戈壁滩后，地表水干涸，另一部分水流入地下。淖毛湖最低处海拔只有 300 米，因此伊吾河水便为淖毛湖提供了丰富的浅层地下水。地下水位 2～7 米，储量 0.3 亿立方米。

这也是为什么这里能孕育出世界上仅存的三大胡杨林区之一。在淖毛湖镇以东 10 千米处，生长着 47 万亩的胡杨林，这是伊吾县唯一的国家级 AAAA 景区，也是中国境内分布最为密集的胡杨林。

胡杨是新疆最古老的树种之一，堪称树中"活化石"，以耐干旱盐碱为名，但其生长依然需要足够的水源。专家认为，地下水位不低于 4 米时，胡杨可以生长得很滋润，低于 9 米，就会逐渐干渴死亡。

然而这片存在至少上千年的绿洲，却在最近 10 年内，开始遭遇环境危机——淖毛湖被规划为煤化工基地，近 10 家耗水量大的煤化工企业聚集此地，修建道路、水库，开挖露天煤矿，源源不断地抽走对绿洲来说比金子还要珍贵的水，生产出兰炭、煤焦油、甲醇、二甲醚等产品。如果生产再持续几十年，这片面积辽阔的胡杨林可能将死去。水之不存，绿洲焉存？

几十年后，绿洲还在吗？

胡杨林的死亡，不是危言耸听。2007 年 5 月，新疆广汇新能源有限公司（以下简称"广汇"）年产 120 吨甲醇/80 万吨二甲醚项目开工建设。该项目环评资料显示，该项目每年新鲜水耗为 1 541 万立方米。

这个数字意味着什么？虽然工厂取用的是地表水，但地表水减少，会导致地下水补给减少，水位降低。因此环评称：工程用水将造成盆地中心胡杨林分布区地下水水位下降，根据胡杨的生长特性，地下潜水位 10 米为胡杨生存的水位阈值。"工程运行 100 年后，区域地下水位平均下降深度将大于 10 米，淖毛湖盆地内地下潜水不能完全维持胡杨正常生长，胡杨群落将开始衰退。"

然而，该环评给出一个"恰好不会导致胡杨死亡"的结论：建设项目投入运行在 70 年之间，区域地下水位下降约 7 米，胡杨分布绝大部分区域地下水位将维持在 10 米以上。并且环评认为，胡杨根系的趋水性，会使得成熟根努力向下生长，以接近地下水，从而"70 年内，该区域胡杨生长将基本维持现在水平"。

环评进一步认为，该项目的运行期应小于 70 年，所以广汇项目的取水量不会对当地生态系统产生明显影响。

但关键问题在于，当地不止广汇一家企业，考虑多个煤化工项目叠加用水，恐怕对沙漠绿洲的生态将产生不可逆转的影响。

在淖毛湖镇的东南方向 7.5 千米处，"第一个吃螃蟹者"广汇入驻之后，又有多家煤化工企业陆续进驻，形成一个颇具规模的工业园区，规划面积约 30 平方千米。

其中包括新疆科利尔能源有限公司每年 120 吨/年煤洁净化综合利用项目，新疆元瑞煤化工有限公司 120 万吨/年褐煤提质改性项目，新疆绿斯特能源有限公司褐煤加工 120 万吨/年碳质还原剂项目，新疆元昊新能源有限公司 180 万吨/年洁净煤深加工项目，新疆同顺源能源开发有限公司哈密年产 180 吨/年褐煤热解提质多联产综合利用项目，新疆奇琳能源发展有限公司 120 万吨/年褐煤提质项目等。

尽管名目不一，但基本的工艺思路大体相同，即先通过低温干馏，将煤炭分解，生产出兰炭、焦油等化工产品。形象地讲，就是将煤炭放在一个密闭的炉子里"蒸"，蒸出来的油便是焦油，固体是兰炭，气体便是荒煤气。

焦油是煤化工的主要原料，成分复杂，达上万种，包括苯、甲苯、二甲苯、萘、蒽等芳烃以及芳香族含氧化合物，含硫、氮的杂环化合物等。焦油经深加工后可以分离出多种油料，也是生产塑料、合成纤维、橡胶、医药、耐高温材料等的重要原料。兰炭又称半焦，既可用作燃料，也可在冶金行业中用作还原剂。煤气则可用作燃料，也可用于生产 LNG。

仅上述煤化工项目加起来，每年便是 840 万吨煤炭加工量。新疆奇琳能源发展有限公司 120 万吨/年褐煤提质项目的节能评估报告显示，其 120 万吨煤年耗新鲜水为 68.4 万立方米。其他兰炭项目与此工艺类似，据此估算，840 万吨煤炭加工量，年耗新鲜水约为 480 万立方米。

耗水量如此巨大。那么当地供水能力能否满足呢？

当地地表水有两个来源。伊吾河下游淖毛湖镇区域多年平均资源量为 7 025 万米³/年，其中保证取水 5 314 万立方米。另一条当地主要河流——四道白杨沟年平均径流量为 718 万米³/年，刚刚建成的水库总库容为 428 万立方米，可提供工业用水量 338 万米³/年。

整个淖毛湖地区的生活、生态和农业灌溉用水共计约 2 300 万米³/年。当地政府为工业项目提供的保证用水量是 3 352 万立方米。这个数字已接近生活、农业、生态之外的其余全部水量。

按照前文计算，广汇甲醇/二甲醚项目年耗水 1 541 万立方米，奇琳等 6 家兰炭企业年耗水约 480 万立方米。仅这些相加，用水量已超过 2 000 万立方米。

除此之外，只剩下 1 352 万立方米的年供水量。再考虑当地其他工业企业、露天煤矿，以及正在修建的铁路、公路……工业已经变成一台巨大的抽水机，源源不断地抽走这片绿洲的命脉。

广汇为了保证从伊吾河取水，修建了一座当地最大的水库，库容为 964.51 万立方米。取水地点设在伊吾县淖毛湖干渠渠首处，年设计取水量 1 541 万立方米。配套管网全长 53 千米。峡沟水库与配套管网工程于 2008 年 5 月 4 日开工，历时 2 年零 4 个月，于 2010 年 9 月 26 日通过截流验收。

零排放困境

2016 年 2 月，笔者在淖毛湖工业园区看到，除了广汇在生产，园区内其他企业均已停工，留下看守厂房的工人告诉笔者，由于这两年经济形势不好，兰炭价格走低，现在企业均已停工，而广汇在淖毛湖西北部，有自己的白石湖煤矿，因此其成本尚具有比较优势。

站在园区，向四周任一方向望去，是苍茫辽阔的戈壁滩，再向更远方延伸，视线便被连绵群山挡住。

附近没有河流，那么生产出来的废水，排到哪里去了？

看守厂房的工人指着某家已停产工厂边上的绿色井盖说："就从这里排到地下。"

由于该企业已经停产，是否通过渗井排污当时无法证实。但是，正在开工的广汇渗井排污事件，已被证实确有其事。

2015 年，广汇通过废弃机井，将工业废水排向地下，该井通向地下河流，因此污水迅速在地下河蔓延开来。从排污到被政府发现之间，具体经历了多长时间，笔者未获知准确消息。但据笔者从自治区环保厅和水利厅了解，伊吾县政府是在常规监测中发现地下水受到污染。随后申请斥资约 1.34 亿元进行修复。

修复设计方案是地下连续截渗墙圈闭污染的地下水体，连续墙总长度约 3 200 米，墙宽 0.8 米，平均深度 50～58 米。2016 年 2 月，笔者从自治区环保厅获悉，修复工程已经结束，目前正在监测效果如何。

为什么要往地下排污？特别是在地下水极其珍贵的戈壁绿洲。

或许应该换一个问法：在没有河流可以容纳污水的情况下，污水可以往哪里去？答案是，无处可去。

在淖毛湖西南几十千米之外的伊吾河，是整个哈密地区乃至东疆范围内的唯一一条常流河，被当地称为"母亲河"，显然不具备任何纳污能力。因此，从水环境容量来讲，淖毛湖煤化工基地生存的必要前提便是"零排放"。

从环评资料来看，无论是广汇，还是前述多家褐煤提质项目，均声称自己将实现污水"零排放"。

"零排放"概念在产业界是个微妙的存在——实验室中不计成本，将现有高精尖技术都用上，确实可以将污水吃干纳净；但现实中，企业往往难以承受高昂成本，技术的完全实现也存在困难。

"零排放"概念究竟是真是伪？在业内争议多年。2014 年 6 月，环境保护部环境工程评估中心在北京举行"中国煤化工废水处理技术应用与创新研讨会"，曾任石化轻纺部主任的周学双在会上说，自己参与评估过多个号称"零排放"的项目，到目前为止，事实证明，"零排放，煤化工企业在工程上还没有真正做到的"。

就在他发表此论的 3 个月后，"腾格里沙漠排污"事件被媒体曝光，社会舆论哗然。这是一个典型的"零排放"式悲剧——排污企业建在了根本没有污水排放条件的干旱地区，所以必须承诺"零排放"才能上马，然而谁也不是"貔貅"，事实是企业只能将污水偷偷排放至修建在沙漠中的蒸发塘。

蒸发塘，原本是干旱地区污水处理工艺中的一个环节，用于处理高浓度盐水。从工艺设计角度，排入晾晒池的水应是经过多个污水处理环节之后含有杂盐的水，其 COD（化学需氧量）等污染物含量很低。这种水外观应清澈如湛蓝的海水，嗅觉上没有异味，否则这种工艺就变了味，成了排污池。

"腾格里沙漠现巨型排污池"事件中的"排污池"，就是经环境保护部门批准建设的高盐水蒸发池塘。

这种工艺可以用"晒盐"来类比。近 10 年内，煤化工企业在西部富煤地区大量落户，都面临着高浓盐水无处可去的难题。简单来讲，由于当地气候干旱，河流稀少，而煤化工需水量大，产生污水量也大，企业必须将污水循环回用，但污水中的盐分无法降解，只会在循环进程中不断浓缩，直至形成高盐废水。

晾晒池作为"晒盐"设备由此而生。企业将污水重新处理、其他污染物尽悉去除后，剩下的浓盐水，就排到晾晒池中，待水分蒸发，剩下的固态盐分再铲走处理。

在内蒙古、宁夏、陕西和新疆四省区，由于气候干旱，蒸发塘数量众多，仅笔者不完全统计，就超过 100 个。

借蒸发塘行排污之实，类似事件很多。2015 年 5 月 27 日，环境保护部官网发布《关于加强工业园区环境保护工作的指导意见》征求意见稿，欲叫停蒸发塘。文中明确提到："各类园区不得以晾晒池、蒸发塘等替代规范的污水处理设施，对于现有不符合相关环保要求的晾晒池、蒸发塘等应立即清理整顿。"

从现有污水处理工艺来看，在淖毛湖地区，蒸发塘成为污水的唯一去处，除此之外，只能向戈壁无人区或者地下偷排。

一连串恶性水污染事件

对于广汇来说，蒸发塘、向戈壁偷排、通过渗井地下偷排……凡是可以想到的排污方式，其都做过，且已造成地下水污染。

5年来，广汇在淖毛湖制造了一系列水污染事件。年产120吨甲醇/80万吨二甲醚项目于2007年开工建设，2011年12月主体工程基本竣工。

就在2011年9月，广汇向自治区环保厅递交了试运行申请报告，但未获批复。

在这种情况下，之后很长一段时间内，广汇在环保方面"裸奔"上马。其未经批准，擅自于2012年6月投入试运行，并且违反建设项目"三同时"制度。

配套污染防治设施未与主体工程同时投入正常运行，包括污水处理和回用设施、废气脱硫设施、污水蒸发池、污染物排放在线自动监测设施等。此外，工业固体废物处置渣场、危险废物临时存库也没有建设。

总的来说，就是只污染不治理。

淖毛湖镇民光新村的几位村民告诉笔者，广汇不定期排放恶臭气体，"主要是晚上排，臭得不行"。根据伊吾县环境保护局公开信息，其偷排的恶臭气体（硫化氢）引发周边居民多次向环境保护部门和媒体投诉。

但是，由于当地空气环境容量大，废气直接排向空中，在茫茫戈壁中很快被风稀释。

然而废水就不一样了，无论排向何处，都会汇聚。根据伊吾县环境保护局会务纪要，2012年6月—2013年2月，广汇将部分生产工艺废水未经处理直接排向戈壁滩，在地下铺埋20多千米的管道，将污水排向厂区边的戈壁滩围堰，排水量约为130米^3/时；另一部分废水直接排入厂区东北侧林带和戈壁滩围堰，排水量也是130米^3/时。

直排工业废水，加上排污管道破裂、废水溢流，半年间发生多次污染事件，如附近的英格玛煤电有限责任公司饮水井、园区公益林、周边农田污染。

废水中含有多种有毒有害物质，伊吾县环境保护局监测部门曾于2013年1月11日现场对排放废水采样分析，结果显示，"多项指标严重超标，对该地区地下水存在污染隐患，严重威胁该区域群众饮水安全"。

伊吾县环境保护局根据《水污染防治法》第七十一条、第七十六条，责令广汇停止生产并处 100 万元罚款。

然而，污染的故事并未停止。

按要求停产整顿一段时间后，2013 年 9 月 9 日，新疆广汇新能源有限公司收到新疆维吾尔自治区环保厅下发的《关于新疆广汇新能源有限公司年产 120 万吨甲醇/80 万吨二甲醚（烷基）项目试生产的复函》，文件通知：经检查核实，该项目基本按照环评及批复的要求建设并落实了配套的环保设施及相关环保措施，具备了试生产的条件。新疆维吾尔自治区环保厅原则上同意该项目投入试生产，试生产期为 3 个月。试生产期内，须按规定程序向环境保护部申请该项目竣工环境保护验收，经验收合格后，可正式投入生产。

这里所说的"配套环保设施"，便是指蒸发塘，其位于距离厂区西北 25 千米的戈壁滩上，靠近广汇的白石湖露天煤矿。距离淖毛湖镇也有 20 多千米，由于地广人稀，位置偏僻，即便是住在镇子上的人家，很多人也不知道蒸发塘的存在。

这是一共 6 座相连的大池子，根据蒸发塘外竖着的环保告知牌，库容 99.3 万立方米，设计总蒸发面积 52.5 万平方米，深度 2.9 米，有效水深 1.9 米。在 6 座单格蒸发塘的旁边，还设计另建一座库容 200 万立方米的蒸发塘，容纳水量是现有 6 座加起来的两倍。

浓盐水进水量约为每小时 91 吨，含盐量约每升 4 700 毫克。其称："浓盐水经过自然蒸发后，池底形成一层残余物，每年约 3 065.28 吨。"

淖毛湖干旱少雨，年蒸发量 4 378 毫米，年降水量 11.5 毫米，在广汇等企业看来，适合通过"蒸发"来晒盐水，水晒干了，再取出杂盐。

但业内煤化工环保专家已经强调过，西北地区虽然号称蒸发量大，但一年中有半年是结冰期，这时候就没什么"蒸发"可言了，水只进不出，怎么办？便极有可能向四周漫溢，或者向地下渗流。

目前国内仅有少数煤化工企业成功取出杂盐。2016 年 2 月，笔者在广汇蒸发塘边看到，池水尚未结冰。负责看守蒸发塘的广汇员工告诉笔者，该蒸发塘使用约 3 年了，"一直往里面灌，还没有满过"。并称，对于盐，"没有听说过"。

根据设计信息，该蒸发塘容纳水的标准为《污水综合排放标准》（GB 8978—1996）二级标准，环境风险警示提醒，"浓盐水成分复杂，应避免直接接触；定期做好地下水检测工作，防止浓盐水渗漏污染地下水"。池边有两口深逾 25 米的地下水监测水井。

事实上，看守蒸发塘的负责人告诉笔者，厂区那边过来的水经常是污水。环境保护部门公开信息也显示，广汇有过"偷懒"行为，未经处理，便将污水通过 25 千米的管道，直排到这里。

自 2012 年 6 月广汇投产以来，具体产生了什么环境影响？因为知道广汇向戈壁滩排污之事，村民们很担心地下水已经受到污染。这里绝大多数农户种植哈密瓜，有人向笔者表示担心，说以前种的瓜能放上 3～4 个月，现在只能放 1 个月，病瓜也比以前多，怀疑是不是水被污染了。

关于村民们特别关心的问题——地下水是否已遭到污染？答案是肯定的。

根据 2013 年 12 月环境保护部公布的"12369"举报热线案件情况，广汇因为废水污染遭到群众举报，环境保护部公开的处理结果为——新疆维吾尔族自治区环境保护厅责令该公司立即停止违法生产行为，对已污染的地下水进行治理并立案处罚。目前，该公司正在对地下水进行治理。

可以据此确认，在 2013 年，淖毛湖地区的地下水已经被污染。但是，究竟是长期地表排放污水下渗所致，还是当时广汇已经有过渗井排污先例？笔者尚未明确。

环评显示，广汇废水主要污染物有焦油、甲醇、氨、酚类物质等，主要是有机污染物。除了广汇，园区另外几家已经停产的兰炭企业，同样令人担心。兰炭废水污染严重，含有较多毒害物质。广汇尚且有能力修建蒸发塘来暂时存放污水或浓盐水，那么剩下的那些企业呢？

兵团十三师淖毛湖农场曾委托设计院做过一版工业园区规划环评，并在网上公示。根据这份 2013 年 8 月公示的环评，前文提及的元瑞、科利尔、绿斯特均已建。根据他们的环评，只是含糊地称循环用水，无废水外排，但事实上，以这些企业的环保成本和技术实力来讲，实现"零排放"就是天方夜谭。

因此在这份规划环评里，兵团拟建一个工业园区污水处理厂，规划处理规模每天 2.7 万立方米，该厂采取氧化沟工艺，处理至《污水综合排放标准》（GB 8978—1996）二级后，进入中水回用系统。处理后的中水可重新用于园区企业生产、园区绿化用水或灌溉荒漠。

然而，两年半后，2016 年 2 月，笔者在环评所言位置——工业园区以北，并未找到这家工业污水处理厂。当地只有一家新建的生活污水处理厂，但该厂工作人员告诉笔者，其只接收淖毛湖镇的生活污水，并不接收工业废水，而规划环评中所拟建的工业园区污水处理厂，并未建设。

那么这些已停产的兰炭企业，在过去是如何排放污水的？它们既没有完备的污水处理设施，也不像广汇修建了蒸发塘用来容纳污水或浓盐水。

笔者就此问题请教了自治区环保厅相关负责人。该负责人称，"兰炭企业现在基本废水不外排，用于熄焦"。

这些企业的污水真的全部用于熄焦，绝无外排吗？

对于这个问题，该负责人的解答是，"这些企业开工后效益不行，基本上没有生产多长时间，所以问题还没有暴露出来"。

"这个东西就是时间越长才能暴露出来。刚开始全部用于熄焦还可以，后面时间长了，水用不完了，就有别的问题。现在还没暴露出来。"他说。

目前，国内外还没有成熟而经济的兰炭废水处理工艺。兰炭废水是煤在中低温干馏过程中产生的废水，主要来源于冷却洗涤煤气的循环水和化产过程中的分离水。因为兰炭为低温干馏，在生产过程中产出的焦油量大，低分子有机物多，因而废水中含有大量未被高温氧化的污染物，其浓度要比焦化废水高出 10 倍左右，因而比焦化废水更难处理。

废水成分复杂，污染物有 300 多种。无机污染物有硫化物、氰化物、氨氮和硫氰化物等；有机污染物主要为煤焦油类物质，还有多环芳香族化合物及含氮、氧、硫的杂环化合物等。由于废水中还含有各种生色基团和助色基团物质，兰炭废水色度高达上万倍。废水中所含的酚类、杂环化合物及氨氮等会对人类、水产、农作物构成很大危害，必须经过处理，使污染物含量达到一定的标准后才能排放。

即便如前述负责人和环评中所说用于熄焦，也是变相污染。一般兰炭废水经过常规处理后，其中某些有毒有害物质（氰化物、COD 及氨氮等）仍达不到国家允许的排放标准，需要通过进一步深度处理。但由于深度处理费用昂贵，许多兰炭企业望而却步，所以兰炭废水一般经过二级处理甚至是简单的物化预处理后即用于熄焦，致使有毒污染物由液相转化为气相，对环境造成二次污染。

蒸发塘——无法终结的梦魇？

2015 年 10 月，环境保护部西北督查中心、中国环境监测总站等对广汇进行现场督查，发现蒸发塘中仍存有大量未经处理的废水以及大量底泥，污染隐患未有效消除。

此外，还发现危废管理不当的问题。一是厂内危险废物临时贮存场堆存有 400 余吨生化污泥，属于危险废物，现场检查时，未采取分类包装措施，散乱堆放于贮存场内；二是该项目煤气水气化过程中分类出来的油和油渣属于危险废物，广汇将其作为副产品交由无危险废物经营资质的下游企业进行处置，违反了危废管理相关要求。广汇因此被要求立即整改。

另一个必须关注的问题是，尽管现役蒸发塘存在问题，但至少是一个做了防渗处理的污水库。如果企业继续生产下去，总有一天蒸发塘会满，何以为继？

答案简单粗暴，继续修新的蒸发塘。

淖毛湖镇的居民告诉笔者，曾见过广汇在镇子东边、接近胡杨林保护区的地方挖土方，铺设直径达 1 米的玻璃钢管道。顺着居民指的地方，笔者发现标示着排污管道的标识牌，并有连续的路桩，沿着胡杨林保护区的外围延伸。

沿着路桩向淖毛湖镇东北方向前行约 20 千米处，完全是戈壁荒滩，向北可遥望蒙古国界。在这里，广汇已经开始修建两个全新的蒸发塘，土方已经开挖完毕，正在做防渗工程。两个池子很大，工程数据显示，库区开挖土方为 164.7 万立方米。

前述自治区环境保护厅相关负责人对此表示，不知道这两个蒸发塘开挖，并称如果要做，必须得做环评。但笔者尚未发现其环评公开信息。

曾参与处理广汇地下水污染事件的一位自治区水利厅官员告诉笔者，新疆地广人稀，企业的策略就是，"把这块地污染，不用了，到别的地方再挖一个区域"。

"你到了伊吾应该知道，那里随便挖一个，他不给你说，你也不知道。但有的地方排的蒸发不了，已经接纳不了了。夏天很热，几十天就晒干了，然后一埋，再重新挖一个。"他说："那一个小区域的水质、土质、资源状况就被这样污染，没办法再改造了。新疆好在地方大。在内地就不行。"

被浪费的高油煤

以如此巨大的环境代价，淖毛湖却并没有如愿发展成一片"工业绿洲"。相反，除了一家独大的广汇目前仍在生产，其他厂区都因效益不好而关停，有的厂区门前的路还没修好，仍是荒滩模样。

2014 年是一道分水岭，由于产能过剩，石油化工产品成本大幅减少对煤化工产品市场冲击较大，煤化工市场持续低迷，价格大幅下降，甲醇售价每吨下滑 250～380 元，煤焦油售价每吨下滑 700～900 元，兰炭售价每吨下滑 60～85 元。

由于煤化工市场持续低迷，税收收入也大幅震荡。根据伊吾县地税局数据，2012 年、2013 年煤化工行业缴纳税收增幅较大，分别增加 0.4 亿元和 1.1 亿元，增长 144.29%和 146.67%。

然而，2014 年、2015 年上半年缴纳税收出现大幅度回落，分别减少 1.23 亿元和 0.17 亿元，下降 66.49%和 62.96%。

周学双告诉笔者，最令人痛心的是，淖毛湖的企业，是在将黄金炼成废铁，极为可惜。

所谓黄金，是指淖毛湖出产的罕见煤种——高油煤。目前在全国范围内，只有哈密的三塘湖盆地（淖毛湖所在地）和黑龙江省双鸭山地区产这种煤。

高油煤是低阶煤的一种，即炭化程度较低的煤种，含油率高。淖毛湖地区的高油煤成煤时间为侏罗纪，水分高、挥发分高、热值低、易风化和自燃，单位能量的运输成本高，不利于长距离输送和贮存。若用于直接燃烧，热效率低，且温室气体、污染物排放量大。

目前行业主流观点认为，对于高油煤，最好应当作为一种矿产，一种化工原料，对其物尽其用，特别是利用其富含油的特点，对其中的油巧妙加工利用。

业内通常根据含油率来划定：超过 12%为高油煤，7%～12%为富油煤，小于

7%为含油煤。

根据第三次全国煤炭资源潜力评价，新疆煤炭预测储量为 1.9 万亿吨，占全国超过 32%，位居第一。其中哈密的煤炭预测储量在新疆又居第一位。哈密预测煤炭资源量 5 708 亿吨，分别占全国和新疆预测总资源量的 12.5% 和 31.7%。

其中初步探明三塘湖煤田 1 000 米以浅煤炭资源量约 550 亿吨，淖毛湖煤田 1 000 米以浅煤炭资源量约 2 700 万吨，是哈密地区也是自治区确定的煤炭资源开发的重点矿区。

但新疆省内煤炭生产量，在 2014 年达到顶峰，是 1.5 亿吨，2015 年略有下滑，是 1.4 亿吨。从供需比来看，新疆煤炭供应量极为丰富，完全无须动用高油煤来发热发电。

周学双告诉笔者，高油煤是一种珍贵的资源，第一不应简单用于热源，第二目前尚无科学可行、清洁的利用技术，现实中已被低值化用于兰炭生产，并且造成严重环境污染。

对于高油煤的独特价值，新疆煤田地质勘察院有着同样认识，2015 年其与新疆煤炭科学研究院合作一项课题，研究三塘湖盆地高油煤的分布和储量。参与该课题的一位专家告诉笔者，发现高油煤储量巨大。他也认为，新疆的动力煤储量非常丰富，探明资源量将近 4 000 亿吨，因此对高油煤应当保护，做好分质利用。这份课题的结论是建议对高油煤开发利用。

但在当前阶段，怎么利用才是合理方式？特别是在中国石油资源短缺的情况下，高油煤里的"油"，最后去了哪里？

目前淖毛湖的企业主要生产焦油和兰炭，并对焦油进行粗犷加工，生产出石脑油、中油等低劣油品。

这是让周学双深觉可惜之处。他告诉笔者，普通的煤也可以用来生产焦油和兰炭，为什么要浪费宝贵的高油煤？此外，神华煤制油项目，制造出来的油可用于航天、航空领域，而淖毛湖的高油煤，却只是用来生产这些低端油品，就像把黄金练成了铁。

高油煤本可以通过更精深的工艺、更绵长的产业链来生产高附加值产品。但淖毛湖的企业受经济、水资源、技术等条件制约，煤化工产业层次仍较低，产业链较短，深加工、高附加值的高端产品少，产品结构单一。

以新疆奇琳能源发展有限公司 120 万吨/年褐煤提质项目为例。奇琳公司的发起人、主要股东是新疆美特镁业有限公司，其 2007 年开始在哈密花园乡重工业园区生产兰炭、焦油、金属镁等产品。

2012 年，哈密市环保局处罚花园乡重工业园区 4 家兰炭企业，因其存在污染，未按期完成限期治理任务，环境保护局要求企业必须按照已确定的治理方案实施治理工程，经验收合格并报请哈密市政府批准方可恢复生产；治理无望企业则依法予以关闭。其后，美特镁业停产关门。

美特镁业"化身"奇琳，进军淖毛湖。到底是为了"更清洁高效"地利用当地高油煤，还是出于污染转移的考虑？很难让人不做此想。

对高油煤进行低端、粗犷利用的后果，不仅浪费资源，也造成严重的环境污染。这对于淖毛湖这片沙漠绿洲来说，是具有毁灭性的。

缺水但还要努力发展煤化工，从这一点来看，淖毛湖是整个新疆的缩影。笔者从自治区水利厅了解到，国家向新疆下达的用水指标在 2015 年是 515 亿立方米，实际用水量是 617 亿立方米，超量 20%。

根据国家规划，2020 年、2030 年的全疆用水目标分别是 550 亿立方米、526 亿立方米。节水压力巨大，但同时还要发展工业。为此，新疆主要靠农业节水，来为工业用水腾空间。

一是缩减耕地，目前全疆耕地用量超出 2 000 万亩。接下来将在 2020 年压地 800 万亩，2030 年压地 700 万亩。二是农业节水，每年全疆各地要搞 300 万亩高标准节水，可以节水 3 亿～4 亿立方米。

目前全疆用水 97%用于农业，新疆提出目标 2020 年农业用水降到 90%以下，2030 年降至 85%以下。与此同时，工业用水会相应增长。目前全疆批准工业用水近 12 亿米³/年，到 2030 年将增至 30 亿立方米。

自治区水利厅相关官员告诉笔者，从 20 世纪 80 年代开始，北疆、东疆地下水就开始超采，二三十年来，水位严重下降。

前述参与三塘湖高油煤课题的专家告诉笔者，以水定煤，按理说东疆地区不适宜发展煤化工。

2016 年 2 月，笔者在淖毛湖煤矿区看到，广汇的白石湖煤矿和十三师淖毛湖煤矿仍在生产，附近的英格玛煤矿已因效益差而停产。工业园区也只有广汇一家厂房喷吐出巨大的白色烟团，映着蓝天和戈壁，极为醒目。

其他的厂房安静少人。这片绿洲，是不是应该感谢煤炭市场的凋敝，让自己枯竭的步伐慢了下来。

附：根据相关地质报告，淖毛湖矿区可分为英格库勒、白石湖等 5 个勘查区，合计煤炭储量约 40 亿吨，总体上属于高油煤-富油煤。

本区煤层焦油产率较高，其中 1 号煤层焦油产率（Tar_{ad}）为 8.7%～15.56%，平均为 12.29%，达富油-高油煤。2 号煤层焦油产率（Tar_{ad}）为 9.1%～13.9%，平均达 11.14%，2 号煤层为富油-高油煤（表 1）。

表 1　各煤层低温干馏试验结果

煤层编号	低温干馏/%				焦油产率级别
	Tar_{ad}	CR_{ad}	$Water_{ad}$	煤气+损失	
1	8.7～15.56 12.29（23）	56.36～69.3 59.4（23）	13.9～18.07 15.68（23）	7.23～14.7 12.62（23）	富油-高油煤
2	9.1～13.9 11.14（7）	58.2～66 60.11（7）	13.1～20.6 16.26（7）	9.2～15 12.49（7）	富油-高油煤

资料来源：中国煤炭科学技术研究院。

相关报道

内蒙古高铝煤的故事

大路工业园新规划了 3 个大规模的煤化工项目，都在审批阶段，都是用这种高铝煤作为原料，对煤中的铝并没有合理的再利用方式。

实际上，整个大路工业园区的产业结构严重同质化，煤电和煤化工项目的品种类别跟西北地区大量的煤化工工业园区没有本质的区别。

在紧邻大路工业园的呼和浩特托克托工业园，大唐的煤电项目在试图发展下游的铝产业，将煤灰中的铝提取出来循环利用。这个项目迄今为止没有成功与否的公开资料，成功与否待考证。如果这种利用技术成熟的话，或许就可以实现煤矿中铝资源的合理利用。

但是，在此之前，这一带的工业园已经在大规模的开采和利用高铝煤资源，做同质化的煤电和煤化工项目，导致其中的铝资源成为废渣中的污染物。

托克托工业园

在准噶尔煤田北边大约 50 千米，内蒙古呼和浩特市托克托县的黄河北岸，有一个托克托工业园。2000 年之后，这个工业园依托大唐托克托电厂逐步扩大，成为内蒙古自治区 20 个重点工业园之一。

东大圐圙村是紧邻托克托电厂的一个小村子，户籍村民有大约 200 人，但是有不少外来人口也住在这里。73 岁的村民杨存柱告诉笔者，他们祖祖辈辈就生活在这里，种植粮食，打井喝地下水。以前，这里的水质是很好的，甘甜清冽。"但是现在不行了，有时起糊糊，"村民王招成说："不仅水不行了，空气污染也很严重。每天早晨起来，地上、窗台上、车上、刚洗过的衣服上，就是一层煤灰。""不仅有黑色的煤灰，就是黑色的小颗粒，还有白亮白亮的小颗粒。"村主任杨三佳怀疑那些东西"有辐射"，他告诉笔者，电厂烧的煤里面含铝很多，于是 2013 年左右，在电厂南边，又建起了铝厂，用电厂烧出来的煤灰炼铝。而东大圐圙村就位于电厂和铝厂之间的位置。因为污染的原因，村民多次维权，2014 年，企业补偿过村民一次"污染费"，每人 400 元。

虽然，相比于铅、汞、镉等重金属以及煤灰中其他的一些有机物来说，铝对人的伤害并不是一个重量级，并不算是有毒有害和优先控制的污染物，但一方面，环境中的铝如果被人体过量吸收，也存在很大的损害隐患；另一方面，铝本身也是比较稀缺的资源，需要合理利用。

根据公开资料，1989 年，世界卫生组织正式提出，铝元素为人体不需要的微量元素，过多地摄入铝元素会对人体健康造成极大危害，并提出成年人每天允许铝摄入量为 4 毫克。

铝不是人体必需的微量元素，正常成年人体内共含铝 45～150 毫克，平均 100 毫克左右。通常，每天从一般饮食中摄入肠胃道的铝 10 毫克，吸收率约为 0.1%，绝大部分随粪便排出体外。进入体内的微量铝，正常人也有能力通过肾脏等排泄器官将铝排泄出去。但是，近年来研究发现，人肠壁的这种屏障作用并不十分完善，当人摄入过多的铝后，也会较多地进入组织。而且也难以迅速排泄出去，从而淤积在各器官内。

摄入过多的铝对大脑、骨骼、肝、脾、肾等都不利。其危害主要表现在 3 个方面。①人体内铝元素过量会造成体内钙质大量流失，形成骨质疏松；②人体内铝元素过量会对脑部神经造成巨大伤害，造成记忆力、智力下降；③铝元素过量会对消化道吸收磷发生抑制作用，还会抑制胃蛋白酶的活性，妨碍人体的消化吸收功能。因此，摄入过量的铝还会使人食欲不振和消化不良，影响肠道对磷、锶、锌、铁、钙等元素的吸收。

循环利用的尝试

准噶尔煤田盛产高铝煤，托克托电厂烧剩下的煤灰里面，铝的含量可高达 50% 左右。

大唐公司也试图将煤灰中的铝提取出来循环利用，因此才新建了村民所说的"铝厂"——内蒙古大唐国际再生资源开发有限公司。

内蒙古大唐国际再生资源开发有限公司主要是利用高铝粉煤灰碱石灰烧结法生产氧化铝、电解铝、碳素并联产活性硅酸钙等相关产品。一期、二期工程年产铝硅钛合金 12 万吨，副产品活性硅酸钙 15 万吨，中间产品氧化铝 20 万吨，液态铝（铝含量 99.7%）12 万吨。2007 年和 2008 年分别完成了一期、二期的环评手续之后开建，2013 年又上报了变更环评。

同时，当地的铝加工下游产业也迅速建了起来，不仅有大唐自己的 16.2 万吨铝硅合金项目，还有内蒙古东亚铝业 30 万吨铝水深加工项目、内蒙古广银铝业

50 万吨铝产品深加工项目、内蒙古光太铝业 10 万吨铝深加工项目。

一位冶金行业的专家告诉笔者，从这其中的数字对比可以分析出一些问题。

他说："我们国家生产铝的传统做法，是用铝土矿生产氧化铝，再用氧化铝生产电解铝，这么一个路径。使用拜耳法（碱法）比较多，现在内蒙古有些地方，它的煤里头含有铝土矿的成分，焚烧之后，粉煤灰里面就富集了氧化铝。但如果是用粉煤灰提取氧化铝呢，就比较特殊，用不了拜耳法，所以用酸法，就是用硫酸。这是工艺的核心难点，此前只有乌克兰有一条生产线，如果工艺流程能打通，经济环境的账能合算，那确实就能实现资源的循环利用。生产出氧化铝之后，再去做电解铝就简单了，一般 200 吨氧化铝能出 100 吨电解铝（铝水）。所以，如果说上游的氧化铝和下游的电解铝产品不是 2∶1 的质量比，如果上游只有 20 万吨氧化铝产量，但下游却有 100 万吨电解铝产能，就意味着需要大量购进氧化铝。所以，也就不排除是打着循环利用资源的旗号，大上目前产能已经过剩的电解铝项目。"

笔者在该工业园区看到，确实不断有卡车，一车一车地拉来山西中电投等公司生产的氧化铝产品。而业内人士向笔者透露，用粉煤灰提取氧化铝不仅工艺上并不成熟，环保问题也并没有很好地解决，投入产出的成本上也不能跟铝土矿制氧化铝相竞争，做试点项目可以，但目前并不具备产业化的条件。

事实上，在托克托粉煤灰制铝项目投产之后，大唐集团计划在南边的大路工业园继续上马的新的 50 万吨粉煤灰制氧化铝项目一直没有进展。

根据 2012 年 8 月大唐国际高铝煤炭研发中心主办的粉煤灰提取氧化铝工艺与设备技术交流会资料，原本的规划是这样：2004 年，大唐国际与清华同方开始开展利用高铝粉煤灰生产氧化铝联产活性硅酸钙的相关实验研究。经过 4 年多的科技攻关和产业化试验，大唐研制开发出具有自主知识产权的采用预脱硅—碱石灰烧结法的高铝粉煤灰提取氧化铝的核心工艺技术路线。2010 年，大唐建成全世界首例年产 20 万吨粉煤灰生产氧化铝示范性生产线，目前生产负荷达到设计产能的 80% 以上，实现连续稳定生产，主要技术经济指标接近或优于设计值。此示范项目创造了一条煤—电—灰—铝—水泥独特的循环经济产业链。2011 年 9 月，国家能源局正式批复大唐国际高铝煤炭研发中心为"国家能源高铝煤炭开发利用重点实验室"。重点实验室成立后，将研发总部设在准格尔旗工业园区，致力于鄂尔多斯盆地高铝煤炭资源的循环利用，开展粉煤灰提取氧化铝工艺优化以及年产 50 万吨氧化铝工艺包设计，依托大唐国际鄂尔多斯硅铝科技有限公司建成年产 50 万吨粉煤灰提取氧化铝生产线。预计"十二五"末大唐将实现年产 360 万吨氧化铝及铝合金深加工规模，副产 200 万吨可用于造纸填料的活性硅酸钙，可消纳 900 万吨粉煤灰，节约木材 450 万立方米，年可节约铝土矿资源 720 万吨。

土法冶炼乘虚而入

当地业内人士向笔者透露，因为"循环"和"高效"利用很大程度上都是理论旗号，技术上并没有实现经济可行。煤矿、煤电厂、铝厂产生的"下脚料"很多，于是当地有些人就低价买去用土法工艺搞冶炼，"再利用"这些资源。

2015 年年底，在托克托工业区一家铝材企业旁边的林地里，笔者看见，白色的雪地里人工堆起了一座环形的小山丘，有泥土、焦炭、煤灰、散煤还有木柴，等等。小山丘中间不断升腾起青灰色烟，挟裹着滚滚的粉尘。

笔者翻过小山丘进到其中心的位置，看见 3 名戴着护目镜但是并没有戴口罩的农民工正在往极简易的小炉子里加碎物料。炉子下面的鼓风机把火焰吹得喷薄欲出。一位农民工告诉笔者，这个炉子叫小炉，现在正在炼的是铁，两台炉子每天能炼出 15～16 吨来。铝厂的渣有的时候也能炼。

他说，这个摊子是当地私人老板的，他们是雇来的工人，一共有 6 个人，白天 3 个晚上 3 个倒班。

笔者问满脸尘土的民工，呼吸是否难受，为什么不戴口罩，他解释说，随时面对着熊熊火光的炉子，戴了口罩又会觉得太热了。不戴确实也挺难受。就在说话期间，笔者已经明显地感觉到牙齿摩擦时嘴里仿佛有很多粉尘颗粒物。

大唐国际再生资源公司的一位员工告诉笔者。大唐电厂的煤灰基本是大唐的铝厂自己在用，但是也外卖，80 元一吨。除了大唐公司自己外，其他企业用这些煤灰来做什么，该员工表示并不清楚。但另一位业内人士告诉笔者，土法冶炼是完全不用顾及高昂的环保成本的。因此不管工艺再低端，产品再低劣，也是会有盈利的空间，所以屡禁不绝。环保投入高昂、转化效率也不高的煤灰制铝不仅跟常规的铝土冶炼行业相比，没有成本上的竞争优势，一旦出现监管漏洞，就更是刺激了"下游"这类违法生产的土法冶炼厂应运而生。造成的资源浪费、环境污染以及人群健康损害究竟有多少，成了一笔难以算清楚的账，事实上也脱离了政府有关部门的监控范围。

"刹不住车"的大开发

2015 年年底，环境保护部印发《现代煤化工建设项目环境准入条件（试行）》的通知，其中明确提出："严格限制将加工工艺、污染防治技术或综合利用技术尚不成熟的高含铝、砷、氟、油及其他稀有元素的煤种作为原料煤和燃料煤。"

参与起草该文件的一位官员告诉笔者，我国铝土矿资源约 38.7 亿吨，近年来对外依存度超过 50%，而准格尔煤田是鄂尔多斯市境内的三大煤田之一，矿区高铝煤炭资源富集，煤中氧化铝含量为 10%～13%，潜在氧化铝资源量 30 亿吨以上。他说："现在我们没有成熟的技术和经济的手段可以利用这种铝资源，但不意味着将来也没有。当可开采利用的铝土资源枯竭到一定程度，这些现在看来比较'鸡肋'的铝矿可能就会成为重要的资源。但是如果现在我们就把它们当作煤来用了，铝资源变成一种副产物，污染问题难以妥善解决不说，也难见很好的利用效果。"

他认为，在中国，煤炭并不是稀缺资源，因此从合理规划利用的角度，也没有必要先去动用这样的"烫手山芋"。尽管有专家称，即便变成煤灰，这些资源也能填埋在当地，算不得浪费。但该官员认为，变成固体废物之后的资源，与原生态的埋藏状态依旧是不可相提并论，如赤泥，如何再利用是世界级的难题。

据统计，准格尔煤田已开采的高铝煤炭量为 1.17 亿吨/年，目前，约有 1 500 万吨氧化铝资源已经变成了"煤灰"，造成资源浪费的同时造成大量的污染。据了解，大路工业园区现有项目 12 个，用煤量约为 550 万吨/年，其中高铝煤约占 58%，产生的粉煤灰中氧化铝含量高达 40%～51%。

不仅如此，大路工业园还规划了更多使用高铝煤资源的项目，如建投通泰 40 亿米³/年煤制天然气项目，中国海洋石油总公司中国海油鄂尔多斯 40 亿米³/年煤制天然气项目以及北控京泰 40 亿米^3/年煤制气项目。这 3 个煤气项目于 2013 年 3 月被国家发展和改革委员会发文同意了开展前期工作，目前正在走环评程序。3 个项目原料煤和燃料煤共消耗量约 3 430 万吨，其中约 89%的煤炭为高铝煤。共产生灰渣量 1 040 万吨/年，其中综合利用量 78 万吨/年，用于制砖或水泥原料，剩余 962 万吨/年送渣场进行填埋。

除这 3 个项目外，中电投一期年产 80 万吨煤制烯烃、伊泰二期 200 万吨煤制油、渤海化工 80 亿米^3/年煤制天然气等其他重大煤化工项目也已经计划在大路工业园区落地。而根据 12 月底环境保护部发出的《现代煤化工建设项目环境准入条件（试行）》，这些项目都应该重新评估，严格限制。

动力煤变化工煤——山西潞安的故事

山西是传统的煤炭大省，几十年来，煤炭的开采和利用都是其经济发展的基石。因为山西丰富的煤炭储量，在相当长的一段时期内，山西的贡献也惠及了中国其他省份，不仅向各地供给了原煤，也向京津冀地区等输送了煤电。

山西从全省来看，不同的地区煤质各异，但长治潞安的煤，是很理想的动力煤，成熟度高，硫含量高，灰分高。从利用的角度来看，适合于发电而不适合于煤化工。但是，一个煤制油的大项目却选址在这里建设起来。并且冲破了种种资源配置上"先天缺陷"的阻碍，未批先建做成既成事实，并且在一步一步补齐手续。而这些"先天缺陷"已经决定，只要这个项目一投产，每生产一吨油，就意味着损失比一吨油更大的价值。

"二进宫"通过环评

由于煤化工环保问题屡屡曝出，2014 年下半年以来，环境保护部一直暂停批复煤化工新建项目。这种沉寂态度在 2016 年 3 月结束，受业界关注已久的山西潞安矿业有限责任公司高硫煤清洁利用油化电热一体化示范项目得到环境保护部的批复。

这个从 2013 年开始未批先建的大型项目，如今终于补齐了环评这"最后一张车票"。

从 2006 年山西潞安煤基合成油公司成立以来，已近 10 年。2012 年拿到发展和改革委员会"路条"，并且名列"十二五"《煤炭深加工示范项目规划》中的 15 个示范项目。之后又经历国际原油价格持续下跌、未批先建遭受罚款、环境保护部拒绝批复等"重重险关"，如今尘埃落定来之不易。

尽管万事俱备，但潞安煤制油项目的坎坷之路也许才刚开始。就连该项目技术设计方之一中科合成油，其总经理李永旺也直言不同意厂址的选择。他告诉笔者："潞安项目该建，但不该建在长治那个地方。"

在李永旺看来，选址错误的主要原因是煤质的不合适。将灰分很高的动力煤拿来做煤制油，不仅成本上不划算，技术上也并不理想。

而环保专家们认为其不该建，更多的是综合考虑当地地质水文条件、周边村落和文物古迹、区域环境容量、占用基本农田等因素，建在长治市襄垣县王桥镇郭庄村旁的这个项目，很有可能在未来成为当地重大的环境和安全隐患。

环境保护部在 2015 年 7 月否决该项目时，给出的否决理由包括：①项目位于辛安泉域重点保护区、王桥镇集中式水源地等地下水环境敏感区上游，且距离较近。厂内部分区域地下水防污能力差，存在污染地下水的风险隐患。②项目所在区域地表水、大气已无环境容量。③报告书对项目正常工况下废水不外排的可行性和可靠性论证不足，未对项目废水应急排放进行环境影响评价。④公众参与缺乏有效性，防护距离设置不符合相关规定等。

尽管经过反复修改的环评报告书，从"理论上"最终为上述问题补充了解决方案，勉强通过，但这并不等于解决了问题。

项目背景

潞安集团是山西省属七大煤炭企业集团之一，在世界 500 强中排名 430 位。2008 年 12 月潞安生产出全国第一桶煤基合成油，2009 年山西潞安煤基合成油示范项目建成投产，其中铁基 F-T 合成油品规模为 16 万吨/年，钴基 F-T 合成油品规模为 1 万吨/年。

2012 年 7 月，上述项目的"放大版"，即年产 100 万吨铁基 F-T 合成油、80 万吨钴基 F-T 合成油建设项目拿到发展和改革委员会"路条"，并于 2013 年 2 月末批先建铁基油品加工项目，目前总体建设进度约完成 90%。

一期建设 100 万吨/年铁基 F-T 油品，预投产日期为 2016 年 9 月；二期建设 80 万吨/年钴基费托蜡加工，预投产日期为 2018 年 6 月。目前二期工程尚处于可行性研究阶段。

2006 年 7 月 19 日，山西潞安煤基合成油有限公司正式成立，示范项目位于山西省长治市屯留县余吾镇，是由山西潞安矿业（集团）有限责任公司独家发起设立的有限责任公司。

2011 年 11 月 10 日，潞安集团百万吨级资源综合利用循环经济产业化项目总体设计开工会召开，这标志着该项目的总体设计工作正式启动。据介绍，该项目是潞安集团 540 万吨/年煤基合成油产业化项目的一期工程。

2011 年 12 月 12 日消息，山西省政府近日召开了煤基合成油多联产项目推进领导小组会议。会议议定，潞安集团百万吨级资源综合利用循环经济产业化项目将作为山西省转型综改试验区建设工业领域的首个重大标杆项目加快推进。

按照计划，该项目先期将在长治建设 180 万吨/年废弃下组煤及焦炉气、瓦斯气、尾气资源综合利用的高端化基地，而后在忻州建设 360 万吨/年的资源项目一体化基地。

"山西潞安矿业（集团）有限责任公司高硫煤清洁利用油化电热一体化示范项目"于 2012 年 7 月 17 日以发改办能源〔2012〕1988 号文件获准开展项目前期工作（以下简称"路条"）。"路条"的建设内容为：利用焦炉煤气和高硫煤生产多重高附加值产品。内容主要包括：煤气化和净化、费托合成和精制、焦炉煤气转化、焦油加工和粗苯精制、余热发电等系统。"路条"的建设规模为年产 180 万吨油品和化学品、108 兆瓦自备余热发电机组。

2012 年 11 月 16 日消息，潞安集团百万吨煤基油项目已获得国家发展和改革委员会核准立项，整体项目正在全面快速推进。

2013 年 6 月 25 日，由中化二建承建的潞安煤制油项目油品合成装置开工仪式举行。

2015 年 7 月，环评被环境保护部否决。

2016 年 3 月，环境保护部批复同意。

"全要素"成本分析

1．土地损失

长治市国土局一位官员告诉笔者，潞安项目迄今为止没有完成征地手续。实际上是属于违法占地，并且也补交了罚款。当初在占地建设的时候，国土部门曾经试图去叫停过，但是未能奏效。他说："最后国土部门也是'猪八戒照镜子，里外不是人'。老百姓骂，国土局你吃干饭的？你不管了？但是省里、市里对国土局也有意见，国家重点工程你不给我保障。"

他告诉笔者，这个项目占地 4 000 多亩，而且还有大量基本农田。从保护耕地"红线"，保障粮食安全的角度来说，这种行为是明令禁止的。但令他感到纠结的是，这又是"国家重大能源项目"，似乎不得不做出这样的牺牲。

在地方调查时，多位村民告诉笔者，这个项目从未走过合法的征地手续，补偿款迄今为止也没有到位。

2．社会损失

根据环评报告，郭庄和官道两村于 2014 年 3 月开始搬迁，2015 年 12 月底完成搬迁。

笔者 2016 年 1 月到官道村时，看到大多数房屋已经人去屋空，但仍有少数人家居住。村民米先珍告诉笔者，征地从 2011 年秋收后就开始了，如果全村都搬走的话，包括田地在内一共是 12 000 亩土地，其中至少 70% 是耕地。

由于对房屋测量面积、置换率有异议，米先珍和其他一些村民仍住在已经破败的荒村中，不愿意搬走。

村中关于强拆的故事也曾上演。村民张秋锁家的窑洞从顶部整个塌陷，一家四口人就住在窑洞外临时搭建的小平房中，而在院子外，荒草萋萋，草中央是一辆大型推土机。

张秋锁说，房子是在 2013 年 3 月的一天夜里，突然被推土机挖塌。当天晚上他和家人在县里住，但窑洞及各种家用就这样被毁了。派出所并没有妥善解决该问题，因此张秋锁至今住在窑洞外，不肯搬走，也不同意拆迁条件，还将推土机留在家门口，以示证据。

迄今为止，因为强行占地和拆迁引发的矛盾对立依然并未化解。紧张的官民关系一触即发。

3. 水资源损失

根据环评报告，该项目生产并不用地下水，项目生产用水水源为漳泽水库地表水，生活用水由襄垣县自来水厂供给。但笔者在现场看到，目前该项目的用水是厂内打井，已经打到约 800 米深。

当地水利局官员告诉笔者，该工程是重点工程，是国家战略项目，不是地方批的项目。现在建设，还没开始工业取水。目前打地下水的情况水利部门了解，是属于生活用水，施工工人要用，这个是允许的、批过的。打上来直接可以喝，水质特别好。

根据当地的含水层地质特征，厂址所在地的包气带防污性能弱，含水层易遭污染、地下水环境敏感，且污水量大、水质复杂。因此厂址所在地的地下水污染风险极大。

潞安项目被指位于辛安泉域重点保护区，存在地下水污染风险。但有潞安内部人辩称，该项目距离辛安泉域重点保护区最近距离还有 1.4 千米。而潞安煤制油项目位于长治市襄垣县王桥新型煤化工工业园区，工业园区的选址已通过规划环评。

在建设、生产运行和服务期满后的各个过程中，可能造成地下水水质污染。并且还有安全风险，有断层、溶洞等。在未批先建的过程中，施工方并未考虑这方面的问题。因此环评过程中被提了出来，在第一版的环评报告被"打回"之后，提出的"弥补"方式是采取往地下灌浆的方式来补救。

4. 超负荷的大气容量

现状监测中，当地污染物二氧化氮（NO_2）、氮氧化物（NO_x）、一氧化碳（CO）、苯并[a]芘占标率达到了 80% 以上，区域历史资料中二氧化氮、一氧化碳占标率也出现了较高的现象。

这说明，项目所在地二氧化氮、氮氧化物、一氧化碳、苯并[a]芘已出现了污染现象，大气中该污染物的浓度较高的原因与当地拥有较多采煤、焦化、电厂等企业污染有一定关系。

现状监测中特征污染物氯化氢（HCl）、硫化氢（H₂S）占标率达到了 80%以上，出现氯化氢污染的原因主要是当地一些含氯化物企业污染物的排放，硫化氢在夏季与冬季以及西北风、东北风及西南风气象条件下，监测均出现占标率高的现象。

项目所在区域的焦化项目均排放硫化氢污染物，硫化氢污染物不仅来自化工企业，区域内的污水处理厂也会产生。总悬浮颗粒物（TSP）冬夏两季、可吸入颗粒物（PM₁₀）调查期间、细颗粒物（PM₂.₅）冬季和 2013 年夏季监测均出现超标现象，粉尘超标主要是由于当地属于工业型县城，较多的采煤工业、电厂、焦化等企业会造成当地粉尘的污染，冬季超标比夏季严重，由于冬季村民、工厂等燃煤采暖造成粉尘污染，并且冬季的气象条件不利于大气污染物的扩散，冬季污染重于夏季污染。

曾参与潞安项目环评的一位工程师告诉笔者，这就意味着，在项目运行过程中，需要付出更大的减排成本，来保证地方的空气质量不超标。

2014 年 10 月，国家对煤炭资源税进行改革，将从量计征方式调整为从价计征，一定程度上有助于体现资源的稀缺性，减少了资源浪费。但这种计税方式仍未从环保角度统筹考虑，未体现稀缺煤种、特殊煤种的特点，建议结合环境税，进一步优化产业税收体系。例如，对于鄂尔多斯地区高含铝煤矿开发利用，应对铝资源增收资源税，同时对未妥善处置高含铝粉煤灰的企业加征环境税。将外部成本内部化，才可能衡量煤炭开采利用过程中的得失。

我国煤炭资源丰富，煤炭的开采完全没有必要"遍地开花"，在削减产能的过程中，为了避免地方无序发展，应强化国家布局的主导作用，尽快从区域环境敏感性和环境容量、资源种类、开发利用技术成熟程度等方面分类划定资源开发的红线。对资源开发与利用不合理、不可持续的区域和特殊煤种予以保护，禁止开采和利用，并列出负面清单，从而有利于行业的可持续发展。

永远留住江豚的微笑

范永萃

摘　要：洞庭湖，北纳长江分支松滋、太平、藕池、调弦四口，南接湘、资、沅、澧四水，总面积 2 625 平方千米。东洞庭湖湿地是国际重要湿地，湖南唯一的国家级自然保护区。作为洞庭湖的本底湖，其生物多样性保护较为完整，是长江中下游重要的水生生物资源基因库和淡水渔业生产基地，被国际社会誉为"长江中下游的生态明珠""拯救濒危物种的希望地"，是湖南乃至中国的一张"国际名片"，在国际国内的意义和价值无可替代。

可是，随着环境质量持续下降，被誉为"长江女神"的白鳍豚已功能性灭绝；洞庭湖江豚种群更加危急：种群数量呈急速下降趋势，死亡速率远高于其他区域和其他濒危野生动物！如不紧急加以保护，洞庭湖江豚将会成为长江流域最先灭绝的江豚种群。

关键词：江豚　濒危物种　岳阳市江豚保护协会　徐亚平

"如果江豚灭绝，我将负罪自沉于洞庭，与江豚共灭亡！"

"洞庭是自然之肾，做责任公民，先天下忧，后天下乐；物种乃人类之基，办良知协会，因江豚哭，为江豚争。"

"拯救江豚，人类只有 10 年。这是最后的战斗！"

　　　　——湖南日报社岳阳分社社长、岳阳市江豚保护协会会长　徐亚平认识徐亚平，因为《湖南日报》。但真正了解徐亚平，则缘于岳阳市江豚保护协会。夏秋之交，记者走进江豚保护协会，听"江豚爸爸"徐亚平和江豚"情人"们讲述永远留住江豚微笑的故事……

一组揪心的数字：

2006 年 9 月，230 头

2007 年 6 月，180 头

2009 年 1 月，145 头

2010 年 1 月，114 头

2012 年 3 月 15 日，85 头

这是洞庭湖江豚加速灭绝的速度。

按世界自然保护联盟（IUCN）濒危物种红皮书的标准，洞庭湖江豚已达"极危"级！中国科学院豚类专家王丁指出："不出 10 年，江豚将灭绝。"

洞庭湖，北纳长江分支松滋、太平、藕池、调弦四口，南接湘、资、沅、澧四水，总面积 2 625 平方千米。东洞庭湖湿地是国际重要湿地，湖南唯一的国家级自然保护区。作为洞庭湖的本底湖，其生物多样性保护较为完整，是长江中下游重要的水生生物资源基因库和淡水渔业生产基地，被国际社会誉为"长江中下游的生态明珠""拯救濒危物种的希望地"，是湖南乃至中国的一张"国际名片"，在国际国内的意义和价值无可替代。

可是，随着环境质量持续下降，被誉为"长江女神"的白鳍豚已功能性灭绝；洞庭湖江豚种群更加危急：种群数量呈急速下降趋势，死亡速率远高于其他区域和其他濒危野生动物！如不紧急加以保护，洞庭湖江豚将会成为长江流域最先灭绝的江豚种群。

江豚在呼救

谁危害了江豚？是人！是人类活动的高频干扰！江豚危机直接拉响长江洞庭湖生态警报，揭示了水、渔业资源、鸟类资源、水上社会管理等一系列危机。

（1）缺水、缺好水。水利工程导致长江、洞庭湖水位降低，江豚的生活空间

被不断压缩；20世纪80年代以来，随着工业生产、生活废水的肆意排放，长江水质受到污染，不断恶化，严重影响江豚的生活、发育和繁殖。以水乡华容为例——这个"水乡泽国"四季叫渴——"春天喝泥水，夏天喝'药水'，秋天喝苦水，冬天望天水"。

头枕长江，怀抱洞庭，藕池河、华容河穿县而过，"水乡泽国"不缺水啊！但华容缺生活用水。长江汛期的水只能作为农业用水，盈余的水是留不住的，留下的也不能用于居民生活用水。由于藕池河与华容河担负着配合长江泄洪的任务，又都是跨省河流，华容是不能擅自在上面拦河筑坝的，县内的水库、塘坝容量有限，难以留住更多的水。总之，汛期来了多少水，就走了多少水。

（2）非法捕捞肆无忌惮。电捕鱼、迷魂阵、矮围、拖网、滚钩、地笼王等毁灭性捕捞，导致渔业资源走向枯竭。20世纪80年代，洞庭湖鱼类有120多种；现在可以常见的只有10多种。脂胭鱼、面条鱼、银鱼等都几乎绝迹了。

"一把竹竿，几丈网布，鱼儿只要进来，悉数打尽。"这就是渔民谋生的迷魂阵、网围。这种早已被国家明令禁用的非法渔具，在洞庭湖屡见不鲜。位于洞庭湖最南端的横岭湖，由24个常年性湖泊和三大片季节性沙洲连缀而成，总面积64万亩，丰水季节与东洞庭湖、西洞庭湖连成一片。据调查，其中8万亩应实施全年禁捕的国家级水产种质资源保护区的核心区内，有30余处被人以各种方式私自蓄禁、私人筑坝等方式蓄禁27处，私禁湖场人员主要是周边的村民，靠山吃山，靠水吃水，非法牟利。

建网围、矮围并不只是渔民的个人行为，还有企业参与其中。在南县芦苇场，一条半是石块半是水泥铺成的道路长约1 000米，尽头是一条用挖土机掘出的30米宽河道。"这是一个上鱼的码头，河道最少有10千米长，是运鱼用的。"本地居民李老汉介绍，"鱼从二坝子网围中运出来，每天少的时候是几吨，多的时候十几吨，是益阳益华水产有限公司从网围中捕捞上来的！"

（3）无序采砂。某些人为一己之利疯狂掠夺自然资源。在岳阳县鹿角至城陵矶江段，挖砂船多达50多条，运砂船达800多条，在洞庭湖大桥附近水域停泊的运砂船更是成了"奇观"。昼夜采砂摧毁了湖滩、江岸，破坏了鱼类的产卵场，加速了鱼类灭绝，粉碎了江豚食物链。螺旋桨直接打死江豚；大动力、高分贝噪声折磨；大吨位的船舶航行、停泊占满水面，挤占了江豚、鱼类洄游的通道，阻止了水生生物种群的交流。

（4）洞庭湖管理体制不顺畅。洞庭湖区的区域区划简单地说是以洞庭湖为中心，包括岳阳、益阳、常德三市的大部分县（市、区、农场），都可以管洞庭湖，但条块分割，各自为政，却没一家管得好！

岳阳主辖东洞庭湖，占整个洞庭湖面积的 62.8%，水上生活工作人群超过20 000 人，其中仅渔民就有 18 800 多人，他们三代在水上居住、生活、劳动，是一个完整的社会。

2002 年起，国家实行"春季禁渔"政策，但渔民基本没有"禁渔"概念，制度形同虚设；东、西、南洞庭湖禁渔更是难有统一、规范的管理。2012 年起，岳阳县政府开展"东洞庭湖生态环境综合整治年"专项整治，才基本实现了春禁，打击非法捕捞工作也如火如荼。西、南洞庭湖却无动于衷，电捕鱼、迷魂阵、网围等依旧十分猖獗。2012 年 3 月 21 日正值春季禁渔期，光天化日下，西洞庭湖区的常德市沅水二桥水域，两条电船、3 条小船和 200 多只鸬鹚正在河里捕鱼。常德市渔政 3 名执法人员赶到，劝阻违法捕捞。非法捕捞者却对执法人员破口大骂。执法人员感慨：制止非法捕捞行为，仅靠渔政一家是远远不够的。

江豚的存在，是长江、洞庭湖健康的标志。

如果位于淡水生生物链顶端的江豚灭绝，这表明长江及洞庭湖生态系统遭受了重创。现在的长江、洞庭湖已不能支撑豚类的生存了！总有一天，洞庭湖、长江也不能支撑人类的生存。所以，保护江豚就是保护长江、保护洞庭湖的生物多样性，保护我们的母亲河、母亲湖。

拯救江豚，人类只有 10 年。这是最后的战斗！

"江豚爸爸"

时势造就英雄，江豚呼唤英雄：别再让我流泪，就此灭绝！

也许冥冥之中自有天意，江豚选中了徐亚平。

2011 年 8 月的一天，世界自然基金会（WWF）项目官员韦宝玉辗转找到徐亚平，说的是盛世危言："洞庭湖江豚以每年15%的速度减少，其死亡速率远高于其他区域；目前洞庭湖只剩100多头。"韦宝玉知道徐亚平一直在关注洞庭湖的生态环境，也非常喜爱江豚，希望他能做点什么。那晚，徐亚平喊儿子谈话："男子汉当爱国、爱环境、爱动物、爱'江猪'，明早4点起床，一起下湖，想办法抢救江豚。"

"江豚应该由中国人来保护！敢为人先的湖南人，应当勇担为人类做新贡献的重大使命；也能担当这个使命！"徐亚平向世人郑重发声。

为了快速掀起江豚保种高潮，2011年年末，徐亚平特邀湖南新闻、教育、文化、科学界等人士以及12位渔民，组建了民间首个江豚保护机构——岳阳市江豚保护协会；确立了"让江豚升格为国家一级保护动物，建立东洞庭湖江豚保护区，实施江豚迁地保护"3大攻坚目标；发表了"中国长江江豚保护宣言"；提出了"以豚为本、救豚于水火"的口号。

协会成立大会上，徐亚平立下誓言："如果江豚灭绝，我将负罪自沉于洞庭，与江豚共灭亡！"他到处寻找着志同道合的战友。近5年来，为了永远留住江豚的微笑，徐亚平和190多名会员、近万名外围志愿者，坚持战斗在声势浩大的洞庭湖江豚保卫战最前线。网友亲切地称他为"江豚爸爸"。

立体宣传战

首先，必须将江豚危情、长江生态危机告知于众，以期引起全社会广泛关注！协会成立之初，就打响了一场环保宣传立体战。

2012年1月8日，趁原岳阳市委书记黄兰香接见的契机，徐亚平告诉她："江豚很大气，不管人类怎么待它，它总是对人类报以微笑；当然，它也会哭也流泪；还会玩高科技：用声纳捕鱼。"她说："经你一说，我倒可怜它了！一定要保护好！"

岳阳市委常委扩大会议间隙，徐亚平把市委常委、秘书长樊进军"堵"在洗手间里，大谈江豚保护的急迫性，他感慨："亚平，你保护江豚一万年都是对的！"主管洞庭湖的岳阳县相关职能部门，更是协会团队的重点宣传阵地。2012年2月7日，徐亚平在岳阳县千人大会上发表了长达80分钟题为"江豚就是最好的GDP"

的发言。

步步为营，全面出击，不仅对官方宣传，还对民众宣传。

首先在中央、省、市媒体大肆宣传。目前已在《新华社》《人民日报》《央视》《中央人民广播电台》《光明日报》《中国日报》等，做了700余次宣传；负债在《湖南日报》《岳阳日报》等平面媒体和长江、洞庭湖大堤、岳阳市区发布了27个公益广告；在《湖南日报》开设"拯救江豚——亚平手记"专栏，发稿45篇；随时随地给当地党政干部介绍江豚和环境保护的重要性；每年发动县、市、省、国四级人大代表、政协委员上长江、洞庭湖保护议案、提案；每年组织10个"江豚保护"志愿者宣讲团进湖区、上街头宣讲近100场次；建立了"中国长江江豚保护网"（www.fpchina.net）；对青少年实施环保宣教，主办了江豚保护征文有奖竞赛、全国首个学生江豚版画展；举办了100余次江豚保护大型摄影图片展；经常与其他民间团体及环保组织联系，开展江豚保护、学术研究等文化交流活动；已主办6次生态晚会。这一系列宣传活动的开展，有力推动了江豚保护的进程。

"它们性情温和，爸爸是保安，妈妈是保姆，一家三口其乐融融，从不分离。"

2016年7月底，中国地质大学李倩等11名同学来协会开展社会实践活动，聆听"江豚爸爸"徐亚平介绍江豚保护的故事。每年寒暑假，全国有近50所大中院校学生选择前来洞庭湖，开展社会实践活动，积极参与江豚及生态保护志愿行动。这是协会立体宣传战的一项重要工作——环保宣讲。协会成立以来，给机关、学校、社区、渔村宣讲环保500余次。

"江豚这个古老物种，是长江活化石，值得人们尊重与珍惜。它们性情温和，忠诚团结；它们十分讲感情，成天笑呵呵，不知愁滋味，喜欢追踪渔民船尾的浪花。"年近半百的徐亚平话锋一转，"可是，江豚濒临灭绝。"他热情呼吁："保护江豚，关乎你我！让我们都成为长江、洞庭湖的守护者，让我们永远留住江豚的微笑！"

徐亚平半个小时的演讲，数次被掌声打断。志愿者边听边通过微信"直播"，网友纷纷为江豚保护志愿者点赞。

"爱江豚，护江豚，哥哥妹妹一条心；看江豚，问江豚，江豚恋歌满洞庭。"2013年9月25日，徐亚平创作、负债排练近4个月的渔歌音乐情景剧《江豚之恋》，打进湖南省"欢乐潇湘"大型群众文艺汇演决赛，并获二等奖。这是国内首部以保护水生生态、拯救长江江豚为主题的剧目。

"以艺术形式拯救'水中大熊猫'长江江豚，让全世界关注。"这是江豚保护协会的江豚保护立体宣传战的又一次成功尝试。

湖上激战

岳阳市江豚保护协会成立之初，水上巡逻队应运而生。徐亚平和13位志愿者立下"生死状"（死1个，苟活者集体抚恤其妻儿）。高频阻击非法捕鱼，守护江豚和渔业资源。无论白天黑夜，只要接到一线志愿者的举报，协会都要迅速出击。

除了常规巡逻，协会还会有夜晚的秘密行动，配合市县渔政制裁违法捕鱼的渔民。2013年年底，在一次密捕行动时，会长徐亚平率志愿者张脱冬与市县渔政工作人员卢益卫等深夜深入洞庭湖阻击非法电鱼，乘坐的冲锋艇遭遇了风浪，救援船只难以深入，手机信号时断时续。万幸的是，冲锋艇忙乱中撞上了挖砂船。那一整个晚上，他都蜷缩着在较为稳定的挖砂船上躲避风浪。第二天11点大家才再次上岸，这时距离前一晚下湖已经过去将近12个小时。

2013年2月10日，大年初一，天气严寒。江豚"过年"怎么样？基层渔民生活好不好？徐亚平始终牵挂着，一定要下湖看看。上午9时许，他走出家门，先坐船到了楼西湾江苏渔民家中拜年。11时许，他赶往扁山架，到福建籍渔民家调查，发现扁山架西侧有人用电非法捕鱼。他带领当地志愿者谢拥军、胡伏林等人跟踪，摄像录像。跟至趸船，发现两部电机是热的，船舱有近500千克大鲤鱼、草鱼。他一边通知岳阳市渔政站前来执法，一边上前劝阻。13时11分，他从甲船跳到乙船时，不慎左脚一滑，右脚踩空，整个人旋即摔倒；因腹部被船舷剧烈撞击，他当场昏迷。随后，徐亚平被送往岳阳市第一人民医院，医院紧急组织专家会诊，诊断结果是肠穿孔。经过近10个小时抢救，才转危为安。

伤情康复后，亲友悄悄地问徐亚平："这么辛苦，还干不干了？"

徐亚平眼睛一瞪："无论多苦多难，我一定把江豚保护事业干到底！"

每到洞庭湖开湖时期，湖上电捕鱼、海网等非法捕捞者便蠢蠢欲动了。2015年国庆期间，正是捕鱼期，但在岳阳县管辖的东洞庭湖上，一种俗称"绝户网"的违法捕捞方式日益猖獗，无论大鱼还是小虾，一旦碰上这种网，就只能坐以待毙。10月4日一早，徐亚平得到情报，当即周密部署行动。15时30分，协会第一梯队朝人迹罕至的华菱港务码头集结。7名队员把自己"藏"在狭小的船舱内，沿途搜集情报。19时10分，接到前方密报，徐亚平带领第二梯队摸黑朝目的地挺进。1个多小时后，第二梯队首先到达指定水域，发现情况迅疾打响遭遇战！5分钟后，第一梯队夹击而来，截获11名非法捕捞者、5条渔船和一张巨型"海网"，当即取证向渔政举报。

从2011年8月开始，徐亚平每天坚持工作15个小时，周密策划，科学分工，严格督战，"挂号销号"。徐典波、王相辉、徐沐辉、张脱冬、谢拥军等会员天天夜以继日义务加班加点，没有节假日，没有收入，却保证江豚栖息地经常性有人守护。

保护江豚自然得罪了某些既得利益者。有人责难，有人威胁恐吓，也有人下毒手，戳协会志愿者的车轮胎、贴上一个"杀"字；3位巡逻队员巡逻归来被人打伤。有人扬言要把巡逻队员砍成8块。

邪不胜正。在这场没有硝烟的战争中，徐亚平和他的战友们至今依旧挺立如故。

协会秘书长徐典波称，协会2012年巡湖163次；2013年巡湖170次；2014年开展打击非法捕捞专项行动182次（夜晚64次），检测水质30多次，举报破坏环境的行为近100次，共清除"迷魂阵"网片13 000余米；清缴挂钩10 000余米；拆除非法网围6 000余米；拿获电力捕鱼40多起。

目前，洞庭湖的打螺蛳等几乎绝迹，非法捕捞整治行动取得了历史性突破。

立体网络

"保护江豚是个系统工程，必须放眼全局，统筹兼顾，构筑一道坚固的保卫防御工事，打好保卫江豚持久战！"经过多年潜心研究，徐亚平在江豚与生态保护上，不仅充当"急先锋",也自学成才成了远近闻名的"土专家",他组建了协会科研发展部,研究江豚救护和迁地保护;实施建设江豚保护监测站、救护站和志愿者工作站。

协会成立之初就建立了渔民就业帮扶服务部,先后创办了两个渔民转产转业基地,解决了部分渔民上岸就业;还多次与海事等部门协商,在洞庭湖入长江口及湘江岳阳段部分水域,减少运输船舶停靠,减少挖砂船舶数量,尽快解决好江豚洄游通道;力推建立东洞庭湖管理局,科学管理东洞庭湖。

徐亚平还首次提出"打通长江"流域 NGO 联动、协作概念,设法在沿江 9 省 30 多个城市创建江豚保护机构。目前,已完成与上海,湖北鄂州,安徽合肥,浙江阿里巴巴,江西南昌、九江,江苏镇江、扬州的对接与合作;山东志愿者任增颖等正组织打响海水江豚保卫战,得到了辽、鲁、浙、闽、粤、港等地志愿者的呼应。

保护江豚就是要保护以江豚为代表的水生野生动物,保护洞庭湖、长江水生生态。协会不仅救江豚,也救其他物种。

2015 年 6 月 26 日,岳阳市南湖之滨,江豚保护协会志愿者余珊、汪帝成,以及来自北京、长沙的 30 多名"豚迷",放飞了 1 只 3 天前从农民葛某的"虎嘴"夺回并成功救护的夜鹭。徐亚平喜上眉梢地说:"今年协会救护放飞了 20 只鸟儿。5 年来已救护江豚、黑鹳、东方白鹳、中华鲟、天鹅、娃娃鱼、猴面鹰等珍稀野生动物 70 只。"

洞庭湖湖水上涨,导致麋鹿生存空间不断压缩,麋鹿四处逃逸。为了帮助麋鹿度过危险期,协会志愿者天天坚持在麋鹿栖息地。7 月 5 日上午,协会志愿者罗一平获悉:岳阳县与沅江市交界水域有两头麋鹿困在水中。正在诊所打点滴的他即刻向协会报告,并邀集当地志愿者赶赴现场,和同步到达的保护区干部将麋鹿引导至安全区。14 时才上岸,他接着打点滴。截至目前,协会参与救护麋鹿 6 头。

7 月 7 日,系会志愿者范钦贵、万朋举和东洞庭湖国际级自然保护区管理局、华容县渔政局干部巡逻洞庭湖。在老港芦苇场现场抓获 3 名打猎人,查获两只野鸡、1 只斑鸠、1 只豹猫。后又发现两名捕蛇者,查获 3 条蛇。皆一一举报了森林公安处置。

以豚为本，即是以人为本。今年7月10日，岳阳市华容县新华垸溃口，徐亚平第一时间带着协会徐沐辉等12名志愿者赶赴一线。他周密部署："徐亚波、范钦贵、万朋举、易昊宇到新华垸帮忙扛沙袋，堵溃口；余珊、张脱冬、徐州牧到受灾群众安置点安抚受灾群众情绪，带小朋友做彩泥江豚；付锦维、刘青林到安置点帮忙打扫卫生；张小章、徐典波拍摄、记录灾区和志愿者的感人故事。"志愿者在灾区连战3昼夜。

在岳阳当地，人们至今还记得2013年1月13日，协会的一次救鸟行动。此次行动被收入湖南省2013年《六五普法读本》。

5年多来，岳阳市江豚保护协会先后抢救江豚、黑鹳、东方白鹳、天鹅等"国宝"鸟类74只，这在全国民间协会中绝无仅有。

背后艰辛

一个民间志愿环保组织，要搞出这么大动静，打这么多"战争"，谈何容易！

要人，还好说，有来自全国志同道合的志愿者。江豚保护协会秘书处包括徐亚平在内的5个人24小时不打烊，其他人员随喊随到。

要运转资金、水上巡逻设备等，就没有那么乐观了。徐亚平说，这些年他觉得自己像一个乞丐，到处"讨米"。他说，为了江豚的微笑，只要能讨得到，一切都值得。

关键时刻，徐亚平的东家非常"铁"他。协会的办公场地、水电、办公设备，都是借《湖南日报》岳阳分社现成的。

协会每年的运转资金，徐亚平算了一笔账：每年日常巡逻船只、油费开销至少11万元；巡逻人员盒饭费用5万多元；接待各类团体、记者、单位考察，要几万元；年终评选60多名优秀志愿者，奖金近7万元；参加全国各种大小会议，农业部、林业局、中科院等重大会议活动的差旅费，每年需几万元；因此一年的正常运转开销至少30万元。

2012年以来，27个公益广告，都是采取跟媒体欠账、找多数广告单个欠小账的方式制作公益广告，目前，此方面负债 100 多万元。徐亚平说，用未来的钱来做现在的事，从而以最大速度普及全社会公众的江豚意识。

经费来源呢？首先是徐亚平自己的全年工资和奖金 8 万～9 万元。这让我非常吃惊，他口气平淡：这是我自己的选择，做公益就是志愿、奉献。

这哪能保证正常运转呀？

"不急，还有呢？"徐亚平一笔笔如数家珍：2012 年、2013 年争取北京阿拉善 SEE 协会 20 万元；2013 年 6 月在杭州找了阿里巴巴，那里解决了装备，1 条快艇、1 条冲锋舟，价值 30 多万元的船只；2013 年、2014 年阿里巴巴派了几批优秀员工参加活动，感同身受，志愿捐赠 7 万多元；"绿色推动者奖"奖金 5 万元；腾讯微爱项目支持 5 万元；自己的好友、粉丝为他的行为所感动，浙江桑杰捐赠 5 万元，广州美院捐赠 1 万元。这些，徐亚平一一记在心里。他说，这些都是对他徐亚平的信任，对保护江豚的支持。

为了这份信任和支持，徐亚平每天的工作时间是早上 8 时到翌日凌晨 2 时；他的字典里也没有"休息日"这几个字；早饭，在办公室吃，一包方便面，甚至是一碗过夜的稀饭；出去吃饭，红薯梗、红薯叶是他的最爱；一年到头，就是那么几件衣服和有江豚 LOGO 的协会 T 恤，了解他的人，都知道这是为了什么——省钱！

徐亚平想尽一切办法组织资金、社会力量、公共和政府资源关注、参与江豚和生态保护。湖南和全国所有关注江豚的媒体、机构、团队或家庭、个人来岳阳，他都茶饭接待，尽量满足考察要求，很多时候亲自陪同下湖，天天如此，不下几百次几千人。

他不断地向学校、机关、企业、社团宣传江豚，引导他们来保护。他搞江豚晚会，排"江豚之恋"的音乐剧，成功引导省长、市长等各级领导下湖考察，利用采访便利说服全国人大代表和央媒参与宣传保护。他接待弱势渔民，为他们呼吁，为他们叹息，带他们进领导办公室。

为给环保争取更大的话语权，徐亚平竞选上了市人大代表，这样就不用求别人递交提案，事实上他每年的涉"绿"议案都有很多件，优势在人大会上发言，领导提醒他点到为止，他都强势拒绝，他说，我为江豚代言，一年只有一次这样的机会，不解决问题当什么代表？！

可就是这样，还有人（都是曾干过非法勾当被徐亚平打击过的人）污蔑他，质疑他保护江豚的动机，甚至认为他当选代表是为了捞私利、沽名钓誉。对此，徐亚平只有苦笑。他实在没有时间去理睬、回击这些人。他说，若我去理睬、回击他们了，我就没有时间去干保护江豚的事情了。

行动，就是最好的回击！

成绩，就是最好的证明！

岳阳市江豚保护协会首次为全球参与长江江豚保护提供了新的机遇和平台，唤起了全球对江豚这个珍稀物种的关注并产生共识，为子孙后代挽留一个极"濒危"珍稀野生动物提供了可能，迟滞了江豚重蹈白鳍豚覆辙的趋势。协会被《人民日报》、新华社、央视、英国《卫报》《湖南日报》、湖南卫视、《三湘都市报》《潇湘晨报》及岳阳本地媒体报道 670 余次；央视纪录频道正跟踪，拍摄协会的纪录片《云与梦》。目前，央视已制作、播出《江豚护卫队》《天下洞庭》《微笑中的告别》《最后的水上人家》等纪录片；凤凰卫视、湖南卫视、北京卫视、东方卫视、江苏卫视、日本国家电视台等都已制作播放专题。

2012 年 3 月，农业部水生野生动植物保护处处长樊祥国一行亲赴岳阳考察协会，中国科学院豚类专家王丁教授充分肯定："岳阳市江豚保护协会做了大量工作，大大减缓了江豚灭绝的步伐。"世界自然基金会（瑞士）北京代表处原首席代表Peter 先生称赞："有如此多江豚保护志愿者加入，洞庭湖江豚保护前景乐观。"

2015 年值得记住的环保人物

陈吉宁

陈吉宁，男，汉族，1964 年 2 月出生，吉林梨树人，1984 年 4 月入党，1998 年 4 月参加工作，英国帝国理工学院环境系统分析专业博士研究生毕业，工学博士，教授。现任中华人民共和国环境保护部党组书记、部长。

环境专业是陈吉宁最早为自己打下的学科基础。1981 年 9 月，陈吉宁进入清华大学土木与环境工程系学习，1986 年 7 月毕业并获得学士学位。之后是出国留学，博士、博士后，1998 年回清华大学任教，1999 年开始担任清华大学环境科学与工程系主任。

在教学之余，陈吉宁也参与了国家重大环境科研项目的研究。他是国家环境咨询委员会委员、环境保护部科学技术委员会副主任、中国环境科学学会副理事长。

2001 年和 2004 年，他先后主持过国家环保总局辽河流域"十五"环境规划和"全国面源污染控制政策框架与行动方案"项目；2000—2005 年，他主持和参与了科技部"滇池流域面源污染控制技术研究"和"污水回用技术、政策和规划研究"等重大研究工作。

环境保护部一位官员对记者说，前些年滇池水污染控制、松花江水污染事件、圆明园环保风暴、汶川地震救灾等重大事故灾难中，都有陈吉宁的身影。

2015 年 2 月 27 日，十二届全国人大常委会第十三次会议经表决通过，决定任命陈吉宁为环境保护部部长。

上任伊始，陈吉宁首先面对的是大气污染、水污染和土壤污染"三大危机"最为严峻的时刻。

"雾霾确实是我们现在面临的一个突出环境问题。"刚刚上任的陈吉宁对记者说，他做清华大学校长的时候，每天早晨起来的第一件事情是想学生的事情；到了环境保护部每天起来第一件事情是看天。如果天蓝，不敢懈怠；如果是雾霾天，就会感到不安，要加倍地努力。

担任环境保护部部长的第三天，陈吉宁在环境保护部二楼多功能厅与跑口记者见面。"中央对环保工作新的要求和当前严峻的环境形势，迫切需要我们集中各方面的智慧，拿出一个好的设计图和施工图。"

作为一个环保官员和专家，陈吉宁多次对记者表示，"中国资源环境约束日益趋紧，环境承载能力达到或接近上限，环境质量已经成为全面建成小康社会的短板和瓶颈制约。对比发达国家的发展历程，中国在相同发展阶段的环境问题更加复杂多样，呈现明显的结构型、复合型、压缩型特点"。他认为，中国正面临着一个人类历史上前所未有的发展和环境之间的矛盾。

但他同时表示，"解决中国环境问题，不能操之过急，也不能期望过快"，环境问题"是在一个发展阶段出现的问题，我们处在城镇化和工业化的特殊发展阶段，只要发展，这个问题就会出现"。

与以往环境保护部空泛地强调"环保新道路"不同，陈吉宁上任后，最强调的一点就是要"以改善环境质量为核心"。

"质量改善是坚持以人为本、增进人民福祉的重要体现，是生态环境保护的根本目标，也是评判一切工作的最终标尺。"他说。

多年来，环境保护部门实行的是总量减排，按照可统计、可监测、可考核的"三可"原则，基于国家设定的化学需氧量、二氧化硫、氨氮、氮氧化物 4 种污染物减排比例，主要由重点行业的污染源实行工程减排和淘汰落后产能等来完成。

但这种总量控制的办法，涵盖的污染物种类、污染源范围及削减的力度均不足以支撑环境质量的全面改善。对质量改善具有明显影响的量大面广流动源和面源涉及的较少，流动源和面源排放量的增加抵消了重点行业的排放量下降成果。

"这也是为什么大家感觉总量年年下降，而环境质量改善却不明显的原因。"

陈吉宁说。

2015 年，被称为"史上最严"的新《环境保护法》开始实施。这一法律明确在我国实行最严格的环境保护制度。这是继最严格的耕地保护制度、最严格的水资源保护制度之后，中央提出的第三个最严格的制度。这成为陈吉宁上任后"得心应手"的利器。

"一个好的法律不能成为'纸老虎'，我们要让它成为一个有钢牙利齿的'利器'，关键在于执行和落实。"陈吉宁说。

潘 岳

中央社会主义学院官网消息，2016 年 3 月 4 日，中央统战部常务副部长张裔炯、副部长林智敏到中央社会主义学院宣布中央决定，潘岳同志任中央社会主义学院党组书记、第一副院长（正部长级）。

潘岳在环境保护部（原国家环境保护总局）历时 13 年，20 世纪 80 年代还曾参与过中国环境报的组建，任中国环境报记者组组长。

环境保护部官网上潘岳的简历显示：潘岳，男，1960 年 4 月出生，汉族，江苏南京人，历史学博士，副研究员。

1976—1982 年，在解放军第三十八集团军、铁道兵第十三师服役。1982—1986 年，任经济日报资料员、中国环境报记者组组长。1986—1988 年，任国家空中交通管制局研究室副主任兼机关团委书记。1988 年 2—12 月，任北京房山区委外联处处长兼外经委副主任。1988 年 12 月—1989 年 12 月，任中国技术监督报社副总编辑。1989 年 12 月—1993 年 2 月，任中国青年报副总编辑。1993 年 2 月—1994 年 5 月，任团中央中国青少年研究中心主任。1994 年 5 月—1998 年 7 月，任国家国有资产管理局副局长。1998 年 7 月—2000 年 1 月，任国家质量技术监督局副局长、党组成员。2000 年 1 月—2003 年 3 月，任国务院经济体制改革办公室副主任、党组成员。2003 年 3 月任国家环境保护总局副局长、党组成员。2008 年 3 月任中华人民共和国环境保护部副部长、党组成员。2015 年 7 月任环境保护部党组副书记。

在环保界，潘岳享有较高威望。曾发动多次"环保风暴"，无论是"环评风暴""圆明园事件"，还是"绿色 GDP""环保公众参与"，每一次"潘旋风"的号角一吹响，各大媒体都会喊杀声震天。潘岳曾入选"改革 30 年十大环保人物"。

潘岳早年当过兵，做过记者，25 岁入仕，34 岁升为副部级高官。投身官场，却经常赋诗作词，外界评价潘岳是"兼有学者、文人和理论家气质的'异类官员'"，有《潘岳诗文选》和电视作品《托起草原》《西风胡杨》《蜀南竹海行》等。

潘岳曾为自己的《潘岳诗文选》写过一首诗："凡神必需山。山上有林，神秘氛围所必需。没有山，人们垒山，有了山，人们造庙。有了庙，人们去愚众以及被众所愚。不体味此点，就难以征服眼前的林山；不体味此点，就难以超越心中的林山。心中的林山，值得毕生攀越。天下不懈攀越者皆不凡。"

在这首诗中，潘岳巧妙地以谐音的形式将自己的名字"嵌入"其中，以自勉。

"我的感情也许太丰富，想哭、想笑、想歌的时候特别多，适于一种更具想象力与文学性的方式来表达。"说到自己的诗集，潘岳称："有人会因此窥测我性格的缺陷，但更多的人会因此熟悉我、了解我、喜欢我，因为大多数人都欣赏艺术，都热爱真诚，都向往一种崇高的心灵之美。惟有心灵，才使人高贵。"

"写诗如同做人。"潘岳说，要有个灵魂，要有个精神，而为了弘扬它，更应当具备一股子真真切切、坚韧不拔、无私无畏、无怨无悔的勇气与意志。

2014 年清明时节，潘岳在江苏泰州兴化看油菜花有感，写下"非名非贵油菜花，此花代代生农家。莫将花种分贵贱，万头攒动来看她。几枝半垅不足道，千顷连天成碧涯。同根凛凛黄金阵，携手巍巍大中华。笑看车流绕我过，闲与人海共船家。当年板桥多少画，左寻右找不曾夸"。

中央社会主义学院是中国共产党创办并领导的统一战线性质的高等政治学院，是民主党派和无党派人士的联合党校，是党和国家干部教育培训体系的重要组成部分，在党外代表人士教育培训工作中发挥着主渠道、主阵地的重要作用。

中央社会主义学院官网显示，现任院长是全国人大常委会副委员长、民进中央主席严隽琪。

1976 年 1 月 1 日出生于山西临汾，记者、主持人。

1992 年，到长沙铁道学院（现中南大学）读书。1995 年，电台主持《夜色温柔》节目，1998 年，到中国传媒大学学习电视编辑，并在湖南广播电视台主持《新青年》节目。2001 年 11 月起担任中央电视台《东方时空》主持人。2003 年担任《新闻调查》记者，出现在"非典"的第一线、矿难的真相调查，揭露一个个欲盖弥彰的谎言。2011 年起担任《看见》主持人。2013 年出版讲述央视 10 年历程的自传性作品《看见》，销量超过 100 万册，成为年度最畅销书籍。2014 年从央视离职，2015 年年初推出空气污染深度调查《穹顶之下》。

《穹顶之下》是由柴静制作的雾霾调查纪录片，于 2015 年 2 月 28 日播出。其制作费用全部来自于柴静 2013 年 1 月出版的自传性作品《看见》一书的版税。该片通过现场调研、查阅文献和拜访专家的方式，形象化地对雾霾的构成与危害做了解读，而且通过柴静的作品来告诉观众该为治理雾霾去做些什么。

2015 年 2 月 28 日，《穹顶之下》在各大视频网站一经播出，就引起了不少国内外网民的关注。它的热度已超过了很多热门电视剧，在微信、微博等社交网络上更是引发了"刷屏"效应。

在环境污染这个中国人休戚与共的问题上，《穹顶之下》引起了不少人的共鸣，"不要等问题出来后再去挽回。我们生活在同一片天空下，雾霾已经成为每个人必须应对并亟须解决的问题。远离雾霾，呼吸同一片纯净天空"。同时，片中"说实话我不是多怕死，我是不想这么活"等言论也成为网络热点。

柴静的原同事崔永元表示了悲观的看法。崔永元在接受采访时表示，《穹顶之下》是一个好的科普教材，但它唯一的作用就是启蒙，对于国家雾霾治理可以忽略不计。崔永元认为，雾霾问题最主要的是解决难，调查记者不是影视明星，柴静不是在别人的掌声鲜花下生活着，她的荣誉感来自她对自己职业的尊重。做新闻的就好像做检查一样，只负责探求真相，是不应该开处方的。至于说该淘汰什么产业、政府部门应该做什么，做纪录片的不应该去涉及这些。

柴静的《穹顶之下》动员了社交媒体上的各种力量，让数千万乃至上亿人认识到雾霾的危害，知道自己可以采取的应对措施，这是很有必要的事情。但针对《穹顶之下》的评论，也有不同的声音，大家从不同的角度解读，有人认为柴静的数据有问题；有人认为柴静的调查不够专业；有人认为不是两桶油的错；有人认为柴静从煽情入手是其惯用伎俩；更有人开始挖掘柴静的隐私；甚至有人认为柴静是美国的间谍。

常纪文

男，汉族，1971 年 4 月生，湖北监利人，1995 年 7 月参加工作，教授，新中国第一位环境资源法学博士后。现任国务院发展研究中心资源与环境政策研究所副所长。

2016 年 7 月 8 日，"2014—2015 绿色中国年度人物"评选结果揭晓，10 位候选人当选。因为在环境保护"党政同责"理论等领域的卓越研究贡献，常纪文荣获"2014—2015 绿色中国年度人物"中唯一的学术创新奖。

常纪文认为，在当前经济和社会转型的时代，生态文明体制改革方案的设计需要基础理论的强大支撑，生态文明体制改革措施的落地需要立足于中国的现实。解决中国的环境问题，借鉴和参考域外做法很必要，但最终还得依靠中国智慧和中国方法。

2013 年，常纪文副所长在对安全生产"党政同责"理论开展深入研究的同时，首创了环境保护"党政同责"理论，于 2014—2015 年度发表了系列研究成果，广泛宣讲，并在国务院发展研究中心承担的生态文明体制改革第三方评估工作中提交此建议，被中共中央、国务院《党政领导干部生态环境损害责任追究办法（试行）》等中央文件采纳。

环境保护"党政同责"的理论和实践，通过党内法规和国家立法的衔接，发挥了地方各级党委在环境保护方面的决定性作用，是符合中国国情的社会主义环境法治方法，以之为基础的环境保护行政约谈、中央与地方环境保护督察、党政领导干部责任追究等系列措施和方法。

目前，环境保护"党政同责"已经成为一个简洁明了并被广为流传的环境保护政策和法律术语。社会各界普遍认为，环境保护"党政同责"制度是符合中国国情的富有效果的环境保护制度，是解决目前中国环境问题的一剂良方。

常纪文 2010 年被评为首都首届十大杰出青年法学家，2011 年当选首都十大感动社区人物。2014 年 1 月，被国务院发展研究中心引进，担任国务院发展研究中心资源与环境政策研究所副所长，同时兼任中国社会科学院法学研究所教授、湖南大学法学院博士生导师，中国环境科学学会环境法专业委员会、绿色金融专业委员会和环境损害评估专业委员会的副主任委员，国务院安委会咨询专家、国家安监总局理论专家、环境保护部环境影响评价委员会专家和最高人民法院环境资源审判咨询专家。

常纪文曾参与《环境保护法》《大气污染防治法》《水污染防治法》《野生动物保护法》修改等立法工作 30 余项，并在《大气污染防治法》《野生动物保护法》修订方面做出了重要的学术贡献；曾参加圆明园水质改善工程、松花江水污染事故处理等重大环保活动的法学专家咨询活动；2007 年参加《中国的法治建设》白皮书的起草工作。

张力军

男，汉族，1952 年 7 月 20 日出生，吉林桦甸市人。理学硕士，经济师，1976 年 9 月加入中国共产党。曾任环境保护部副部长、党组成员。

2015 年 7 月 30 日，据中央纪委监察部网站消息，环境保护部原副部长、党组成员张力军涉嫌严重违纪违法，接受组织调查。据了解，张力军退休两年后，因举报被查。

2015 年 12 月 31 日，经中共中央批准，中共中央纪委对环境保护部原党组成员、副部长张力军严重违纪问题进行了立案审查。

经查，张力军严重违反组织纪律，利用职务上的便利在干部选拔任用等方面为他人牟取利益并收受财物，在职工录用中为亲属牟取利益；严重违反廉洁纪律，在企业经营等方面为他人牟取利益并收受财物，收受礼金，为亲属经营活动牟取利益；严重违反中央"八项规定"精神，接受公款宴请。其中，利用职务上的便利为他人牟取利益，收受财物问题涉嫌犯罪。

张力军身为党的高级领导干部，理想信念丧失，严重违反党的纪律，且党的十八大后仍不收敛、不收手，性质恶劣、情节严重。依据《中国共产党纪律处分条例》等有关规定，经中央纪委常委会议审议并报中共中央批准，决定给予张力军开除党籍、开除公职处分；收缴其违纪所得；将其涉嫌犯罪问题及所涉款物移送司法机关依法处理。

2016 年 5 月，环境保护部原副部长张力军涉嫌受贿一案，由最高人民检察院侦查终结后，移送北京市人民检察院第二分院审查起诉。北京市人民检察院第二分院起诉书指控：被告人张力军利用其担任中华人民共和国环境保护部计划财务司司长、规划与财务司司长、污染控制司司长、副部长等职务上的便利，为他人牟取利益，非法收受他人巨额财物，依法应当以受贿罪追究其刑事责任。

2016 年 6 月 27 日上午，张力军在北京市二中院受审，检方指控其利用职务便利，为北京华龙环境工程公司、江苏省环境保护厅原副厅长姚某等 9 个单位和个人在产品经销、项目审批、职务升迁、子女就业等方面提供帮助，非法收受上述单位负责人和个人给予的财物折合人民币 243 万元。

2015"江河十年行"

汪永晨

概 要："江河十年行"是以记者的视角关注中国西南的 6 条大江：岷江、大渡河、雅砻江、金沙江、澜沧江、怒江在发展与保护中的变化。同时关注与记录的还包括住在这 6 条大江边的 10 户人家。2015 年，是绿家园发起的"江河十年行"的第十年。

　　"江河十年行"希望通过信息公开和公众参与，影响中国江河保护与发展的公共决策。

关键词：水电开发　横断山　大江污染　大江断流　大江敬畏人类

1. 年轻的横断山你了解吗？

"江河十年行"选择西南 6 条大江，是因为它们都来自横断山脉。

横断山脉，是世界年轻山系之一。而从这年轻的山脉走来的 6 条大江，今天又都是中国水电开发的能源基地。那里的地质、生态、民族文化和沿江原住民的生活变化，我们希望用 10 年的时间记录下来，算是以记者的视角写一段中国江河断代史吧。

2015 年 12 月 7 日，"江河十年行"开始了第 10 年的行走江河。这次的行走与记录，最强的是专家云集。10 年来，和我们一起走西南 6 条大江大河的水利水电专家刘树坤，地质专家杨勇、范晓，水利史专家徐海亮，政策研究专家刘素都在我们的队伍中。所以，在最后一年"江河十年行"的大巴课堂上，记者们听得真过瘾。

横断山脉，是中国最长、最宽和最典型的南北向山系，是唯一兼有太平洋和印度洋水系的地区。位于青藏高原东南部，通常为四川、云南两省西部和西藏自治区东部南北向山脉的总称。

因"横断"东西间交通，故名。其范围界限有"广义"和"狭义"之说。按"广义"说，即东起邛崃山，西抵伯舒拉岭，北界位于昌都、甘孜至马尔康一线，南界抵达中缅边境的山区。山川南北纵贯，东西并列，自东而西有：邛崃山、大渡河、大雪山、雅砻江、沙鲁里山、金沙江、芒康山（宁静山）、澜沧江、怒山、怒江和高黎贡山等。构成了两山夹一川，两川夹一山的险峻地形。山岭高度自北向南逐渐降低，北部山岭海拔 5 000 米左右，南部降至 4 000 米左右。

杨勇，自"江河十年行"的第三年 2008 年就加入每一年的江河行走中。他为自己发起的民间环保组织起名叫横断山研究会。至今这个组织全职的成员只有他一个人。而在每年"江河十年行"的大巴课堂上，他都会给记者们讲他最新考察的、深切关注的横断山。杨勇认为，我们中国人对横断山的了解太不够了。杨勇认为，横断山太伟大，又太险峻了。

横断山脉位于中国地势第二级阶梯与第一级阶梯交界处，是中国第一、第二阶梯的分界线。为中国四川、云南两省西部和西藏自治区东部一系列南北向平行山脉的总称，为中国纬度最南的现代冰川分布区。

横断山岭褶皱紧密，断层成束。怒江、澜沧江、金沙江、雅砻江、大渡河、岷江河等许多大河都沿深大断裂发育。各条断裂带在第四纪都有活动。怒江以西的腾冲地区，有第四纪火山群。龙陵、潞西一带，曾发生过强烈地震！21 世纪已经有的是：2008 年四川汶川 8 级地震和 2013 年四川雅安 7 级地震。

20 世纪中叶以后，国际国内水电开发的规模和影响不断扩大。大坝越建越高，水库越来越大。随之而来的是，水库土地淹没地和移民都越来越多。水电开发对环境的影响，也越来越引起人们的关注。

这个时期，哥伦比亚的安芝加亚水库和中国的三门峡水库，都发生了严重的泥沙淤积。前者，经 12 年将水库淤满，后者经多次治理，耗费大量人力、物力、财力。

此外，影响大的还有埃及阿斯旺水坝，建成后附近土地渐趋贫瘠，出现沙漠化趋势。巴西则因环境问题，已将原拟在亚马孙河上建设的 25 座水坝全部搁置起来。

在中国，有着完全不同的现实。10 年来，"江河十年行"关注的 6 条大江上的水能资源被利用的现状是这样的。

怒江流域示意图

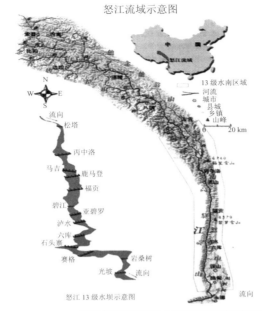

怒江13级水坝示意图

13级水南区域
河流
城市
县城
乡镇
山峰

0　　20 km

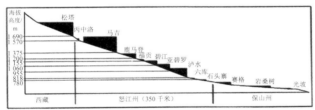

西藏　　　怒江州（350千米）　　　保山州

规划中的怒江十三级电站

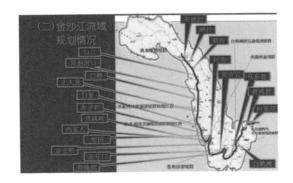

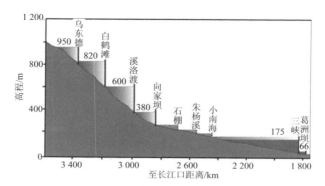

金沙江下游段和长江上游干流梯级水电站剖面图

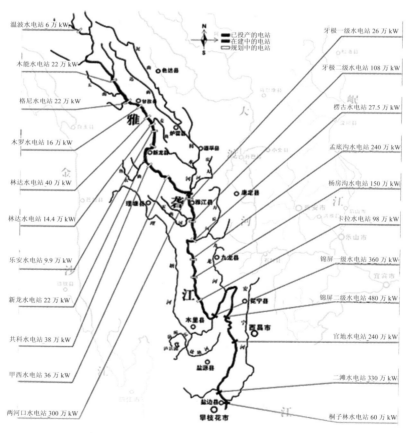

雅砻江上的电站

可能的梯级电站平面图
大渡河干流水电规划调整初拟

至贾曲、黄河

下尔呷
巴拉
达维
卜寺沩口
热足
石广东
木足
孔玉
长河坝
黄金坪
冷竹关
泸定
深溪沟
枕头坝
沙坪
龚嘴
铜街子

太阳河口
新扎
独松
马奈
丹巴(上)
丹巴(下)
季家河坝
猴子岩
硬梁包引水式
硬梁包坝式
大岗山
龙头石
老鹰岩

瀑布沟 330

大渡河干流水电梯级开发方案图
Cascade Development Planning on the Trunk Branch of Dadu River

岷江

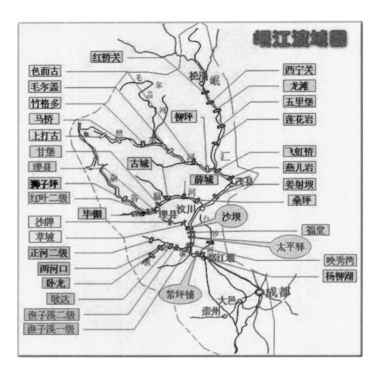

岷江电站分布

2007 年"江河十年行"时，中国水利水电科学研究院研究员刘树坤说：按照"大水利"理论，江河同时具有资源、环境和生态价值，通过流域的综合治理和管理，使得三种功能同时得到发挥，提高流域的安全度、舒适度和富裕度，支持流域社会的可持续发展才是正确之路。只顾水能资源开发，牺牲环境和生态利益的开发并不可取。

国际上水利的发展主要分 5 个阶段：第一是防洪为主；第二是供水为主；第三是水质保护；第四是水边景观保护与发展；第五是以生态修复为主。从国际上看，20 世纪这 5 个阶段都先后完成了。

刘树坤说，中国虽然慢一点，但人们已经开始把注意力放在环境保护上了。有些地方还进入到河流景观的建设。生态修复，可以说也看到了苗头。未来社会经济发展，人们对生态、对景观呼声会更高。

不过，从我们中国水利水电集团目前的工作状况看，刚刚走完了第二个阶段。这是水利水电专家刘树坤对中国水利发展现状的评价。

2015 年 12 月 7 日，第 10 年"江河十年行"一到成都就直奔都江堰。因为同行的水利史专家徐海亮告诉我们，世界文化遗产都江堰又有了新情况。《中国经营报》对此做了大篇幅报道。而且，当地一位政界人士有话要对"江河十年行"的记者们说。我们见到他时，他很激动。

我问这位人士，当年为叫停在都江堰鱼嘴边的杨柳湖大坝，都江堰世界遗产办的两位领导曾带着我们在江边看，到北京找"两会"代表，两个月的时间叫停了杨

2006 年紫坪铺前地质学家的担忧

柳湖水库的修建。今天他们对新情况是怎么看的呢？他马上打电话叫来了当年的两位领导。他们一位已经退休了，一位也调到其他部门。虽然很快两位都来了，却一个不想说什么，一个只是笑。我对那位只笑的现任官员说，10 年前"江河十年行"采访时，你不是这样，那时像个小伙子，这 10 年你沧桑了，为什么这么老了？

他说：因为工作太多，压力太大。

他说：让我说可以，不准上新闻，不准上电视。"江河十年行"这么快已经经历了 10 年，祝这个栏目越办越好，为保护中国的大好河山做出自己的努力。

我说：太官方了。2006 年我们第一年来，你觉得我们能坚持 10 年吗？

他说：没想到，真的没有想到你们的毅力，关注、关心我们祖国的江河、祖国的血脉。

2008 年大坝上的裂缝

2008 年地震后的紫坪铺

为什么人一做官，就把人做成这样了，就不会正常说话了。最后一年"江河十年行"和第一年的采访对象见面后，让我心里有了这么个想法。

下面这些话，当年这位如今只会说官话的人，第一年采访他时是一口气讲给我们听的。今天的《中国经营报》上也用上了这样的描写：岷江水奔涌而下，经巧夺天工的都江堰"鱼嘴"分流为内江与外江，持续千年孕育着"天府之国"，从而使都江堰这一古灌溉工程成为世人叹服的人文景观，并于2000年被联合国教科文组织列入世界文化遗产名录。要是毁了太可惜了。

都江堰市从1998年开始世遗申报工作，原市委秘书长邓崇祝是申报办主任。他是当年拉着我们一起反对在岷江上修杨柳湖水库的两位官员中的一位。2015年他在接受《中国经营报》记者采访时回忆：最初都江堰的申报目标是都江堰、青城山能成为"世界自然与文化遗产"，即所谓"双遗产"。2000年12月，在澳大利亚凯恩斯召开世遗大会，对各申报项目进行表决，邓崇祝参加了这个会。"当时英国和希腊的代表提出很多意见，提到紫坪铺水库，那时它还没有开建。面向全世界招标，这些外国代表的消息很灵通，他们已经知道了情况。就是因为紫坪铺水库问题，'双遗产'没能通过，都江堰、青城山只是列入了世界文化遗产。"

2003年夏天，我就是因都江堰世界遗产办公室的两位领导，拉着我们记者帮助他们反对在世界文化遗产地建杨柳湖水电站，而认识的当时四川省地矿局地质勘探大队总工程师范晓的。从那时起，范晓就一直在提醒着人们，在龙门山地震断裂带上修建紫坪铺大坝太危险了。2006年、2007年"江河十年行"在都江堰采访范晓时，他都在深深地忧虑着。

范晓说：紫坪埔电站的修建，让都江堰最精华的宝瓶口的四六分水和飞沙堰几乎都不再起作用了。这一润泽了天府之国两千多年的水利工程，硬是毁在了我们这一代人手中，我们以何颜面对祖先？

作为地质学家，让范晓更担心的其实还是库区周边的地质状况。那时他说：这几年虽然暂还没有大的地质灾难，但由于水坝修建后公路的改建影响了地质地貌，小的滑坡和泥石流都是有所增加的。

2006年、2007年，展现在"江河十年行"眼前的紫坪埔水库，是一幅高峡出平湖的画面。为防止两边的大山滑坡，这些破碎裸露的边坡被用大钉子"钉上"了。

2006年紫坪埔水库边的大山

那时范晓还告诉我们：1991—2000年，从水电规划开发资料中可以看到，岷江干流规划了18级水电梯级开发，大小支流梯级开发数量达到100级以上。

时间到了2008年，在6月号《中国国家地理》范晓撰文："水库诱发地震有7个共同特征，'5·12'地震与其中多数特征吻合。"水库诱发地震，这是国际公认的。但是人们普遍认为水库只能诱发6级左右的地震，而不会有汶川地震这么大的震级。但国际上没有哪一个国家把这么大的大水库建在地震断裂带上，还建了那么多。

2008年10月，"江河十年行"的第3年，站在地震后的紫坪铺大坝前，范晓痛心疾首。他说：水坝对地质是有破坏作用的。山坡开挖导致边坡失稳、地基变形，从而加剧和诱发了崩塌、滑坡、泥石流乃至地震；库岸浪蚀、库水浸泡及水库水位频繁变动，导致地质灾害体失稳与复活；大坝以上的泥沙淤积，使河床抬高，引发洪灾；坝下侵蚀作用加强，造成河床加深，下游河岸受侵蚀；下游沉积物减少，导致河口三角洲和海岸线的退缩。

近年来，美国《科学》已经三次采访，刊登对范晓的采访及他写的文章。

2013年范晓在紫坪铺前接受采访

如果说，2004年，中国媒体与民间环保组织仅用了两个月的时间，叫停了杨柳湖水坝，使之成为中国民间环保影响决策的一个重要案例，但在2015年，这个水库改名换姓又建起来了。

在《中国经营报》的报道中，有关这个电站的建成竟然还是这样的：就在岷江的西岸，距离"鱼嘴"二三百米的距离，自2012年起，悄悄建成一个院落，保安人员日夜值守，每逢工作日，都有车辆与人员进进出出。院落的大门紧邻且面朝着岷江，没有挂任何单位名号，尽管如此，附近的村民也都知道，并称它"圣兴电站"。

"圣兴电站"所处位置，据当地"世遗"专家介绍，是处于都江堰"世遗"核心区内。

除此之外，在《中国经营报》上还有这样一段："'圣兴电站'其实就是四川省都江堰管理局（以下简称都管局）把我们村的这个小电站进行了一系列的扩容包装搞起来的，这样它可以规避很多手续。"李明告诉本报记者。

10月23日晚，本报记者打通都管局局长刘道国手机，就"圣兴电站"一事进行采访，他仅说了一句"没有我们的事，我不晓得"即挂断电话，之后再拨打，一直不接听。

本报记者曾分别于 10 月 6 日、10 月 7 日、10 月 13 日三次实地探访"圣兴电站",沿通往岷江岸边的水坝往里走,到堤坝最里端,就可见到"圣兴电站"了。电站紧邻着岷江,300 米外就是"鱼嘴"。

66 岁的原都江堰市委秘书长邓崇祝现在仍是四川省世界遗产管理办公室的专家组成员。邓崇祝告诉《中国经营报》记者:都江堰世遗的核心区是自白沙河口以下,包括由鱼嘴、飞沙堰、宝瓶口三大主体工程构成的渠首枢纽,"而'圣兴电站'那个位置,绝对是核心区。""在世遗范围修建东西,一定要上报,各级遗产办都应该知道这个事,一直要上报到联合国世遗机构进行备案,因为列为世遗,它就不只是一个地方的财富了,而是全人类的共同财富。"而身为资深世遗专家,并一直在都江堰市生活与工作,邓崇祝对都管局修建圣兴电站一事毫不知情。

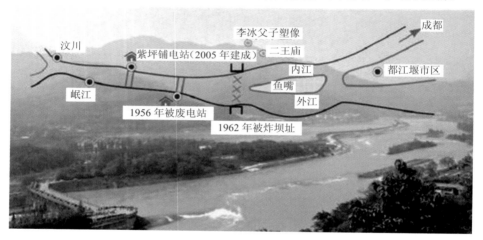

"圣兴电站"位置示意图（相关汇报文件中又称之为"紫坪铺都江水电站"）

四川省世界遗产管理办公室副主任张虎对于"圣兴电站"一事也不知情。10 月 21 日上午,他在接受本报记者采访时表示:"距离鱼嘴 300 米,至少是在遗产地范围。它建这个项目,风景区与遗产地的手续都必须走。"

在都江村民看来,"圣兴电站"来历蹊跷。"这是个非法电站,一没有正式批文,二没有土地审批手续,三还到处找人入伙。"

在"入伙"者中，村民们听说，除都管局、都江堰市国投公司以及"刘老板"等人外，"好像还有香港老板"。

而作为圣兴公司第一大股东的都江堰宝瓶投资有限公司，是都管局的下属公司，办公地址就在都管局办公大楼内。据工商资料显示，该公司是由都江堰水利产业集团有限责任公司、周体训、何琳玲、张劲松、蓝青等几个股东共同出资，于2006年成立，注册资本金1 000万元，五股东分别出资400万元、250万元、100万元、150万元、100万元。本报记者了解到，周体训、何琳玲、张劲松、蓝青四人皆为都管局中层干部。

看到《中国经营报》上的这段报道，我心生另一想法：这些地方上的中层干部可真有钱，一出手就能上百万元。

在都江堰的水利史上，有过这样一个故事，1962年5月的一天，邓小平到了四川，那天晚上开会的重点就是要研究紫坪铺电站问题。不知道之前邓小平是否已经获知电站情况，反正是邓小平在听了汇报后，就直截了当地说：这个工程不能再干，必须下马。

那天，邓小平还对当时的四川省委第一书记李井泉、省长李大章说，都江堰兴于"二李"（指李冰父子），可不要败于"二李"（指李井泉、李大章）！

最后决定：恢复鱼嘴的分水功能。

邓小平在天之灵，如果知道今天都江堰边上发生了那么大的地震，有科学家认为就是因为紫坪铺大坝的诱发，又会说什么呢？

2015年12月7日，在紫坪铺大坝水库边，水利水电专家刘树坤对记者们说：近年来经过研究人们发现，李冰父子建都江堰，是利用在自然的河湾，形成螺旋流，带着石头、沙子一起转，沙子的惯性大，进入宝瓶口之前沙子越过飞沙堰依惯性飞出去了，而水可以往前走，进入宝瓶口。飞沙堰由此得名。这一螺旋流，国外一直没有发现，到了近代咱们新疆大学的教授搞清楚了螺旋流可以分沙。这些研究成果得到了国家奖。可人家李冰父子两千多年前修建都江堰时，已经掌握了螺旋流的规律。不然也不会飞沙。

今天，外国的水利专家对李冰父子2 200多年前建的都江堰佩服得五体投地。可是，我们国人自己却一而再、再而三地在毁着它。10年了，每当"江河十年行"站在江边，看着紫坪铺大坝和岷江，都在想，我们今天的记录，后人又将如何评说。

2015 年　岷江上的新水坝

2015 年　大山上的大钉子

"江河十年行"用 10 年的时间对江河的记录中，还包括 10 户人家。

10 年来，这 10 户人家可以让我们有一个纵向的比较。即 10 年里，这些住在大江边的人家的生活有什么变化。也可有一横向的比较，那就是这 10 户人家中，因修了水坝被移民后的生活，和因为反对建坝而没有被移民的人家的生活状况的比较。

2011 年、2014 年　在陈明家

"江河十年行"2006 年在岷江紫坪铺大坝边选中的紫坪铺电站移民陈明，在我们跟踪的 10 户人家中，算得上是一位精明的农民。我们第一次到他家时，他家在新盖的房子里办起了小餐馆，生意虽然不好，但他们一家人还是对新生活充满了希望。

2007 年我们再到他家时，不光他家，一个村子的人家多是大门紧闭。用街上唯一一户开着门的人家的男人的话说：都开买卖，谁买呀。

2008 年"5·12"地震，陈明家的房子倒是没有塌，只是裂了。没想到就是这个地震受到重创的移民村被开发商看上了，认为可以开办地震旅游。开发商的算盘是，一大片地中只拿出一小块来盖房子，其他的地就全归他们开发做旅游了。

地震后没多久，开发商就把全村连房子带地都征了，免费帮他们盖了新楼房。陈明不愿意住楼房，主要是住进了楼房，靠什么生活呢？于是怎么弄来弄去的，村里的书记没用开发商盖房子，自己盖了楼房后，把原来的老房子和陈明换了。老房子是一排平房，陈明住进去后，用其中的两间开了个小超市、一间开了麻将桌。这两年"江河十年行"去他家，用陈明的话说，不算红火，但够一家人用了。

2014年"江河十年行"时，负责采访移民的军旅作家金辉对陈明家的记录是这样的：

近一年，家里多了一个孙女。陈明每天到都江堰做环卫，早晨4点去，上午9点多回家，每月900多元。

家中开小卖店，每月毛利3 000元，门前的地震纪念馆还在修，游人少。

儿子、女婿在外打工，开挖机，每月挣4 000多元。

儿子每月给陈明一二百元，做烟酒钱，每月还交钱给他妈。

女儿在门前旅游点摆摊，卖小吃。

因为有旅游的来了，厕所收费，一次一元钱，一年能有200～300元钱的收入。

陈明自己还有每月50元的水库移民补贴，其他收入就没有了。

总的来看，和移民以前的生活差不多。这儿没有地，村里人都是出去打工。

这里实行阶梯电价，每月60度，一度5角。超过100度，一度8角多，陈家用电在村里算多的，一个月200多度。

2014年陈明告诉我们做环卫和小卖部，家里的花销基本也够了。有时到水库打鱼，自己吃。

问有什么发愁的事，陈明说没有。以前也问过，也是这样回答。

不过，陈明在和我们聊时说了这事儿：村里有移民还在向上反映征地款标准低的问题。占地时本以为游客会来，可这个地震博物馆没有人来。把我们的地都占了，想要拿我们的地修别墅，可是他们没弄起来。这很简单，因为新鲜头过了，谁老来看地震？这是痛苦的回忆。地一直空在那儿，农民却没地可种了。

2014年陈明说他没有参加上访。因为在他看来，如果能够补发，也会有我的；如果不行，还是这样过日子。

2014 年　修了好几年的地震博物馆还没有对外开放

2014 年　紫坪铺大坝拦住了岷江

2015 年 12 月 7 日，"江河十年行"到陈明家时他告诉我们，现在每天扫马路，收垃圾又加了 400 元。每月 1 600 元了。我们说以前不是 900 元吗？他说是 1 200 元。做这样的记录，农民对钱数的记忆常常让我们有些糊涂。

陈明他们这个村虽然地震前就是紫坪铺水库移民了，但还有地种苞谷，种的粮食除了自己吃还能卖。现在所有的地都没有了，村民们主要是靠子女外出打工挣来钱然后再买粮吃。

2015 年　"江河十年行"在陈明家前

我们问陈明，原来你说靠小卖部的收入，靠扫马路就可以维持生活了，现在呢？陈明说：现在不行了。原来小卖部能卖五六千元，现在差不多就两三千元。

陈明的儿子、女婿现在还都在开车，一年挣个一两万块钱，维持生活。

陈明告诉我们，家里刚刚花 4 000 块钱买了几分地，是村里移民走了的地。我们问他做什么？他说喝茶，办个小茶馆。小卖部生意不好，还敢开茶馆？陈明两口子对视了一下，脸上的笑容很难看出是什么意思。

我问陈明：原来村民的关系很紧张，现在还是很紧张吗？他说：都不说话。

清华大学社会学博士唐伟问陈明：现在村里有事开会商量吗？

陈明：村长从来没有开过会。我们这儿村的书记或者领导他们有钱，他们又在下面修寺庙。

唐伟：自己花钱修？

陈明：自己花钱修。

唐伟：这个书记谁选的？上面派的？以前不是说50块钱一张票？

陈明：要拉票。

唐伟：现在一张票大概多少钱？

陈明：不知道。

唐伟：没有拉过你的票吗？

陈明：我是任何人不选。我也不反对你，我也不拥护你。

唐伟：那现在一张票大概多少钱？

陈明：不知道。现在你选了，会给你5块钱。

唐伟：5块钱。被选的人给你5块钱？

陈明：政府给。

唐伟：政府干嘛要给钱？

陈明：说我们国家都是那样选的。

唐伟：是县政府还是乡政府？

陈明：乡政府。选完就发了。

唐伟：是活动经费？

陈明：就是鼓励你，要不然没人选。

这位妇女地震前是陈明的邻居，开了小商店。地震时，他的儿子成了这个村地震中失去生命的3个人中的一位。这几年去陈明家，我们也会去看看她。儿子没了，媳

2014年　孩子们都长大了

妇走了，孙女还小，家里就靠她老伴出去打工挣钱维持生活。去年我们看到她老伴时，老人身体不太好，年纪大了，工地上也不愿意用他，可他却一天也不敢休息地干着苦力活，为的是补贴家用。

2014 年我们去他家时，老人又出去打工了。2015 年在陈明家采访时，陈明的媳

2009 年　肖洪

妇告诉我们：他的男人打工时摔到山涧里，没有抢救过来，死了。丈夫去世后，女人去女儿家住了。

这家人的生活还在继续，"江河十年行"第一年到这个小移民村时，我们认识的这位妇女。第 10 年来，她的儿子、她的老伴都不在世了。

紫坪铺大坝边的这个水电移民村，为什么开发商想占就占，经营不下去了就撂在那儿。而土地的主人，却只能听凭命运、家园被别人安排。

我们，只能记录吗？

"5·12"地震后，我们认识了映秀地震爆发点的肖洪一家。虽然他们家不是"江河十年行"要用 10 年跟踪记录的人家，但肖洪同龄的小伙伴地震时都在映秀小学上课，楼塌了，小伙伴们叫着"救命"，叫着"妈妈"，一个也没能救出来。肖洪是因为正在操场上体育课，成了全村唯一幸存的小学生。

这个孩子的经历和他们家所在的地震爆发点，吸引着我们。

地震后肖洪再坐进教室，精力总是无法集中。2013 年"江河十年行"我们得知，正在上初中的肖洪离开了学校，和爸爸妈妈一起在野外养蜂。

2014 年我们再见到肖洪时，他已经是个大小伙子了。开始在学木工雕刻手艺。他说自己很喜欢这个工作。虽然还在学徒，上个月也能挣到 2 600 元了。

2009 年　在肖洪家帐篷里的采访

2010 年　"江河十年行"向肖洪捐书，晓平送我们她学着绣的羌绣

　　肖洪的母亲唐晓平是一位十分豁达的农村妇女，她从不抱怨生活中的艰辛。尽管地震让她家 20 多间刚刚装修好的，成都人会来度周末的房子全部震塌；尽管地震后，新家旁边的铝厂让她家 40 多箱蜂都死于污染。但她还是认为，只要能吃苦，生活就能过好。

　　晓平的丈夫家祖传养蜂。可是 2014 年我们去，他们还是放弃了这一家人都喜欢的活儿，到一个工厂打工去了。晓平说，一是家门口的铝厂还在污染，人能忍，蜂不能忍。再有就是他们的蜂蜜是盖了盖的。什么是盖了盖的呢？就是蜂自己认为把一个蜂巢装满了，封了口的蜜，就是盖了盖的蜜。现在采蜂人一般不管这一套，而丈夫家祖传的技术不能马虎。这样，他家的蜜自然卖得要贵些，贵就不好卖。我们去时，蜂是不养了，可家里还有400多斤蜜没有卖出去。

2014 年　肖洪长大了

2015 年"江河十年行"到肖洪家时，他还在外面打工。去年在外面打工的晓平和她丈夫如今住在晓平的娘家，做蜂箱。他们觉得干来干去，还是这个祖传的手艺应该传下去，这是他们向往的生活，而且也有不少人要买他们做的蜂箱。

这次，肖洪没有和爸爸妈妈一起创业。那天晚上，我们通过肖洪爸爸的手机和他有了一段视频对话。

我们问肖洪为什么不回家和爸妈一起创业？他说要在外面多学点东西再回来经营自己家的企业，那样经验多些。他说自己现在最想的就是加班，因为加班就有钱挣，家里现在需要钱，他要帮忙。16岁的肖洪认为，现在不是玩的时候，是要帮助家里过坎的时候。

2010 年"江河十年行"时就认识肖洪的香港水政策研究所研究员刘素，在写2015 年 12 月 7 日"江河十年行"集体日记中有这样一段：

晚上 7 点，到达唐晓平家。当年的忧郁儿童如今长成了有责任感、有担当的阳光少年，正在外地学木工。而少年的妈妈晓平历经磨难，仍然眼睛清亮、对生活兴致盎然。

在晓平家吃晚餐，农家饭菜亦很丰盛。当地特产花椒麻鸭到极致、口舌无感。家制腊肠美味鲜香，但最暖心可口的当属那一大锅柴火灶烧出来的热气腾腾的豆角焖土豆。

2015 年　"江河十年行"让肖洪看送给他的毛衣

2015 年　晓平家的晚餐（刘素摄）

晓平家暖。映秀镇牛圈沟震中幸存的这户村民，几经磨难，如今弃震源新村投奔都江堰附近的娘家，从头来过。

儿子肖洪，事发两年后我见到他时，似乎所有的废墟仍压在他身上，沉默而疏离、窒息而无望。他好像对任何事情都无兴致，11 岁的儿童，眼神麻木而淡漠，像饱经沧桑的老人。我把身上剩下的港元零钱给他，讲香港，讲外面的世界。只有讲到迪士尼时，他眼睛里面有一闪而过的一线好奇，我记住了那道光，也记住了这个人。

今天再问他关于迪士尼，视频通话中少年爽朗的笑："那是小孩子的玩意，现在这么大了谁还去！"我很欣慰：这个少年成长出来了，阳光了。那个巨大的阴影，似乎远去了。少年肖洪说想家，想牛圈沟那个家，无论它变成什么模样，始终是家。他现在最大的梦想，就是学好手艺，有能力多帮补家里。

视频里少年肖洪爽快地讲，视频外晓平看着儿子满足地笑，围在旁边的我们，在寒夜中被从里到外地温暖着。

视频对话中，肖洪想他的老家时说的那几句话，让在座的人都很感慨。我说那里的铝厂污染很严重。肖洪说：污染严重也没有办法，那是我的老家，也得回去。我现在都快半年多没有回过老家了，那是生我的地方。

有记者问肖洪：你有没有打算什么时候到北京去？

肖洪：大问题解决了再说。

记者：你有什么大问题？

肖洪：现在我们家只有那么大的厂房，我想扩展。

记者：是为了家里厂房扩展。要扩到多大？

肖洪：起码可以供五六十个人工作。

记者：然后你来当老板是吗？

肖洪：我爸来当。

2015 年结束了"江河十年行"的第一天，刘素这样总结了这一天：

投宿路上，总结开始，每个人说一段今日感受。我的感想 3 个字：晕、冷、暖。

都江堰晕。下车伊始，信息杂乱；各式人等，官样微笑，眼角眉梢，总有些表情稍纵即逝，耐人寻味；各种

2015 年　晓平和她丈夫在做蜂箱

周旋，令人晕眩。

紫坪铺冷。天气冷，有几分凄风苦雨；街道冷，烂尾的地震博物馆和无人使用而衰败的渔人码头与村民冷眼相对，突兀地各不相干。

家暖。视频里少年肖洪爽快地讲，视频外晓平看着儿子满足的笑，围在旁边的我们，感受寒夜中的温暖。

晕过、冻过、暖过，这一天结局很美好。

2015 年　"江河十年行"住的映秀农家乐

已经是深夜了，睡不了几个小时，我们就要走进米亚罗，那可是四川著名的观赏红叶的风景区。遗憾的是，那里岷江支流杂古脑河上，修了一个个大坝。不知"江河十年行"第 10 年，我们看到的米亚罗风景区会是什么样子？

2. 高速路建在了峡谷里的河上

2015 年 12 月 8 日"江河十年行"从映秀出发，今天我们要经过汶川地震重灾区的璇口中学，要走进四川米亚罗 4A 级风景区。

2008 年"江河十年行"走进米亚罗，站在杂古脑河边，看着秋风中的红叶，同行人都用了这一形容：心醉了。可是 2009 年我们再进米亚罗时，那里的几座电站都在施工中。破碎的山河让同行人用了另一种心情来描述：心碎了。2015 年的米亚罗又会是什么样子呢？

手机操作飞机

小飞机拍的汶川地震中倒塌的教学楼

小飞机拍的时钟停在这一刻

　　这几张照片，在"江河十年行"中得以突破。同行的记者陈杰用小飞机第一次航拍了地震遗址。这一新手段，让我们的记录有了新视角，也让我们的江河记录有了更多的内容和更直观的画面。

　　负责写今天"江河十年行"集体日记的刘素写了这样几句：遗址上，倒塌的教室里长出了茂密的草，像绿色的手臂，挥舞在生命的废墟上。地底下的孩子们，你们还好吗？

　　经都汶高速到汶川，地震纪念钟楼的时针仍指着 2 点 28 分。河对面高楼拔地而起，欧式花园、西式洋房、美式建筑……鳞次栉比。山体仍然破碎，河道愈趋狭窄，河岸大量硬化，生活继续向前。

　　地震造成的苦难远去了吗？河道内、河岸边、滑坡体旁的重建屋里的人们，从此可以安居乐业吗？

2010 年　正在恢复的电站　　　　　　2010 年　小心滑坡

　　让我牵挂的米亚罗，在成都人的心里那就是自家的后花园。在百度百科上对那里的描写是这样的：藏语米亚罗，译为"好玩的坝子"。位于四川省西北部，四川省阿坝藏族羌族自治州理县境内岷江上游杂谷脑河河谷地带，邛崃山脉北段，美丽的鹧鸪山南麓，背靠雪山，面对盆地，正处在成都—九寨沟—黄龙旅游线的中间，距成都市 263 千米。景区以前曾经比北京香山红叶风景区大 180 余倍，是中国发现并开放的面积最大的红叶风景区之一。

　　风景区中居住着藏族和羌族人民，其淳朴的民族习俗及风情、古老的石寨古堡，还有羌族的羊皮褂、藏族的珊瑚腰带、藏羌极具特色的餐饮及民族建筑、民族服饰、"锅庄"舞蹈，构成一座藏羌民族文化风情走廊。

　　每年 10 月中旬，理县举办米亚罗红叶节，红叶开遍了米亚罗满山。童话般的美景让游人游客应接不暇。

　　但 2014 年秋季，经游客及笔者实地考察，米亚罗镇红叶已经很少，沿公路两三千米分布了少许红叶，仅位于米亚罗镇下方毕棚沟附近。

　　从映秀向北，就是岷江河谷，大山夹大江，壮美异常。近代的考古发现证明，在中原文明大放异彩的商代，中华大地并不是一枝独秀，地处成都平原的古蜀国也缔造了辉煌的三星堆文明，他们没有甲骨文，却用青铜器来记录自己的历史。这些铸造优质、精美细腻、夸张艺术的青铜器昭示着古蜀国的高度发达。

　　岷江是成都平原的母亲河，岷江河谷被公认为古蜀国的发祥地之一。李白在

《蜀道难》中感叹，"蚕丛及鱼凫，开国何茫然"，感叹的就是岷江河谷的山高沟深，险峻非常。然而，就是如此险峻的地形，"茶马古道"还是从这里绵延远方，羌寨碉楼依然在这里落地生根。行走在岷江河谷，猝然之间能领略千古气势，偏僻之中可撞见世间名作，让人不得不停下来调整呼吸，驻足观望一番，感叹一番。

2009 年　地震后破碎的山河

可是，地震后的今天红叶少了，山河破碎，更有河谷沿线一字排开，正在修复建设的水坝层层密布。2008 年我们来时，因河上一个个水电站受到了毁灭性损坏，全都开闸放水，岷江及支流里的河里又跳出了浪花。

如今，因水坝的再恢复，水又被截流用于发电了，空剩河床里的大石头无言地躺在那里。

2009 年　渠道化了的杂谷脑河

2009 年　生态专家和地质专家在河边对话

　　地质学家杨勇告诉我们，岷江河谷地处地震带上，历史上多次发生大地震，而且岷江河谷海拔较低，属于干热河谷，植被矮小稀少，很容易发生滑坡、泥石流等地质灾害。尤其汶川大地震后，岷江河谷两岸受到严重破坏，比地震前有了更多、更大，不断发生的滑坡、泥石流等灾害。可就是在这样的地质状况中，岷江及其支流上建大小水坝的势头越发迅猛。

2008 年　米亚罗

　　2015 年，"江河十年行"的第 10 年，米亚罗扎古脑河上不光大小水电比比皆是，更有甚者，汶马高速路的某些路段直接就"横空"在了河里。刘素惋惜地说：蜿蜒的河流依山而行，而粗鲁的公路在河流山川中肆意切割，野蛮侵占。川西最美的红叶走廊，现在是路政建设及水电建设的天堂。杀河取电、填河造路，是发展，还是自毁将来的末路？

2009 年　地震后的米亚罗

2015 年　杂古脑河

在"江河十年行"的大巴课堂上，水利水电专家刘树坤给记者们讲：我是从2000年退休以后到日本京都大学去做了半年教授。在那里我的研究重点就是筑坝对生态环境的影响。我的研究中大概概括起来可以这么说：大坝的建设破坏了3个连续性。

（1）水流的连续性。河流的水流都是连续的，瀑布也是连续的，水从上面滴下来继续流动。但是水库建了以后就不一样了，像三峡水库一修，到水多的时候水电公司就不愿意放水了，只想着发电。这样，水流就不连续了。

（2）河床的连续性。河床都是变化的，高高低低的连续变化。修建了水库之后，上游来的泥沙到了水库里就停下来，水继续流，可再流到下游的水就是清水了。清水到下游还要继续冲刷下游的河床堤坝，这就会对河床的连续性造成破坏。

（3）生物的连续性。所有的水生动物在河床中是可以生存的，但是大坝一修，它们就难以生存。因为上游来的各种饵料随着泥沙的聚集，都沉积到水库里去了。下边的鱼类吃的东西少了，饵料少了，那鱼就少了。

另外，鱼类产卵是要洄游的。修了大坝，鱼上不去了，到不了产卵地了。

还有水库修了以后，水温和以前会有变化。原来河流的水深有的十几米，浅的只有几米，河流的水温是随着气温变化同步变化的。天热的时候水温升高了，天冷了水温降低了。如果河流变成水库，水深到一两百米，会产生什么问题呢？夏天，水库表层的水温升高了，但是底下的水长期维持在低温冷水，冷水重。如果水下的水是热的，它就可以向上浮起来和上面轻的水发生对流。如果下面的水是冷重水，上边的水是热轻的，那就没有垂向的对流。

夏天鱼要产卵，产卵靠什么呢？靠水温来刺激。鱼类的遗传已经形成了一定的习性，水温到多少度的时候开始产卵。水流流速多大的时候，应该有适合的水温了，它要开始产卵。但现在大坝一修，发电取用下面的水是冷水，鱼类接受是冷水的刺激，到该产卵的时候不产卵，不会产卵，这样鱼类的繁殖就会受到影响。

所以，像三峡水库，建成后下游鱼的产量已经减少了一半，鱼是越来越少，特别是珍稀物种越来越少。这和水库建成后水温产生了变化有着直接的关系。

刘教授说：现在米亚罗的杂古脑河上，不仅仅是建了一个个水电大坝，下游成为脱水河段，或把河道缩窄成了水泥路基和桥墩子，河流的 3 个连续性，水流的连续性、河床的连续性、生物的连续性就都不存在了。

我们中国人有把江河称为母亲的习俗（国外一般没有这一概念），可当我们要能源、要公路、要 GDP 时，做儿女的对母亲的性命却置之度外了，有的只是明抢豪夺。那按照母亲河的概念来说，这是孝顺的孩子吗？

在刘树坤看来，米亚罗里的汶马高速路，对整条河的破坏更大于水电开发的破坏。

"江河十年行"走在米亚罗风景区里，看着车窗外那些伤痕累累、欲哭无泪的河，刘树坤说：在河上修公路，一是因为沿途打了更多的隧洞，可能几十千米就有一个。隧洞里掏出来的这些岩渣全都堆到河里去了，把河流挤的就剩一条缝。将来一旦发生洪水，水没地方走，就会是灾情；二是高架路桥修起来以后，下边的河流见不到太阳，河道两边都是堵起来的墙，也长不了草，没有植物的过滤，水质会很差，景观也很差。

对此刘树坤质疑：交通部这样修路，把这么美的重要的一条河流搞成这个样子，是不是经过水利主管部门的审批了？

年轻记者谢玉娟看到今天的米亚罗后说：这两天我们看到的河流和我们脑海中固有的认知反差太大了。

2015 年　河上修路，被挤得成一条缝的河　　　　2015 年　架在河上的路

谢玉娟说：以前当我们提到河流的时候，我想到的可能就是一条条自由奔流的河，河水是自然流淌的。

但是，这两天看到的河，就是一个个大大小小的工地，河边堆的全都是废石料。觉得跟之前脑海中想象的江河不一样。

没来之前提到米亚罗风景区，看到的是对这个风景区的描绘有多么多么美。可是我们看到的米亚罗，河道已经被挤得非常窄，高速公路就修在了河上。我不知道将来的景观是什么样的，但本来很好的一条生态河，变成水渠了，这对我的冲击太大了。

听年轻人说看到今天米亚罗杂古脑河后的感受，刘教授的感叹是：我在日本时当地要修一个水电站，但是上游库区村子里有 10 户人家。这就需要谈判，一谈就谈了 18 年，这个水库都没建起来。在那里移民的权利必须得以尊重，开发商必须满足了人家的要求才能建。我们国家想建一个水电站，只要国家下决心。

刘教授说，一些有老虎的国家，死了一只老虎，算出的价值是 40 多亿元，因为要把培育一只野生老虎的地域生态都算上。

2015 年　西索河边的古村落

2015 年　织

离开让人伤心的米亚罗风景区，我们的眼前出现了一片古村落。路边的牌子写着卓克基土司官寨。

官寨边的河叫西索河，也是大渡河一级支流梭磨河与西索河的交汇处。村子叫西索村。前些年来没有注意到这个官寨，今天的河边这古村落十分抢眼。村落河边树下，一位老太太在织布。问她织的是什么，她说是献给活佛的腰带。从老人那一针一线织的表情里，我们真真地看到了一份虔诚。

宗教，确实是人类社会一种力量的体现，它对人的精神行为的约束非常的具体。

在这个古村落里，清华大学社会学博士唐伟和村里的一位老大爷聊了起来。唐伟说：跟他交谈时，是他的眼睛吸引了我，眼睛很清亮。70 多年，他就生活在这块土地上。他的精神和这块土地是相连的，没有割裂，那种生存状态很朴实、很简单、很快乐。他的那种眼神在今天是不太多见的。城里人的眼睛里面，很多时候是焦虑、是欲望、是很多杂七杂八的东西。但乡村里，可以看到老人家眼睛里的纯净。

2015 年　古村落的建筑

官寨依山而建，坐北朝南，20 年多前，美国著名记者索尔兹伯里，上书胡耀邦，盛赞那是"世上少有的建筑奇观"。其实在藏区，这样的建筑还是有的。

官寨始建于 1718 年清朝乾隆年间，为四层碉房。1935 年 7 月，毛泽东同志及中央机关长征途中曾在官寨住宿一周。1936 年毁于大火。1938—1940 年，土司索观瀛组织人力进行重建。1988 年，卓克基官寨被国务院列为第三批国家重点文物保护单位。

有人说，建筑是时代的年鉴，当歌曲和音乐消失的时候，它还在默默地在原地诉说。（这要家里没有败家子）今天，鹧鸪山下，西索河畔，卓克基土司官寨虎踞龙盘。

"江河十年行"前几年来这里没有注意到，原来网上有人写了：不久前我们来到卓克基，恰逢官寨恢复性维修主体工程刚刚结束。

官寨的屋顶采用了嘉绒传统的密梁式黏泥夯筑平顶和汉式三角木行架构成的悬山式屋顶两种结构形式。由于官寨整个建筑依山就势，在侧立面又采用前低后高的拖厢做法，因此各楼面高低起伏，错落有致，层次清晰，别有洞天。

官寨建筑的屋面共分 3 个层次，最低层为南楼的平屋顶，距地表高度 7 米；此外还有次层为西楼的悬山式屋顶和最高层由官寨东楼的悬山式屋顶及北楼的悬山式屋顶所组成。东、西、北楼屋顶上覆有小青瓦，正反相扣，檐前有滴水装置。

官寨内院天井旁的回廊由通顶廊柱、木质楼板及木栏杆组成。通顶廊柱总计 21 根，分布于天井四周，支撑着层层楼板和屋顶密梁及三角木行架。每根廊柱通长 15 米，下大上小，一气呵成。栏杆则以镂刻雕花的木条构成几何形或吉祥如意的窗格图案，栏上大小窗格均装有五色玻璃。栏杆绕柱，柱撑栏杆，五色玻璃在夕阳的辉映下色彩斑斓，整个内院洋溢着浓郁的民族文化气息。

官寨四周墙体均用片石砌成，用石灰加糯米汁勾缝。墙体厚达 1 米，采用内直外收的砌法，上窄下宽，整个墙体处于抗压状态，成为建筑的承重主体，稳定性强。墙体四周开有内大外小的小窗作通风和瞭望防御之用。

除了用石木将官寨修得高大结实外，土司还通过神秘的宗教手法，把房屋武装起来。首先是在官寨的正门口立一根高大的旗杆，顶部配以日月气托，旗杆上一长幅嘛呢经幡在风中威风十足的飘动，以抵御一切邪秽之气的侵犯；其次是房顶的四周挂满了献给菩萨的嘛呢旗，四角插满代表箭镞的树枝，象征守护神张弓搭箭，随时准备射杀敢于靠近官寨的鬼怪。

看到这样的描写时，我想到的还是这么美的米亚罗杂古脑河，大自然有神灵在把守吗？人类这样的毁坏，会遭到什么报应吗？

撰写这篇文章的作者认为：任何一个社会都需要贵族这个群体，遗憾的是我们没有这个群体已几十年了。有些人认为有钱即是贵族，其实远不止于此，如今有钱人并不少，可没有贵族。贵族从内到外体现的是一种气质，一种高傲的气质——精神的、文化的、财富的。

一个民族，一种文化用建筑、用布局、用环境所守护，做得那么复杂、精细、质朴、完美，因地制宜，为什么今天传承得并不多。这又是为什么呢？快生活与慢生活的区别，有没有这样的建筑是分水岭吗？

2015 年　古村落的门

　　这个有百余户人家的小村，今天展示的是嘉绒藏族的另一种美——她不似丹巴的甲居。村中一座古老的小佛寺，村民们说那是座黄庙，如今居住在西索的嘉绒藏族已没有什么人信本波教了。

　　然而在村中蜿蜒的小巷中，懂的人还是能看到本波教的符号。

　　事实上，围绕着墨尔多山世代生息的嘉绒藏族，许多人早已抛弃了古老的本波教，而改信了喇嘛教。

　　而这沾了"红"的翻修了的古村落，能逃掉向河流要 GDP、要能源、要路的命运吗？生物多样性的保护已经被人们大张旗鼓地呼吁的今天，文化多样性，光靠旅游能保护得好吗？同行的水利史专家徐海亮在古村里转时，并没有打消他对如今文化，包括民族文化的消失的深深担忧。

　　让社会学博士唐伟担忧的是：据说嘉绒藏族是很独特的一支，他们主要的聚居地就在这里，如果为了发展，为了能源，为了 GDP，修路把这里淹没了，那么这一支可能就会灭绝了。

　　学者刘素着急的是：今天嘉绒藏族的资料并不多。我曾尝试去了解为什么嘉绒藏族这一支是特别值得要保护的？但是，除了他们的名称，除了他们是从西藏那边很早就聚到这里的一支，他们有独特的风俗习惯等，眼下并没有很多详细介绍的资料。他们的独特和他们的文化价值，因为水电开发，可能永久的就绝迹了，这个在人类学上会是一种怎么样的损失？

刘素说，云南学者侯明明教授曾经说过一个黄金十字带的理论。就是三江并流地区，包括云南、四川，都是世界生物多样性的三大热点之一。这一地区除了生物多样性，还有民族多样性在中国的体现。而这些地方生物多样性的存留又和这里文化多样性有着直接的关系。可是，有些民族现在只剩下一两支还存在。假如他们的家园被毁了以后，那么这个民族的存续性就有很大的疑问。

嘉绒藏族也面临着这样的挑战。

刘素说：我不是人文学家，我说不出一个民族在人类学上的价值。但是在这样的黄金十字带上开发水电，毁了人家的家园，毁了文化多样性、生物多样性的代价是什么？这是我们每一个人，特别是我们要记录江河的人不能不思考的。

2015 年　民族与宗教

2015 年　这里的河是有浪花的

在"江河十年行"的大巴课堂上，在大家担心着这些时，水利史专家徐海亮说的还是河。他说：人们都说路是人走出来的。其实，路最先是水走出来的，流淌出来的。没有人时，水就在走了。长江往东走，早在 300 万年前。三峡以西的水、四川的水、西藏的水都是往西走的，走到古地中海，走到中东，走到伊朗。我们现在这个地方原来是海，后来慢慢变成这个样子。今天地貌的成形，也就是十来万年、20 万年。

水走了以后谁走了，动物走，动物看见水路是比较好的交通线，就走了。动物走了以后才是人走。

人类比动物还要晚一两万年。现代人类，新的人类走的比动物更晚。所以路最先是水走，然后是动物走，再是人走。可是，有了人以后，把动物先给干掉了，我们这一路上根本就看不到动物，然后再把水干掉、抽干。水道是交通要道，如果水道堵了，你修了公路，人跟自然的交融可能也就没有了。俗话说一方水土，养一方人，古往今来自然有自然的秩序，我们的先人恪守的是天人合一，而到了我们一代，人类要改变地球，我们能做到吗？

今天西索村的古建筑修好了，可绕村而过的西索河还能流淌多久？还有，村民的文化传承，民族宗教的传承，还能维系到下一代吗，他们的根能留住吗？

大巴课堂上的讨论在继续。

2015 年　梦笔山海拔 4 114 米　　　　2015 年　"江河十年行"在雪山上

2015 年 12 月 8 日下午 4 点，我们的车向丹巴开着。海拔越来越高，路边开始有积雪，山边挂着冰柱，阳光下，晶莹的冰花点缀着枯黄的山谷，别有一番韵味。抵达海拔 4 114 米的梦笔山顶时，西斜的阳光，照在雪峰之上，我们心中的向往，与大自然同在。

明天，我们将要沿着大渡河，走向被我们中国媒体与民间环保组织共同留下的，贡嘎山脚下的高山神湖木格措。

3. 大渡河敬畏人类

12 月 9 日，2015 年"江河十年行"过了杂谷脑河，穿过让人留恋、让人惋惜的米亚罗峡谷就进入了梭磨河河谷。

2010 年　杜柯、梭摩双江在大山中的汇集成大渡河

　　梭磨河是大渡河的支流，杂谷脑河是岷江的支流，梭磨河和杂谷脑河的分水岭——鹧鸪山，是岷江和大渡河的分水岭。走过了米亚罗里流淌的杂古脑河，今天我们要走大渡河流域了。

　　对于我们这代中国人来说，熟知大渡河是因为著名的英雄主义传说——"飞夺泸定桥"。1935 年 5 月，中国工农红军长征途中，曾经强渡石棉县安顺场渡口和夺取泸定县城城西横跨大渡河的泸定桥。虽然今天这些有了争议，但历史足迹还在。

　　大渡河从四川和青海交界处的巴颜喀拉山汹涌而下，一路形成了许多雄伟秀美的峡谷群，峡谷的落差致使水流湍急，河水波涛汹涌。壮丽的河山带来丰富多样的人文景观。

　　"江河十年行"10 年的行走中，无论是四川籍的专家、记者还是采访的当地人，大渡河是他们心中的英雄的说法十分普遍。

　　大渡河的激流险滩历来是兵家必争之地。早在红军飞夺泸定桥 72 年前的1863 年 5 月，太平天国翼王石达开率领的太平军，在安顺场遭清军围追堵截，英雄末路，最终在大渡河河滩折戟沉沙。

　　这些年，人们一说起石漠化，就会想到西部。"江河十年行"走在大渡河边看到的这副样子，车上的专家说：东部的荒漠化、石漠化也已经相当严重。引起石漠化的原因有植被稀疏和退化、土层的贫瘠化与盐碱化及岩层的破碎。

大渡河这样的生态变化又是如何造成的呢？离丹巴不远的石棉县，是一个因有丰富的石棉矿而建的新城。石棉主要用于消防服等耐火产品的制作。开采到后来人们知道，石棉的污染足以伤及人们的健康。

2009年　大渡河边的百年大滑坡

所以，石棉县的支柱产业石棉已转产。只是大山里还留下了曾经疯狂开采的痕迹及这痕迹演化出的荒漠化、石漠化。

2009年"江河十年行"生态学家徐凤翔说，沙漠是荒漠化的终端。现在我们国家的东南、西南都在气候湿润区荒漠化着。再借助风力的搬运，更是形成了绵绵起伏的沙漠。我曾和徐先生一起去过阿根廷，那片高原和我们国家内蒙古科尔沁沙地是同样的降雨量。可徐先生在那儿一直感叹的是：人家那里是每一寸土地都被植被所覆盖。

今天，在大渡河边，令徐先生感叹的是：连这里都石漠化了。

令人遗憾的是，这并未引起人们的关注。2006年，丹巴发生了巨大的滑坡，造成人员和财产的严重损失。

沿大渡河而下，就是素有"美女之城"之称的丹巴。沿途峰峦重叠，峡谷深邃。四川当地有句俗语"到了丹巴，不想爹妈"，说的就是到了美女如云的丹巴，青山绿水共为邻，忘了爹妈了。

2008年　"江河十年行"在丹巴

2009年"江河十年行"，走过这里时，没有鸟语也没有花香，处处尘雾缭绕，机器轰鸣。猴子岩大坝施工现场，河水绕道而行，往日的波涛汹涌的大渡河已经变成涓涓细流。

2009 年　以人为本警钟长鸣

　　大坝工地的正中间，赫然挂着"以人为本"的标牌。在猴子岩大坝附近几千米的区域内，采砂车在裸露的河床里来往穿梭。两旁的山体沙石堆积，岩层裸露在外。

　　生态学家徐凤翔认为，像这样的地质现状，水电建设要以疏为主，以小为主，生态是一个各种关系相协调的综合系统，不是孤立的。

2009 年　泸定电站的废渣就堆在大渡河河床上，为将来蓄水带来隐患

　　如果到百度百科上搜索，有关大渡河的词条是这样的描述：山高谷深，岭谷

高差达 1 000～2 000 米，支流较多。

2013 年　没有建大坝的大渡河

百度上介绍完了大渡河河流特色后，接着写的就是：大渡河是中国规划建设的重要水电基地，水能资源丰富，共规划梯级电站22级，规划装机总容量超过2 500万千瓦。为了保证大渡河流域梯级开发整体效益的充分发挥，加快梯级电站开发步伐，国家发展和改革委员会制定了"以国电大渡河公司为主，适当多元投资，分段统筹开发"的水电开发方案。

2013 年　大渡河成了大工地的河段

这段水电开发的介绍后，又是一段景区的介绍：被评为国家地质公园的大渡河峡谷东西宽 17 千米，南北长 26 千米，最窄处仅 20 余米，最深处却有 2 675 米，比世界第一大峡谷科罗拉大峡谷还深 542 米。进入峡谷的大渡河变成一条咆哮的巨龙。两岸绝壁千仞，宛如一部"地质天书"，记录了 10 多亿年来地壳的神秘演进。

这样一本被称为"地质天书"的大江，记录了 10 多亿年来地壳神秘演进的大江，就这样被改变着。

2013 年 我们的记录

2009 年"江河十年行"《中国国家地理》签约摄影家李天社说：米亚罗再见。

2013 年杨勇说："1989 年我花了一年的时间徒步走遍了大渡河。大渡河是我心中的英雄。没想到现在会成这样。"

作为横断山研究会首席科学家，如今杨勇着急的是：横断山脉作为地球引力最集中的地区，不适合如此大规模开发。正常状态下还地震、滑坡不断，大规模开发更要慎重。

香港中文大学博士区嘉麟也是 20 世纪就到过大渡河的记者。2013 年在"江河十年行"的大巴课堂上，他说到当年在大渡河上的经历时，充满了感情。可是，再次走在大渡河边，他的眉头就一直这样紧锁着。

2013 年 区嘉麟

2015 年　大渡河猴子岩电站

2015 年　水利水电专家刘树坤在今天的大渡河边

2015 年　被大坝截断后的大渡河

今天，水利水电专家刘树坤在大渡河猴子岩电站边向记者们介绍说：水电梯级开发，我20世纪50年代学这个专业时是从苏联传过来的。从经济上来看是最合理的，就是水能充分利用，一米水头都不浪费。上面修了水库后，下面接着修。下面水库形成的蓄水位，一直顶到上一个坝址的地方，这样就形成阶梯了。

不过，这种开发是完全不考虑河流的生态系统需求的。所以，这种做法从经济学的角度来看是最合理的，但从生态的角度来看就是不合理的。它的结果就是河流在渐渐地消失，直至连续流动的河流完全消失了，变成一个一个水的节点，我们把它称作河流节点化。形象地说，就是把河流变成水库，成了一串串"糖葫芦"。

一个个水库在大江大河上形成了"糖葫芦"后，上游来的泥沙被拦截到水库里，到下游的泥沙就少了。对下游来说，泥沙少了不是好事情。三峡大坝修了后，2011年下游荆江段的水位降低了1.7米左右。

长江河床下降后，洞庭湖和鄱阳湖遭了殃。枯水期，长江水不但进不到这两个湖了，这两个湖的水还往长江里流。以至于八百里洞庭和中国最大的淡水湖鄱阳湖出现露底、干旱的现象越来越多，到了冬天甚至成了大草原。

这么大的、几百亿立方米水的水库，在峡谷一带蓄起来，这个重量会造成岩层的变动，也会诱发地震。最近的观察，三峡电站建成以后，两峡的山在往一块移动，峡谷开始缩窄。

还有，库区河流的特征消失了，变成湖泊了。原来，水是滔滔、滚滚而流的，现在变成相对静止的湖泊后，水质发生了变化，产生水华。下游河流的水沙关系变化了，河流和湖泊的关系也产生了变化。

刘教授说：遗憾的是，一直到现在，在很多人的概念中，生态还是要让位于经济发展的。

刘教授说：保护环境如果不是口号，那么就应该去限制不顾生态的水电梯级开发。让对大江大河的开发，既能保持河流原本的生态系统，又能够产生一定的水力发电的效益。

眼前的大渡河，让这位水利水电专家焦急万分！

2015年　美丽　和谐

全球气候变化，现在是世界性的环境问题。在历届世界气候变化大会上，中国的碳排放成了老大难问题，也一直受到国际舆论的攻击。于是，靠发展水电来实现减排目标，就成了大力发展水电的理由。

刘教授不这么认为。他说：水电是清洁能源，有没有计算建造这些水电站，投入的工和料如钢材、水泥、燃油、炸药、运输工具等生产过程的碳排放以及对环境造成的破坏？还有生态足迹的代价？如果做一个全周期的计算，那么水电在建造过程中，造成的碳足迹，造成的碳排放，有可能已经超过了建成之后能够实现减排目标的那一部分。

所以，刘教授指出：今天所说的水电能减排，其实是没有一个很清晰的计算，它的排放量也是经不起推敲的，而造成的环境损害更是无法挽回。这是在用过往的计算方式算未来的减排量。

还有，前些年一直在说的西电东送工程，是因为沿海缺电。但西电东送的最大阻碍，是电发了送不出去。高山输电线网的选址，建造成本等问题都还没解决的时候，就先把电发了，管他输不输出去。那么，整个效应是大打折扣的。

今天，这种现象带来的是什么？是西南水电的窝电现象十分严重，是没办法只好弃水。也就是蓄在水库里的水不是用来发电，而是用来开闸放水。

当初的宏伟蓝图可不光是要西电东送，还要去救济东南亚，造福东南亚人民呢。现在看来，西南窝电现象与发展西南水电，完全是一个悖论。

可更让人不解的是，已经有了的电都送不出去，还要再建那么多的电站大坝，那不是产能过剩是什么呢？国家的钱就不是钱吗？

窝电现象还会引起一连串的连锁反应：当地投了资，要收回成本。电送不出去，电就要吸引工业落地，沿海地区被淘汰的高能耗、高污染、低效率的一些企业在沿海没有生存之地，西南因窝电，大力的招商引资，把这些企业引进过来。把污染企业和油耗企业引进来，这是实现减排目标吗？不是，是在生态脆弱的地方又给了重重的一击。生态灾难对这些地方来说，就不只是污染这么简单了，可能就会把几百万年、成千万年形成的很脆弱的生态平衡打破。而打破以后长远的影响是什么，谁也不知道。

2015 年 12 月 9 日，走在大渡河边的水利水电专家刘树坤痛心地说：2007 年我在走"江河十年行"时，已经看到了这些苗头，担心会形成很大的问题。今天一路走过来，河道里水停了，有一点水，有一点落差，都在建水电站。这是把一条条河都杀死呀，是在杀河取电！这样的开发能维持多久，会造成什么严重的后果，我们的决策者想过吗？

2015 年　木格措

"康定情歌"，中国人是不分年龄老少都会唱的一首中国民歌。用遛遛调唱出来的康定情歌被称为跑马遛遛的山上，或跑马歌。这遛遛调最早不是出自康定，而是源于湘西。遛遛调是通过茶马古道传到康定的。康定自古以来就是"茶马古道"的核心驿站，是多民族迁徙的走廊。歌声里李大姐、张大哥的爱情故事早已无从考据，但在康定这个多民族聚居的地方，出现了汉族，李、张两个大姓，这从侧面说明了康定在茶马古道和民族走廊中的重要地位。

木格措位于康定市城北雅拉乡境内，距康定市 26 千米，景区面积 500 平方千米。景区由七色海、杜鹃峡、木格措海、红海、无名峰等一系列景点组成。景区以多处高原湖泊、原始森林、温泉、雪峰、奇山异石及长达 8 千米的叠瀑组合，构成了独特秀丽的旅游区。景区至塔公乡，集地理学、生物、探险、牧区风情等特种旅游于一地。

木格措是川西北最大的高山湖泊，湖面面积 3.2 平方千米，湖水最深处达 70 平方千米，湖水最深处达 70 米。湖泊周围由高山白杨、红杉、杜鹃林、心脏宽阔的草甸环抱，构成了奇绝秀丽的景观。

景区内有一条长约 6 千米的杜鹃峡。据考证，这里有 68 种杜鹃花的种类，其中有一种就名为康定红杜鹃，康定红杜鹃曾经被移植到毛泽东纪念堂。每年的 4—7 月。木格措漫山遍野都是五颜六色的杜鹃花。

木格措的红石，是上面生长了一种橘色藻，因富含胡萝卜素，所以在阳光的照耀下呈鲜红色，故称红石。现在道路两旁的红石越来越多了。

2007 年　木格措　　　　　　　　　2013 年　木格措

2003 年，华能集团要在这里建大坝的消息让当地人急坏了。他们一方面上书国家领导人，说那里是他们心中的神湖，走近她会生敬畏之情；另一方面找记者，希望通过媒体表达他们要留下神湖的民意。

2003—2005 年，中国媒体与民间环保组织共同努力，用了两年的时间，成功地叫停了这个大坝。有研究中国环保 NGO 的学者认为，木格措让中国民间环保组织从以环境教育为主迈向了影响公共决策的新台阶。

2006 年"江河十年行"时，我们采访当地 60 多岁的老人荣东江措，听到的是："我小时木格措是什么样，现在还是什么样。"

记得当时我问了同行的 12 位记者，你的家乡现在的大江小河与你小时还一样吗？当时的回答无一例外：不一样了。有的是干了，有的是脏了，有的干脆就是没有了。

2006 年　采访荣东江措

2006 年 11 月 20 日，"江河十年行"记者一行到木格措时天已经黑了，我们住进了路边荣东江措这位藏族人家刚刚修好的二层小楼上。屋子里电器一应俱全，藏式家具把房间装扮得富丽堂皇。

那次，65 岁的男主人荣东江措坐在火塘边和我们聊起来。荣东江措老人说，在考虑水电项目之前的 1986 年，甘孜州就已决定开发木格措旅游资源。1989 年，木格措景区正式对外营业。自那时起，景区的百姓依靠旅游服务业，生活明显比以前好转，孩子们上了学，家里盖起了新房。如果水电项目上马，木格措独特的自然景观将消失，他们也将失去经济支柱。尽管有关部门宣称，建大坝不但不会影响旅游业，而且大坝本身也将成为一个景点。

老百姓不相信这种说法。他们认为，发展旅游业，增加的收入在百姓手里；开发水电，收入就不知道归谁了。

那次，荣东江措的孙子罗绒和孙女卓玛都是 10 岁上下的孩子。那天，罗绒对电脑充满了好奇，拉着我们要学电脑。那天，卓玛在我们给了她一块巧克力后一转眼不见了。回来后我们才知道，她把巧克力给奶奶送去了。小姑娘的孝顺感动着我们在场的每一个人。

2007 年，水坝停修，令荣东江措长长地松了一口气。那时候，荣东江措家的生活过得挺好的：因为退耕还林，国家补给他家的粮食吃不完；在风景区路边开着家庭旅馆，每年收入过万元；4 个子女都已长大成人，自立门户。

在荣东江措他们村，村民们看到了旅游、绿色经济的前景，以及荣东江措家"榜样的力量"。

2004 年　七色海

2008 年　荣东江措和老伴

可是，2008 年，我们到荣东江措家时，两位老人的样子让我们很是吃惊。问了才知道让两个老人着急的是，他们听说张家界老板要来承包木格措景区。他们很怕人家承包后，要让他们搬出去。

2010 年"江河十年行"来之前，我一直在担心是不是还能找到荣东江措家，怕他们已经被搬走了。

那天，在离开木格措之前，我们见到了荣东江措的老伴，却没能见到荣东江措，老人生病住院了。

老人家的房子还在原处。罗绒妈妈告诉我们，他们家虽然被划在了景区外，可是房子的地基却成景区的了。她本来从珠海回来，是希望和丈夫一起在这里经营农家乐的。她说自己在珠海是做管理工作的，有管理经验。

可是，景区归了私人老板后，院子里因地基不属于自家的了，所以也不能翻盖。景区的人当初告诉他们，如果搬出去，可以为全家的人安排工作，不搬出去，就什么补偿也没有了。已经一年多了，他们一家还在和景区交涉。

2010 年　七色海

2013 年"江河十年行"还没有出发，我们就听说木格措着火了。到木格措的那个晚上，在我们要用 10 年跟踪采访的荣东江措家吃晚饭时，他家人说：木格措全烧了，太可惜了。

但是，我们在网上看到的消息却是：根据甘孜州森林防火指挥部消息，康定红海子森林火灾得到有效控制，木格措景区安然无恙。"着火的区域离木格措核心景区还有一定距离。"

康定情歌风景区通过腾讯官方微博宣布："火势已灭，对景区基本无影响，将在 3 月 3 日正式恢复接待。"

2013 年　火后木格措的山林

2013年"江河十年行"负责10户移民调查的何向宇和徐煊在荣东江措家做的调查是这样记录的：我们家一直居住在王母村，开了家庭旅馆接待来木格措的游客。每年4—10月游客多，最多时一天有几千人来木格措。以前收入靠烧炭、挖草药，1989年景区营业后生活开始好转。那时只有我们一家开了家庭旅馆。这些年，村里开家庭旅馆的有10多家了，生意不如从前了。家里还有几亩地种粮食。

荣东江措家所在的王母村有80多户，300多人。旁边的三道桥村有500多户，上千人。村上年轻人多出去打工，最远到深圳。这两个村子的人可以到景区里挖冬虫夏草，没人拦阻。以前虫草便宜，一年收入几百元。现在要20～30元钱一根。收成好的年份，几个月挖下来一个人可以赚到1万多元。

"江河十年行"2011年曾采访了王母村村长和书记。他们说，因为牧场都被景区占了，不能在山上吃草的牦牛饿死了不少。

牦牛还能被饿死！2013年到了木格措，我们请荣东江措老人再带我们去书记家聊聊。可老人不肯去了。他认为我们来了那么多次，既帮不上他家什么忙也没能给村上解决什么问题，所以对我们很失望。

面对老人的失望，我们又能说什么，做什么呢？我们能说，是我们帮你们留住了木格措？对他们来说，生存更重要。

2013年　采访中

后来，荣东江措的儿媳妇罗绒妈妈带我们去了村书记孙志云家。在我们的聊天中，孙志云书记说的还和我们2011年去时说的一样：我们那一大片集体林为什么就成了国有林。我去县里档案室查了，没有记录。国有林景区占了就占了，要是集体林，他们是要给我们补偿的。两年了，这个问题还没有解决。

孙书记认为，这主要是一位前领导对他们村有成见，所以一直压着他们。我们没有找到那位已经升了官的前领导，也就不能求证为什么集体林成了国有林。

2013年2月底到3月初木格措这场大火，王姆村的人都去山上打火了，可算是义务工。和我们聊时，孙书记也还在为怎么能给村民们些补助着着急。孙书记说，去打火时，村民们二话没说就去了。这可是为国家财产救火，村民们付出了劳动，却一点报酬也没有。

2013年"江河十年行"到木格措时，我们买了门票进去没多久，就有景区的负责人找到我们，说是从售票处知道有记者进来了，一定要接待我们，除了一定要请我们吃饭，还硬要是把我们买的门票都退了。

去孙书记家，我们是拉着景区一位副总去的。我们要让他们也听听村子里老乡的意见。可是这位副总听了后说，那些问题都应该是政府解决的，不归他们公司管。

遗憾的是，我们要采访当地政府总有各种理由不接受。

2015年　木格措

2015年　"江河十年行"在木格措

2015年12月9日，我们和如今叫了"康定情歌"的景区负责人联系，希望采访一下，他们没有推辞，和我们一行人坐在了景区的办公室里。"江河十年行"从2010年以来，就一直听当地人说湖南张家界的私人老板把景区承包了，很多当地老乡对这一承包有不满情绪。

今天，景区负责人告诉我们：2007 年 11 月和原康定县政府签订的投资合作协议，从 2007 年开始，现在总共投资已经达到了 2.3 亿元。当时和康定县人民政府签订了木格措景区合作开发合同后，公司就成立了木格措景区旅游实业管理公司，注册资本是 6 000 万元。合同期限是 50 年。

这位景区负责人告诉我们，原来的木格措只是一个很小的景区，每年接待量就是两三万人。他们从 2008 年开始建设，2009 年开始接待游客，到 2010 年就被国家旅游局评为 4A 级景区。2010 年的游客是 7 万多人。2015 年的游客是 21 万多人。门票接近 4 000 万元，现在年增长大概在 20%。目标规划接纳能达到 100 多万元。

景区负责人说：另外，我们这个景区的工作人员有一半都是招当地的老百姓，给他们安置就业。第二期开发主要是把慕亚藏族的文化元素植入到自然景观里面去，我们已经聘请了中山大学旅游设计院，规划图纸已经设计出来了，现在正报送市政府和州政府，正在搞评审。

我问这位景区负责人，前两年我们来，当地人说他们的山地，现在牛羊都不让进去放牧了，一些牦牛甚至给饿死了。景区和当地人一直有矛盾，是不是？

这位负责人说：现在和他们的矛盾不大了。我们和当地老百姓沟通，尽量让他们不要在里面放牧。在山顶上还有几个小草原，可以集中在那儿放，这样可以保护生态。

我问：人家世世代代就是靠放牧为生，不放牧让他们干什么呢？

景区负责人说：他们现在的生活就是靠旅游，政府也在规划，帮他们做农家乐旅游接待。

这位景区负责人还告诉我们，他们给康定政府算了一笔账：去年景区给政府纯交了 800 多万元，税接近 400 万元，七七八八总共加起来向当地政府交了 1 800 万元。最近几年他们是在保本微利把景区打造好，让这个品牌升级。

听到景区负责人这么讲，我们也接着说：建议你们不要仅仅把这个项目当作一个旅游项目，国家马上要出台生态保护补偿法，你们应该让这里的生态环境越来越好。

2015 年 12 月 9 日，采访完景区负责人，我们就又来到了荣东江措家。老人和老伴的身体看着都还行。这次和老人聊，虽然也还有抱怨，但老人的一些说法和后来再和他的儿子、儿媳聊，有了一些出入。

这次我们运气好，两个孙子辈都见到了。但是，已经上班好几年了的罗绒和明天就要离家去新单位工作的卓玛，对家里的事似乎都说不出什么。

2015 年　荣东江措的妻子拿着"江河十年行"前一年来时拍的照片

下面是一段采访对话：

老人：今天你们去的景区外面的那个停车场本来我们想修房子办个农家乐，但是县上一直不批。不批的原因说是国家规划了。旅游景区还是让我们搬家。

记者：现在还让你们搬出去？

老人：搬到外头去，我们就不同意去。我们的地在山林里，种苞谷、粮食。人搬出去，人太远了，野兽来了，野猪来了吃我们种的粮食，我们就没有收成了。现在景区的几个大停车场原来都是我们家的土地。

记者：他们占了你们多少地，有数吗？

老人：17 亩多，现在还有 4 亩多。

记者：光靠这个地，够你们老两口生活吗？

老人：不够。不过现在国家政策好，养老保险、低保，每个月到时间你去取就可以了。养老保险我们一个月有 200 多一点点，我们两个就是 400 块钱。低保有一点。有病在医院看，可以找国家报销。医疗保险上了 60 岁的，有低保证的一年就交 60 元，国家给我们 60 元。没有低保的他就要交 120 元。有政策不怕生病了，要生了大病能报 50%，剩下来的 50%村民还能负担。

记者：这钱大家出得起吗？

老人：大家现在高兴了，都说政策好。原来你住院了，出院之后两三个月才能报销，从去年起，当天出院当天报。

记者：到哪里报？

老人：就在医院里的门诊上报。

2010 年　采访罗绒　　　　　　　　2015 年　长大了的罗绒和爷爷

2015 年"江河十年行"到荣东江措家时，老人的两个我们见过的孙子孙女我们也都聊了聊：

记者：你那小侄子才两岁，都会玩电脑了，会发微信了！你和我们学电脑打字时几岁？

罗绒：大概是 11 岁，他很聪明的。

记者：你读高中了吗？

罗绒：小时候不爱上学，现在觉得还是需要，刚刚报了一个成人自考。

记者：你是属于到外面见过世面的？

罗绒：对，海南、三亚都去过，但绝不会在外面工作。

记者：你觉得这个地方特别吸引你的是什么？

罗绒：谁不说家乡好，我觉得自己这儿特别好，就这样，真的。

罗绒对村里的现任书记、村长比较满意，对村里的传统节目没有记忆。他认为现在他们过节与汉族农村过节一模一样。

记者：还记得我们给你巧克力吗？

卓玛：笑！

记者：你一直在外面读书，在哪儿？

卓玛：自贡，考的护校，读了 3 年。

记者：现在在哪儿工作？

卓玛：甘孜，属于乡镇卫生院，事业编制。

2006 年　卓玛

记者：是你自己找的工作？

卓玛：我自己考的。

记者：离家有多远，每天能回来吗？

卓玛：好远，都要 10 个小时。

记者：你哪年生的？

卓玛：1996 年。

记者：2006 年是 10 岁，你还记得我们吗？那天我们跟北京广播电台做了一个直播节目，你在旁边跟我们听，有一点印象吗？

卓玛：你们来的时候我还小。

记者：巧克力自己不吃给奶奶吃。

卓玛：都不记得了。

2015 年　雪山与神湖

2015 年　森林与海子

清华社会学博士唐伟在荣东江措家时，和老人的二儿子、新的村支书聊了很久。

关于这段访谈在集体日记里唐伟是这么写的：他对村里征用自家土地非常不满，因为一次性买断后，旅游公司与政府均不再管，互相推诿。听闻政府有失地补偿政策，准备去咨询。由于村里有三四年都没有批地，而现在办的农家乐条件简陋，游客无法居住，所以生意萧条。尽管刚获批 200 多平方米的土地，但乡里不批建设证，所以一直未动工建设条件合格的农家乐住宿。

政府当初为让他们同意征地，许下多种美好承诺，但土地被征后，一个承诺也未兑现。

二儿子说：我以前曾要求政府允许我合法做运送游客生意，一直未获准，所以现在一直从事非法运营的游客运输。二儿子懂一点政策，认为其被征土地一直闲置，他有权收回。他准备明年开春自作主张去耕种，并开工建房，不管其他人意见。

对村支书的访谈中，他首先表示风景旅游区给村民带来收益，修了路，党的政策好。但是认为林地属于村集体所有，村里也应该参与旅游利益分成，一直想把林地所确立的国有性质改为村集体所有，但从未成功。

在询问村支书如何分配各种资源如扶贫救济款时，支书一直强调自己做村支书，最重视公平问题，认为自己要行得正，同时提到扶贫任务较重，对村里的 14 户贫困人口不知道用什么途径去帮助他们脱贫。

村支书也认为，村民应该修建好的农家乐住宿，但是需要等上面（政府）统一规划再建，不知道规划何时出台，言语间谈到对政府的不满，觉得政府没有考虑补偿村所拥有的资源。山地林地被开发为风景区，却没有给村民补偿。

问为什么不找信用社贷款办农家乐，村支书认为有风险。第一是自己要担保；第二是担心有农民贷款后，钱用不到正途。

问村支书作为带头人，如何带领全村人致富？支书强调上级政府一直不给补助。

问村里年轻人为什么不出去打工，支书首先说自己文化水平低，所以他很重视教育。并说曾有开发商提供 40 万元帮村里修小学，但只有 17.8 万元被用于修建，其他钱不知去向。对于为什么不清查账目，他说那时候还只是村主任，没有那个权力。期间，汪永晨提到2011年"江河十年行"来时，村支书和村主任正在帮小学校修校门。

村支书还提到其压力，认为村干部不好当，上下受气。如果有人打县里的热线电话，不是打不通就是被挂电话，最后查出是哪个村的人打的电话，还要扣村干部的分，影响其工资收入。

当荣东江措的二儿子说明年要顶风开工建设农家乐时，村支书看着他，没有作声。

在我与现在的村支书交谈时，他特别强调的是："按照道理来讲，景区本是村里的地，现在被人承包了，他们只和政府合作，却没有和当地人合作。按理说这也是我们村的资源呀。现在门票钱是政府70%，湖南公司30%，我们能占到10%也好呀"。

村书记还说："前两年木格措着大火，我让村里人全部集中在岔路上，喊景区的车送我们上去。他们就是不送，如果送我们上去，这趟火根本不会发生，我们山里人知道怎么灭火。"

我问村里的小学还有吗？村书记告诉我：原来那个小学，现在成了学前班。有一个老师，六七个学生。孩子爸妈希望小学也到康定去上，教育质量农村人也重视了。村里学前班的老师是上面派来的，工资也是教育局给发。

村书记说，现在农村农家乐也要上档次，要住有标间的，有厕所，有热水器能洗澡，哪像以前沙发都能睡。

我告诉村书记，2006年"江河十年行"时，我们6个人爬梯子住的二楼上。

书记说：现在可不住了。

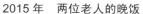

2015 年　两位老人的晚饭　　　　　2015 年　"江河十年行"在荣东江措家

那天在荣东江措家，最后他的二儿子和我们说：我是在非法营运。像我们搞旅游，最讨厌电线杆子。游客拍照，到处是电线杆，电信的、联通的全是，最煞风景的就是电线杆子。

还有，现在康定的垃圾都拉到这儿来了。每年从 5 月开始，在家里吃饭都能闻到臭味。这里还修了水泥厂、沙场、火葬场。

我说：这儿不是旅游景点吗？

他说：城里人还是认为这里是荒郊野岭吧。常常和来自四面八方的游客打交道的这位山里人，在当地算是有见识的。保护家乡环境的意识真的很强。他告诉我们，现在村里也有了 3 个大学生。

我问他：进到康定之前的那段峡谷，过去沿着河走都可以听到水中岩石打水的浪花声，现在这条被称为瓦斯沟的河上，到处是水坝，水不是干了，就是浑得不堪入目。听我这样说，这位山里人连连表示，过去多美的峡谷，现在没有了，没有了。

很遗憾，因为赶路，我们的车走过瓦斯沟时，没有停下来拍拍那满河床的石头和惨不忍睹的水。只是在进木格措时，在车上拍了几张。拍到的和心里的大山峡谷有着太多的不同。

明天，我们要经过被称为摄影家的天堂的新都桥，然后进入雅砻江流域。

2015年　走向木格措的峡谷里　　　　　　　2015年　进木格措的峡谷里

4. 山里还有没有被污辱与被损害的大自然

从 2006 年第一次"江河十年行"开始，除了我比较连续地写"江河纪事"以外，同行的记者也分工写当天看到的江河，记录我们的行程。10 年了，虽然有的记者和专家已经是第二次、第三次走江河，但西南 6 条大江，岷江、大渡河、雅砻江、金沙江、澜沧江、怒江的现状，还是让每一位看到后心情异常复杂。既为我们地球上的这些大山大河的伟岸感叹，也为被我们人类践踏的大自然惋惜叫冤。

12 月 10 日的集体日记是由年轻记者谢主娟写的。她刚走出校门不久，今天大江大河的容颜让她笔下写出的是什么呢？我们一起看看。

我们从康定出发，一路南下，前往雅砻江考察水电开发及对周边群众的影响。从甘孜州到凉山州，要驱车 10 多个小时才能到，汽车颠簸在坑坑洼洼的山路上。尤其是后半程，在凉山州，大巴车随着路面上的沟壑上下起伏、左右摇摆。

这对于那些常年"征战"、风餐露宿的专家、老师们而言自然不算什么，但我当时真的是抱着"视死如归"的想法。有的河边上，窄窄的通道，时不时地只能单车通过。路边也没有任何防护措施，山下就是奔腾的江水，车子还在高低不平的土路上颠簸——我当时眼睛一闭心一横：翻下去就翻下去吧。

一路上，很多人都在感叹大渡河的破碎，同时也为木格措仍然保留着的自然之美惊喜。

让人心痛的是，我们这一路看了太多不能称之为河流的"河流"，大渡河就是这其中一条。

大渡河规划建设有 28 个梯级电站，目前，因为挖隧道、修路或建坝，大渡河沿河堪称工地。废石料被堆砌在河岸边，伴随着搅拌机和载重卡车的轰鸣。

在大巴课堂上，刘树坤老师对河流进行了非常详尽的介绍，从人和水的关系谈到水库建成对河流的影响，以及如何对河流进行生态修复。刘老师的讲解，让我可以从更为宏观的角度去看当下中国河流面临的问题。

"江河十年行"的大巴课堂，从 2006 年第一年走就开始了。在大巴课堂上，每个人都是老师，每个人也都是学生。不同的学识，不同的观点，在这里交汇，在这里讨论，在这里碰撞。

我们祖宗就兴起的"百家争鸣"，今天还有传承吗？在大巴课堂上，这是传统。

2015 年　折多山哑口，这里是当地人的圣地

12 月 10 日，在我们从康定出发两个多小时快到摄影家的天堂新都桥时，折多山哑口的路边山上，这样一片当地人的圣地出现在我们眼前。藏族习惯在大山的山口处挂上经幡，建上白塔。在藏族人的信仰中，这些除对自身的佑护以外，也包括对自然的敬畏。

走到这片大山中的圣地时，大自然的美让人的心胸敞亮。仿佛光芒也照耀到了我们的心上。

看了两天多被污辱、被损害的江河后，当这片大地山川出现在我们的眼前时，每一个人都深深地呼吁着自由的空气。

新都桥（又叫东俄罗），海拔 3 300 米左右，高原气候，温差较大，气候多变，初次上高原的朋友可能有不同程度的高原反应。它是川藏线南北分叉路口，北通甘孜、南接理塘，是从西藏通往康定的必经之路。距离成都 437 千米，距离康定城 80 千米，途中要翻越海拔 4 298 米的折多山，可远眺蜀山之王——贡嘎山。

2008 年　新都桥山上人家

处在 318 国道南、北线分叉路口的新都桥是 "摄影天堂""光与影的世界"，是一片如诗如画的世外桃源。神奇的光线，无垠的草原，弯弯的小溪，金黄的柏杨，山峦连绵起伏，藏寨散落其间，牛羊安详地吃草……川西的平原风光美丽地绽放。

新都桥，藏语 "然昂卡"，汉译 "五羊镇"。传说文成公主进藏路经此地，见此泥土细腻色润黏稠，便暗誓到西藏如修庙宇，必来此取土。后来，在修建布达拉宫土墙时，便派 5 只神羊来新都桥驮土，至今西藏大昭寺墙上还留有五羊驮土壁画。康区解放后，国家在五羊镇修大桥一座，起名 "新都大桥"，新都桥由此而得名。

走进新都桥，一个个典型的藏族村落依山傍水地散布在公路两旁，一条浅浅的小河与公路相依相偎地蜿蜒流淌。房前路旁矗立着一棵棵挺拔的白杨，在秋风秋阳中炫耀着特有的金黄。一群群的牦牛和山羊，点缀在新都桥田园牧歌式的图画中，平添出许多生动。远处的山脊，舒缓地在天幕上画出一道道优美的弧线。

我们到这里是冬天，天蓝云白，树已落去了黄色。我从网上找了几张喜欢的照片放在这里，与爱自然，爱江河，希望祖先的文化得以传承的朋友们一起分享。

这，就是新都桥。

新都桥的藏式民居极有特点，有很宽敞的白墙院子和朱漆大门，房屋大都采用石料建造，朝阳而居，采光极好，每座楼房的每面墙上开着三四扇窗户，窗檐上用红、黑、白等色彩描绘着，象征人丁兴旺、五谷丰登之意。

在一栋屋外有人在干活的藏楼前，我们停了车。走近了他们。

2015 年　干活的女人

2015 年　讲究的大门

2015 年　炊具

有些遗憾，我们和这家人的交流因语言不通十分困难。于是经过同意走进了他们家的屋子里。

一进去，好家伙，从外面的劈柴看很普通的一家子，屋子里竟然这么"辉煌"，这是怎样一户人家呢？藏族人家像这么讲究的，在"江河十年行"的路上，我们见过的还真不多。这个地方的人家富裕了都这么讲究，还是这家人有什么特殊的身份我们没有问出来。没准就是这里有了旅游后的普通人家。

再拍拍家里的老人，家里的小伙子，送上几个车上带着应急吃的苹果，算是我们的一点心意吧。

2015 年　家里 99 岁的老人

2015 年　好帅的帅哥

在新都桥这片原野上，不远处还有塔公草原。因为草原中心坐落着藏传佛教萨迦派寺庙塔公寺而得名。"塔公"为藏语，意为"菩萨喜欢的地方"。每当夏秋之季，在塔公草原的茵茵草地上，各色野花争奇斗艳，竞相绽放；牧民的黑色帐篷里炊烟袅袅，让草原上飘逸着阵阵奶香。每年的传统赛马会期间，骏马奔腾，掌声雷动，牧民们身着节日盛装载歌载舞，在草原上汇成一片欢乐的海洋。

还有黑石城。位于海拔 5 000 米的高尔寺山上的黑石城，在空旷的山谷中显得十分突兀。加上山上堆积的与众不同的黑色玛尼石，更是引人注目。据悉此山 300 年前曾是一个城堡，部落之间征战的要塞。如今荒芜了，只有剩下的黑石头在风中咿咿呜呜地述说过去的历史。

离开那户人家好远了，在车上扫拍，我依然能拍到当地迷人的风情。

2015 年　车上扫拍藏家

走在这样的大自然中，显然和走在满目疮痍的河边，心情是不一样的。

我们人类和大自然的关系，是随着经济发展的阶段而变化的吗？我们的先人敬畏自然。人类进步了，就要征服自然，向自然索取。等到更发达了，才又发现，我们还是要与自然和谐相处。这个过程，是人类一定要一个一个地经过吗？

"江河十年行"难以回答这个问题。

2005 年春天，我第三次到怒江时写过这样一段纪事：丙中洛乡的两个领导那个晚上也和我们一起坐在火塘前。一边往火盆里添着柴，翻烤着湿衣服，我们的话题又扯到了怒江人的穷和建水坝上。

乡领导说：我们的工资自给自足能发两个月，要靠中央和省的财政补助，靠中央的转移支付来补足我们的工资，还有两个月要贷款发。

我说：要修水坝了，安置移民是个问题吧。

乡领导说：移民的问题是国家补助。有一个标准，长江水坝，还有别的水坝都有国家的政策。

我说：移民生活会存在一些问题。

乡领导说：这个也听说过一些。但相信国家会解决好。有些国家原来没有处理好，但是有了经验教训会处理好的。

我说：电站的寿命只是几十年、上百年，以后田没有了，补偿也只是一次性的，再往后靠什么生活呢？（沉默）

乡领导：搞一些环保，或者植树。

我说：今天我们碰到的泥石流非常可怕，去西藏的小路，才修好了四五个月就全烂了，修水电站运大型机械要重修更宽的路，这座山承受得了大规模的修吗？

乡领导：我想用一些科学的手段还是可以修的。

我说：你知道有这样的科学手段吗？

乡领导：有啊。像高速公路。

（沉默）

我说：在报纸上看到今年的这场大雪压塌了不少学校和民房，有统计吗？

乡领导：有，我们乡绝对塌的192间，房屋受损的有1 400多间。比如瓦片、梁址，还有土墙，包括二中，学生们的宿舍都倒塌了。如果按照某些人说的不开发怒江，我觉得也是有他的根据，但是我们现在当地政府和老百姓要问的问题，如果不开发，谁能给我们指明一条比水电更好的，比这个更快地达到脱贫致富的路？

我往火盆里放了一根有点粗的树枝，炉火把我的脸烤得发热。

乡领导对水电能给你们带来富裕坚信不疑，而对我说的生态补偿机制、生态旅游、发展民族手工业、多种经营等，给了这样一句话回话：远水解不了近渴，我们不能再看着别人富，我们还穷下去。我说是你们觉得不能再穷了，还是农民觉得现在太穷了？

都觉得！乡领导说。

越来越有点抬杠的对话我没有再继续，因为我知道我们有着太多的不同。生活背景的不同，受的教育不同，所处的位置不同，接触的人不同，面对的问题不同，向往的不同……这么多的不同，怎么能要求我们你一句我一句的无聊后，就能使双方达成共识，就能认同解决问题的办法相同呢？

那天晚上，乡领导的车要冒着大雪，走过因大雪我第二次到丙中洛用了6个小时才开过去的 3 000 米的一段山路。分手时我除了说"小心点！"以外，不能给他们任何帮助。就像两位乡领导刚刚急着问我们时：谁能给我们指明一条比水电开发更好的、更快的脱贫致富的路？我的回答他们不认可时我很无奈一样。

2015 年 12 月 10 日，"江河十年行"的大巴课堂上有人说：用我们城里人的想象，这里的生活是很浪漫的。听着外面松涛的声音和屋里炉火火苗啪啪的声响，吃着糌粑，喝着酥油茶，聊着传统，侃着文化……

有人说：用我们自己的知识背景，或者用我们的见识来理解这样的生活，和当地没有我们的知识，没有我们的见识的人，乡领导，坐在一起时，我们能把一种生活想象的一样吗？对一种生活的评价又能一样吗？就像有人走路是为了去讨生活，希望越近越好。有人走路是为了健身，老想再多走点。这同样是要走路呀。

香港水政策研究所研究员刘素认为：木格措的家，我看不到藏文化的东西，除了我们吃饭的时候有一杯青稞酒，他们吃的是汉人的饭，穿的是汉人的衣服，家里的摆设是汉族的东西，小孩玩儿的 iPAD，看的是维尼熊、卡通，唱的是小苹果，50 年之后，还有他们的文化吗？如果说一种文化被强势文化所同化，那么这种文化还能留存多久呢？那么，未来多民族的中华文明，又会是一个什么样的景象呢？

记者陈杰说，在猴子岩水库那儿，我看到有一户人家，问了几句话。他告诉我说他们家被水淹了。我说那你为什么还住在这个地方？他说，他们家在城里有楼房，政府给建的集中居住的。但他们家不会任何手艺，也不会其他的，所以继续在这放牧。他还说，国家需要发展，我们也不得不做出牺牲。不过，田园生活是我们喜欢的生活。

新都桥的这片藏楼，我们走进的这户藏人家，让我们车上的话题有了这样的质疑：文化的传承，和民族性有多大的关系，和制度又有多大关系呢？

离开新都桥后，再次有了美与毁的反差，看到大山里的水电开发后，年轻记者谢玉娟在大巴课堂上有了另一番感慨：我在想，水电开发和生态保护之间，中外可能都会有这样一个问题，要找到一个平衡点。现在的问题就是，开发是疯狂的没有节制的开发。我不觉得水电开发是不行的，但是我们不能这样疯狂的没有节制地开发下去。

2015 年　电输出去了，河却干了

2015 年　路在河上走

车上的这番争论与感慨，让水利水电专家刘树坤把话题又拉回到河流的生态文明建设上。

刘教授说：河流的开发要有度。这个度，除了水清需要满足，还有就是如何修复生物的栖息地。

生物需要什么样的栖息地？概括起来说，河流必须得有蜿蜒，就是一个弯一个弯的。为什么必须要有蜿蜒，因为根据鱼类的生物习性，它要找水深的地方，水流速度比较小的弯道，找到这样的地方它就要休息了。我们把河流弯弯的深水水潭，称作鱼类的卧房。

白天鱼要去找食物、找吃的，到哪里去找呢？到水很浅、水流很急的地方。因为这里有流域上面会冲来的很多带有营养物质的鱼类的食物。我们把这样水流急的地方叫浅滩，它是鱼类的食堂。

通常，河湾里面水草比较茂密，鱼类产卵就要找到这样的河湾里。刚出生的小鱼体力很弱，也会在弯叉里面长大。那么，河湾就是鱼类的产房和育婴室了。

刘教授说：从生态解读来看，它的要求很严格，不能满足，它就无法生存。

那么，什么样的河流能满足这样的要求，有深潭、有浅滩、有河湾，有弯曲，凹岸水很深，凸岸水很浅，能够满足形成鱼类的卧房、食堂和产房，鱼类可以在这里安家。

我们现在搞水利工程，搞河流的治理，是把河流都拉直了，建成一个"小胡同"，没有深水区与浅水区，一来大水，鱼类无处躲、无处藏。这样的河流是不可能有丰富的生物多样性的。

还有，不同的鱼类适应的水流速度与水温也不一样，坑坑洼洼的地方，都会有鱼类，能满足水中昆虫的生存需要。

鱼类一般吃什么呢？一种是吃树叶，河岸上的树叶掉在水里，在水中腐烂了，变成碎屑，有的鱼是吃这些东西的。还有吃水藻，还有很多鱼类是要吃在水里生长的昆虫。

在水里生长的昆虫需要有石头缝。来大水的时候，它们要钻到石头缝里。所以，一条健康的河流，河底必须有很多碎石和卵石铺在河底，以便形成很多空隙，水中的小昆虫会在这些缝隙里生存。昆虫活了，多了，吃昆虫的鱼的食物就丰富了。

这样说来，要想保持生物多样性，就要创造这样的水生环境。最近我们提出了一个叫作睡堤唤醒计划在全国推广。

河流能不能恢复得好，以什么作为标志呢？国外有些是用萤火虫能不能出现作标准。一条河到晚上有萤火虫飞出来了，就说明这条河流的生态系统好了。

为什么萤火虫可以做这个标准呢？萤火虫要想生存需要两个基本条件：

（1）需要水比较干净，萤火虫是在水里产卵的，幼虫也是在水里长大的。所以它对水质要求很苛刻，水必须干净幼虫才能长大，才能飞出来。

（2）幼虫要过冬，过冬它不能在水里过冬，它要爬到岸上，然后钻到土里去，萤火虫是钻到土里过冬的，第二年才变成幼虫再爬出来。

如果河流岸坡都变成混凝土和大石头，用水泥砌起来，那萤火虫就没法生存了。现在，我们国内的河流两岸基本都没有萤火虫了。我小的时候，城市里到了晚上到处都是萤火虫。

除萤火虫之外，还有青蛙、蜻蜓。过去水中的蜻蜓很多，到处都有，现在蜻蜓也大都没有了。蜻蜓的习性和萤火虫是一样的，但是它对水质的要求稍微差一点。就是水质稍差一点，蜻蜓也能生存。

这些两栖生物的幼虫也是在水里长大，在土里过冬，这是两栖类生物的特征。河流不好的话，都硬化了，这些生物就都不存在了。所以我们国内的专家们提出，把萤火虫和蜻蜓作为我们河流生态修复的指标。

2015年　山还在河却干了

夜幕降临时，我们仍然在赶路，乘着夜色寻找雅砻江锦屏水电站边上一位名叫代兴民的老乡。上次来他家时，路很烂，天黑了，能不能找到他家，让我很是担心。好在代兴民在这当过小学老师，他家旁边有个吊桥。最终，我们不算太费劲地找到了他，寒暄几句之后相约第二天清晨过来采访。

谢玉娟在她写的这一天的纪事里的最后一句话是这样的：川南寒冬的夜晚空气清冽。天色太暗，我并没有看到那座吊桥，倒是听到了他家旁边小溪里（其实是雅砻江大河）的流水声。哗哗的水声像打着拍子，在城市待久了的人好像连这种声音也很少听到了。

明天，我们有两户人家要采访，他们都是生活在雅砻江边的人家。

5. 长江成了"唐僧肉"

2015年12月11日，中国水利水电科学研究院研究员、博士生导师刘树坤这些年来一直在研究现代流域的问题。对中国七大流域有着他自己形象的比喻：

（1）长江成了"唐僧肉"。水量丰富，各行业把长江当作唐僧肉，只想向它索取，忘了补偿；长江已经自身难保，是病态的河流了，谁来救长江？

自由的雅砻江

（2）黄河是"一条被吸干乳汁的母亲河"。流域用水量多，常出现下游断流。河床淤积问题尚未根本解决，是没有未来的河流。

（3）淮河像"一个漏雨而且没有下水道的房间"。位于我国南北气候过渡带，大雨汇流快，排水不畅，积水成灾。应该怎么办？出路：增加洪水的调蓄能力，造涵养林，修农田，到低洼地区造湿地，造湖泊，利用调蓄，形成海绵流域，叫水慢慢地进入河道。

（4）海河流域是靠"输血维持生命的流域"。北调滦河的水，南调黄河，又调长江，造血功能不够，靠输入外水维持生命，是不健康的流域。北京周围，人口密度大，有河皆干，有水皆污。

（5）珠江为"缠足的少女"。珠江流域很美，水量仅次于长江，但它的三角洲地区经济发达，有八大口门都被围垦，河道尚未稳定。

（6）太湖为"一盆洗脚水"。流域社会不文明的生产生活方式，造成水蓝藻暴发，水体腥臭，是一种湖泊老化的现象。蓝藻是湖泊的老人斑，太湖在快速老化。

湖泊是人类文明的镜子。

但现在，太湖的老百姓把太湖当作洗脚盆往里乱丢脏东西，如果把太湖当作自己的水缸，那这种状况就可以改变了。

如此现状怎么办？刘教授认为：大江源头：上游！留得清源在，不怕没水喝！水电开发的度：40%生态？不能只考虑经济指标，也要想到移民。

引水式水电站该叫停了！这不是"绿色水电"！

怒江是不可复制的国宝！

刘树坤告诉我们：1999 年他在《中国水利》及《科学时报》上发表了大水利理论，可概括为："通过流域的综合整治与管理，使水系的资源功能、环境功能、生态功能都得到完全的发挥，使全流域的安全性、舒适性（包括对生物而言的舒适性）都不断改善，并支持流域实现可持续发展。"

大水利的核心是治水不能只追求开发水的资源功能，而是综合开发。具体来说要考虑 7 个方面，即防洪、供水、水质、景观、生态、水文化、水经济。俗称"七个水"或"七水共治"。

刘教授提出的 7 个水的汽车理论更有独到的见解。

他说：7 个水的大水利理论又可以形象地说成是汽车理论，大水利建设如打造汽车一样。

汽车要有 4 个轮子才能稳定自如地行驶，水利建设的 4 个轮子就是防洪安全、供水安全、水环境安全和水生态安全；汽车要有外观设计，根据需要可以设计成越野、商务、面包车、小轿车等不同外形，水利工程也要有水景观设计；汽车要有品牌，如奔驰、宝马等可以表明其品质和企业文化，水文化就是水利建设的品牌，通过水文化展示水利形象；汽车有动力系统，排气量越大，速度越快，水经济就是水利建设的动力，资金渠道越畅通，投资回收越快，水利建设的发展就越快。我们要像打造汽车一样来推进水利建设。

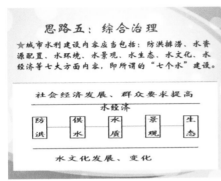

12 月 11 日，"江河十年行"走近雅砻江锦屏峡谷。

2006 年和 2008 年"江河十年行"时，我写的江河纪事中有这样两段：2006 年绿家园"江河十年行"第一次走到这里时，我们这些走南闯北的人认为这里简直就是处女峡谷。

雅砻江位于四川省西部，凉山州盐源、冕宁县境内。

锦屏山位于冕宁县境西部。雄踞雅砻江河套，西、北、东三面环江，拔地而起，直上云霄，气势磅礴。海拔 4 000 米以上的山峰有 35 座之多。锦屏山最雄，位于锦屏乡，海拔 4 193 米，岩壁矗立似屏，景色壮美。

雅砻江大峡谷，长 99 千米，是县境内最长、最深的峡谷，雅砻

2006 年　锦屏峡谷

江环绕锦屏山而流，江水湍急，江面海拔最低点 1 700 米，与峡谷两岸高山的相对高差达 2 000 米左右，风光壮丽，不逊于三峡。虽然水道礁石密布，不能行舟，但沿锦屏山一侧谷底山坡上的马帮小道徒步或骑马行进，另有一番景致，具有震撼人心的观赏效果。

2008 年"江河十年行"去雅砻江时，媒体有报道："2008 年 6 月 30 日晚，一场暴雨突降四川冕宁，7 月 1 日凌晨 1 时许，位于冕宁县西南约 80 千米的里庄乡董家沟暴发泥石流灾害，数十、数百千克乃至上吨重的山石随浊浪汹涌而下，扑向由汉、彝、藏、蒙四民族构成的里庄乡里庄村，泥石流所到之处，人畜饮水管道断裂、耕地毁损、合抱粗的大树被拦腰砸断⋯⋯

石流源自何方？人们溯浊水而上，很快在上游不远处找到了答案。原来是锦屏水电开发公司施工单位为节省开支，未按规定将修路产生的荒渣全部倒进指定沙场，而是就近就便倾倒，致使大量荒渣从半山腰顺陡峭山坡直接滚落谷底。堆积的荒渣拦断溪流，形成了一个个大小不一的水塘（堰塞湖），这些堰塞湖因 6 月 30 日的暴雨而溃坝，像多米诺骨牌一样逐一垮塌，洪水裹挟着乱石直扑下游，一路肆虐，之后冲进奔腾的雅砻江。

今天中国的泥石流有多少是真正的天灾，有多少是人祸，多希望有人把这当成一个课题研究呀。

今天一大早，我们走在雅砻江边，街上卖的菜挺新鲜。和卖菜的老乡们聊起来，他们说的让我们有些意外。

2015 年　雅砻江边的早市

他们说：现在的生意都不好做了，以前饭馆要买好多菜，现在去吃的人少了，他们买菜也买得少了。旁边我们吃早饭的老板听此凑过来说：我们饭馆现在少了有一半的生意呢！

反腐，抓大老虎，能影响到村里的农民身上，是好还是不好呢？

反腐当然好，可是卖菜的生活都受了影响，这又怎么办呢？好多事儿，常常是压下葫芦起了瓢。今天我们要去的另一户跟踪采访的水电移民家，是个开饭馆的，2011年我们去他家时，他们还说是受全球经济危机的影响，生意不好做了呢。

昨天晚上我们走进锦屏峡谷，最大的感叹是10年了，这里的路还是这么烂。电站修的好路，当地老百姓还是不让走。

2008年我们去锦屏电站，看到那条正在修的公路前挂着牌子"电站专用"。当时我们并没有在意。

2011年我们再去，大路修好了，真是漂亮极了，可我们被拦住了。无论我们怎么说，当兵的守在那儿，就是不让我们走这条路，说是电站专用的。很多等着的人都帮我们说情，央视记者也亮出了记者证，我们说是去拍雅砻江大峡谷的，死活就是没让进，我们只好去绕路。

本来一个小时的路，这一绕就要五六个小时。我们一年只来一次。

那天，我们在锦屏电站旁吃午饭时，当地一位村支书在窗外看我们吃饭。旁边的人告诉我们她是书记，我们把她请到桌边和她聊了起来。

我们说雅砻江峡谷两岸被修坝破坏得太惨了。她对峡谷成了今天这样并没有什么遗憾。她说树还能长。在这位村干部看来，他们那儿现在最大的问题就是路。她说：修一座电站，修一条专线，当地人不但不让走，专线没有修好前大车压坏的老路坑坑洼洼的，新路修好了，他们自己走去了，老路就没人管了。可怜的山里人，现在要想出出进进，只能绕道在颠簸的路上爬行。

这位女村干部那天对我们能帮他们在媒体上报道寄予着希望。

代兴民是"江河十年行"要跟踪采访的 10 户人家中雅砻江边的一户。可是因为去他家的路实在是太差了，我们没有每年都去。

2006 年，我们去代兴民家时他告诉我们：本以为修电站可以让我们多找些活路，专门买了一辆大卡车准备拉活儿。可是后来我们还是把大卡车卖掉了。因为工地多用自己带来的

2006 年　采访代兴民

人，不用我们当地人。

2006 年我们去采访时，当地人还有一个担心：如果修了锦屏电站，这里的大江会不会也像外面那些大江似的，被大坝拦截了的江段就没了水。那次，代兴民说：我们这么好的大江，哪怕给我们留下一点水也好。

2008 年代兴民告诉我们：这两年他们不但活路没找到，而且连养蚕的桑叶也被过往大卡车扬出的烟尘覆盖，弄得蚕都不吃了。这是他们怎么也没想到的。代兴民身上有些书卷气。

2011 年我们采访他时，我有这样一段记录：

代：我是从 1973—1985 年教书的，实际上 1972 年我还没毕业，才 14 岁，我爸爸是乡里管理学校的主任，也就是说整个李庄的学校他来管，他要我必须教书，因为那个地方很偏远，高山上。他就死死地把我留住，因为他是个老干部。我想去当兵，体检各方面都合格了，接兵的人到我家来接我，结果我爸爸说不行，不让我走。

汪：就是让你教书。

代：那个时候属于民办，一个月就几块钱。到 1985 年十几块钱。我教出的学生，一个在财政部，一个在卫计委，还有当校长的。可因为是民办教师，在冕宁县，民办教师退休金的问题一直没有解决。没有办法。

汪：你不去找找，努力一下？

代：也没有去努力，努力也没用。

代兴民说县里像他这样的民办教师不止他一个，但他的教龄最长。当年是为了山里的孩子才留下的，现在这样的待遇，让他有点心寒。

我们在代兴民家采访时，他的妻子曾经问了我们一个问题：

代妻：像你们这样采访有什么作用吗？

汪：你看中国现在的大河大江，一会儿干，一会儿涝，这两天不是又涝了吗？前一阵子是大旱。所以我们想对中国的这些大江大河作一个 10 年的跟踪采访，就是记录这些江河的变化。但是我们也不能光记录江河，也要记录生活在江边的人家的变化。10 年，我们选了 10 户人家，雅砻江就选了您家，我们 2006 年第一次来走到这儿，您正好在外面，我们还有几个年轻记者想到您家后面的桥上拍些大山大江的照片，这样，我们就把您这家算成要跟踪 10 年的一家了。

我这样回答了代妻后，她倒也没再接着问。我就又接着和代兴民聊着。

汪：你们家现在还开这小卖铺吗？

代：开着。

汪：小卖铺的生意还好吗？

代妻：现在好一些了，方方面面都有提高。

汪：生活水平提高了？

代妻：原来是 6 000 元钱一个月，现在应该有 8 000 元左右没问题。

汪：你家现在一年大概全都算上收入能有多少？

代：也就是五六万元钱。

汪：2006 年那个时候多还是现在多？

代：都差不多，有点发展，但是我们现在的开支增大了。老婆一个月要 800
元钱的药费，她血压高，52 岁了。

2015 年　过江

2008 年　刘树坤在代兴民家

2015 年"江河十年行"到代兴民家时，家里就他一个人，老婆又到西昌看病
去了。

代兴民告诉我们，小铺还开着，原来小铺可以维持家里两三个人的生活，现
在不行了。

我们问代兴民，都 10 年了，你们家门口的路什么时候能修好呢？他说：不知
道。他说，当地人要走电站的路，可以办手续，但很麻烦。

我问代兴民，来你们家之前，我们又碰到了 2011 年来时的那位当地人。那次
他说修电站占了他家的砖厂，4 个孩子没钱上学。这次来，他举着张施工图，说

他要集资修桥、修路。电站不给你们修路，村里人集资修路，是不是也是一种办法呢？

代兴民听了很不以为然。后来又补了一句：他也是为了赚钱。

代兴民一儿一女，现在都在外地打工。女儿原本学的是旅游专业。家乡这么美，可她却没能做旅游这一行，而是跑到内蒙古打工搞收购去了。很长时间才回家一次，今年可能又不回来了，因为今年没有挣到钱，代兴民说。

2015年　刘树坤和代兴民

2011年我们去时代兴民告诉我们，儿子和儿媳在两地打工。这次他说还是离婚了。小孙子9岁了，每年只有寒暑假能来看看爷爷奶奶，他们很想孙子，但是没办法。儿子又结了婚，这次是和媳妇在一起打工了。

代兴民说，现在家里的生活主要还是靠种地。四亩地都种青椒，一年能卖3万多块钱。原来养蚕是很大的一笔收入，但修电站，来回跑车，桑叶不行了。不过，当地不靠路边的人家大部分还在养蚕。

代兴民的媳妇今年在西昌医院住了20天，治牛皮癣和糖尿病。还去北京中西医结合治了一趟，花了6万多块，新农合没给报。因为人家说，必须有省一级的医院给你开证明说治不了你可以转院治疗。但是谁会给你开这种说我治不了的证明呢。

关于路，代兴民这次还告诉我们，原来是武警站岗，现在改成从西昌来的保安了。我们问为什么呢？代兴民说，是从政府招的保安，可能修好了路属于他们的产权。我们说那本来是你们的地盘，凭什么就算他们的了？代兴民说：这个我们搞不懂。不过，修路经过谁家，还是有些补偿。路的产权归谁，在中国一直是笔糊涂账，不是吗？

2011年，代兴民他们村有户人家因为山上修路放炮，晚上睡着觉就炸了，房子晃得稀里哗啦的，第二天早上发现家里的地出现了大裂缝。

农家妇女没办法只有去村里反映，地给炸成这样了，要是房子塌了怎么办？村长去看了看后说"等垮了再说吧"。临走还给了这样一句：注意安全。

这位农家妇女问我们：我们一家老的老，小的小，怎么注意安全？

2011 年　　耕作　　　　　　　　2011 年　　家里的地成了这样

那天，我们艰难地在她家的地里爬上爬下时，在一块大石头前，这位妇女让我们快走几步，并说大石头随时都有滚到江里的危险。

那天，看着这位妇女焦急的样子，我们帮她拍下照片，回到北京后把照片寄给了当地政府。

后来我们做的还有，把这些照片放在网上，让有关部门在大山里修路时，不要无视千万年形成的大自然和生活在那里的老百姓。也让有关领导回答一下，这位农家妇女的疑问：我们怎么注意安全？

2015 年"江河十年行"在代兴民家时，我们听到了这样的结果：

代兴民：赔了他家两万多元，是修路的老板赔的。大家都知道他们家地震坏了，这儿的人都知道了。

"江河十年行"10 年来，帮助农民解决近期遇到的困难事，也还是有一些的。而且，这种一跟踪就是 10 年的采访，也让我们记录了当今中国社会偏远地区的发展足迹。

清华大学社会学博士唐伟、记者谢玉娟和我在代兴民家，也问了村里选举、小学生上学、年轻人外出打工、文化传承等事。我们的对话是这样的：

唐：你们这儿的村主任是选的吗？

代：只是一个过程。

唐：要花钱买票吗？

代：要。基本上出钱就能选上。

唐：一张选票大概要多少钱？

代：50 块，一般现在我们都不参加。

唐：你都不参加，选举你也不参加？

代：对。我们这个村的村主任他老汉是原来李庄工委书记。

唐：他老汉那就是他爸爸？

代：是，他的户口是在当地的。一般村里面的事情我们都懒得管。原来我也是个村干部。

唐：当过几年？

代：3 年。

唐：那时候也要花钱拉选票吗？

代：不会。我当村干部的时候，缺钱的时候我个人的钱还贴点进去，现在他们只有从里面捞的，没有往里添的。

谢：现在这里还有小学吗？

代：原来我们村是从一年级到小学毕业六年级，都办齐的，现在都不存在了。

谢：都去乡里上小学了？

代：小学都要去李庄上了。

唐：村里面出去打工的多吗？

代：这些年多了。

唐：都去哪儿打工？

代：好像哪儿有项目就去哪儿。广州、深圳、上海、北京都有。

唐：你们这儿有退耕还林吗？

代：有。我退了三亩地，好像一年有 1 000 多块钱。

谢：现在你们这儿的彝族有一些什么民族活动吗？或者有一些文化生活什么的吗？

代：他们还是有他们的宗教信仰。他们过火把节，主要就是唱歌喝酒。

谢：这儿的汉族有什么文化生活吗？

代：我们就有个中秋节和七月半。七月半也就是给老人烧点纸、烧点包。

谢：那不就是鬼节吗？

代：对。

唐：平时这儿串门的多吗？

代：很少。

唐：这个村一共多少人、多少户？

代：有 50 多户，4 个社有 500 人。

汪：你的那个民办教师的退休金还去找吗？

代：找了几次没有什么反应。我们这个地方偏僻，他们来搞过一次调查，有的人是可能当时就代过几天课，也要算。听说有退休金，一下子报了 30 多个，其实就 15 个人。所以我们村子很多事情也很难说。我是 14 年多。

2011 年"江河十年行"到代兴民家访问时，早上一出来，我们碰到要去赶集的老两口，78 岁的老头和 65 岁的老太。在我们就要离开锦屏时，他们卖完了背篓中的李子，两块钱一斤他们卖了 180 元，高高兴兴地爬山回家。看到我们，他们拉着同行的清华大学博士后杨丽的手，让我们和他们回家，从树上摘些李子带上。我们说，没时间了，我们要走了，他们的脸上显出了遗憾。

代兴民，一个当过民办教师的农民，今天的生活因锦屏电站的修建起起落落。他虽然自豪于自己的学生有在国家机关工作的，但也安心过现在养猪、种青椒的农民日子。

可是，像他这样不外出打工，且有一定文化的农民，对当今村里的很多事都不参与，甚至无动于衷，这对中国农村的未来，又意味着什么呢？离开代兴民家，我们的大巴又在雅砻江流过的大山里穿行。烂路继续着。大山的破碎让人看得心疼。我们一定要这样的发展吗？

2011 年　雅砻江在这里拐了个弯

2015 年　大山中在修路　　　　　　　　2015 年　堵

刘树坤教授在大巴课堂上再次强调：已经有专家分析，未来 10 年，中国将因大量修建水电站而进入地震高发期。对此，我曾给当时任国家总理的温家宝写过相关报告。我说："水库对周边的地质肯定有重大影响，这是得到证明的。"水电诱发地震的案例在国外也有。

看着满目疮痍的大山，刘教授还认为，修建水电站引起山体滑坡是一个显而易见的事实。因为山体主要靠各种岩石之间裂隙的摩擦力来支撑，从而保持稳定。如果从山脚下至半山腰都泡水了，摩擦力就会降低，当摩擦力降低到不足以支撑山体重量时，就会发生大规模的滑坡。"所以，三峡大坝建成之前，科学家就很担心滑坡问题，为此做了大量论证和调查。现在，三峡周边一些移民新村的山体已经不稳定了，亟须再采取措施。"

全球经济危机影响之广，怎么形容可能也不过分。这是 2011 年我们在雅砻江二滩水电移民家采访后，发出的感慨。

从 2006 年开始的"江河十年行"跟踪采访的 10 户人家中，只有攀枝花的一户是当地环保局帮我们选的。去了后，我们本想和环保局的人说，这样的移民没有代表性。可后来想想，这样的人家有一个也是代表，也可能会有意想不到的收获。"江河十年行"跟踪记录

2011 年　张府

的 10 户人家中，因水电的修建而被移民的，二滩电站这户人家，一直是我们采访中日子过得最好的一家。

张宗洲原本也是农民，从二滩电站筹备起，开始当上了小包工头。在 10 来年的时间里，花了 120 万元修建的张府酒店，完全是靠他自己赚的钱修起来的，一分贷款也没有。

2006 年，张宗洲形容自己眼下的生活很实在："一天三打扮，一嘴肉来一嘴饭。"他说的一天三打扮，形容的是有衣可穿、可换。张宗洲说自己当年的希望，靠着二滩电站的建设，就算是都实现了！

村里其他人呢？张宗洲说：大多数村里人的家，都是在原有的地方就地上移的。搬迁后，基础设施的建设并不怎么好，在用水和地力方面，移民们还面临着很多问题。

2007 年，我们到张家时，张宗洲的老婆和女婿在经营着他家餐馆。张宗洲的女儿是当地财税所的所长。我们问他们是不是常有财税所的人来吃饭？他们的回答是财政所离这里比较远。因为忙，28 岁的女儿还没有结婚。妈妈有些着急。

2011 年 6 月 13 日，我们到张家，女儿不光嫁人了，还生了孩子。和前两年来一样，我们还是只看到了张宗洲的女儿和女婿，张宗洲本人一直在他家开的矿上，酒店完全交给了女婿。

张宗洲的女婿说，他们的生意这两年受全球经济危机的影响也不好做了。这让我一下子记起了，2008 年我们到攀枝花，在工业开发区往远处看时，工业园区里有点静悄悄的。陪我们采访的当地人说，是因为受全球经济危机的影响，订单少了，企业也不景气了。

没想到今天二滩电站旁一个小小的食府，也会受到全球经济危机的影响。可见在中国，现在全球化的程度有多高。

2011 年我们去时，餐馆里一桌客人也没有。但张宗洲的老婆告诉我们，每天中午客人还是不少的。他们每年的毛收入能在五六十万元。家里这几年又从别人手里买下一个矿。张宗洲和儿子一块在忙矿上的事，发展刚开始。

2015 年，"江河十年行"到张府时天已经黑了。不过老板张宗洲竟然在家，这是我们没有想到的。

如今矿上不好做了，市场恼火，煤价少了差不多一半。当地的煤质量很好，可外面的煤便宜。坐下来聊，张宗洲和我们说了这一大堆难处。

好几年没有见到张宗洲，我们问他开煤矿是不是挣到钱了？他却说：现在挣啥子钱？标准化建设投入太大了，10年全部是投入，挣的钱全都进去了。

2015年 采访张宗洲

我们问：全部都投进去了，是多少呢？

张宗洲说：上千多万元，回不来了！

我们问：现在是关着还是停着？

张宗洲说：停着，没开工，开不起了。

我们问：标准化是省里的标准，还是国家的标准？

张宗洲说：国家提出来的，职工大楼全部要搞成瓷砖化，这个投资太大了。以前说实在话，除了办公用的，工人的房子就是简单的土墙或者是砖墙，撑起来就可以了。现在里里外外都要瓷砖标准化。

我们问：那你想转行，还是等市场好些了再重新开始？

张宗洲说：只有等了。市场，物价上涨一点才干得了，没有资金你开不了，动都不敢动。

我们问：对于民营企业家来说，你有没有加入当地的什么商会、工会？

张宗洲说：盐边县有个体商户协会等什么会，我基本上都参加了。

张宗洲说：现在的问题是普遍性的，不是我们一家。我家现在不光是矿不行了，酒楼生意也不好，以前最好的时候，光酒楼一年挣个百八十万没问题，现在工资都发不出了。我都准备马上关门了。这两年都是亏本干的。自己修的房子虽然不用租金，可几天不开张，也没法做下去了。

对此张宗洲认为：我们二滩景区说实在话，就是开发没搞好。二滩森林公园景区，搞了一半就停止了，搞不下去了。我们这些餐厅也就是靠旅游发展的，外

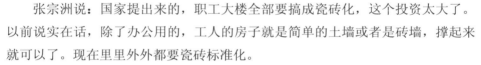

面的旅客有看的、有耍的，再加上我们有吃的，那就可以了。但是现在来二滩旅游的人不多因为没看的、也没耍的。还有，原来政府请客来得挺多的，现在也不敢来了，完全不来了。

我们问：你女婿现在不在这儿工作了？张宗洲说他开始找别的工作了，现在就只有我在这支撑着。

精明的张宗洲，对国家用标准化要求矿业生产还是理解的，不然事故杜绝不了他说。不景气的饭馆也没有压垮他。2015 年他种的芒果卖了 28 000 块钱。他说，我品牌打出来了确实好。海南、广西的芒果早熟，我们属于晚熟，这就可以打个时间差。发展起来的话，5 年左右挣个几十万没问题，那时就又可以翻身了。张宗洲 59 岁了，他认为自己还可以奋斗 10 年。

因为还要赶路，我们不能再让张宗洲把自己未来的宏伟设想谈个够。不过从他的身上，我们还是看到了这位颇具特色的中国农民的性格与精干。

明天，我们将离开雅砻江，进入云南，走近金沙江。三峡上面还要再修 25 座大坝，水利水电专家刘树坤认为的成了唐僧肉的长江，这些年的记录除了大江的变化以外，最让我们要记录的，是那里的农民。"你们城里人靠货币生存，我们靠自然"就是出于金沙江边的农民之口。

6．再谈资源是社会不稳定因素

2015 年 12 月 12 日，"江河十年行"到了攀枝花两条大江的交汇处。这里我们记录了已经整整 10 年。前些年，雅砻江和金沙江在这儿汇在一起时，是能分得出来的。黄色的金沙江，清色的雅砻江。这次来，两条大江交汇时的颜色不那么明显了。

2009 年 "江河十年行"在两江汇合处采访地质学家杨勇

2014 年 两江汇合处污水直排

两条大江水的颜色为什么一样了，说来有点惨，就是上游都修了大坝，沙被拦在了上游。特别是金沙江，现在的江里别说金沙，就是普通的沙也少了。水也平缓了许多。

2014 年"江河十年行"在那里采访时，突然就发现有污水直排到大江中。我们拨通了环保局的电话，他们很快就来了。随后，因杨勇的

2014 年　在攀枝花环保局采访

关系，我们如愿采访了攀枝花环保局的胡副局长和总工。

总工当时说的是：我们在工程措施这一块，对涉水的企业目前正在做一些深度治理，如像钛白企业，虽然有些达到了国家标准，可电站建了之后水流速度自净能力降低，我们对排放会要求的更严一些。

2014 年"江河十年行"采访总工时，他还说："攀枝花市内有两条大江金沙江和雅砻江。大江既是我们的取水口，也是各种污水的排放地。那我们在生活污水的处理上，就要加大配套管网的建设力度，加大污水处理厂建设进程。目前正在建江对面的一个 10 万吨污水处理厂，为了保护饮用水的安全。"

总工说："还有攀钢，攀钢在建设的时候基础设施不够配套。虽然各个厂都建了污水处理装置，但是把水收集了、处理了，处理后的水质如何？从环保来说，

2008 年　环保老人罗兴全深深地担忧着

我们的任务确实比较艰巨，第一，长江上游来水就是污染的；第二，这个地方是一个工业城市。不管是污染治理也好，监管方面也好，我们还有很多工作要做。"

从 2006 年"江河十年行"第一次到攀枝花，我们就看到攀枝花黄磷厂排出的废水污染之严重。后来这个厂被关闭了，新厂搬到了工业

园区。

2007 年因泄漏停工的黄磷厂，留在山坡上的那片白色，也就是黄磷厂的废料，下雨后流入大江，渗入土壤。

2009 年"江河十年行"到那时这个黄磷厂关门 3 年了，但那堆"白"却依然在哪儿白着。当地的环保老人罗兴全希望能向厂子要求索赔。也有公益律师介入，可是当地人对老罗的行动并不积极。

2009 年　环保志愿者罗兴全带我们去拍黄磷厂搬到工业园区后

2014 年，难得能采访到环保局领导，我们把新黄磷厂的"火炬"和老黄磷厂堆放的白了大山的工业垃圾堆放问题，也向两位领导提了出来，他们给了这样的回答：

总工：黄磷厂的水不能外排的。只是有时候出现泄漏事故或出现垮塌以后泄漏到江上，但是它不外排。

记者：但是它的废料都堆在山上。

总工：它有一个堆场。

记者：堆场是露天的。

总工：是露天的。

记者：下雨会渗水。

总工：在堆场底部有渗漏收集池，收集后回水再进行处理，水是不外排的。

记者：你觉得不会泄到金沙江里？

总工：水质我们监测过，那边主要是磷的浓度比较高一些，但是它的水从环保这个角度是不允许外排的。

2015年　航拍关闭的黄磷厂

2015年"江河十行"我们再次到了这个被关了的黄磷厂旁。厂房还在，山上那片白，也没能改变颜色。去年总工说的在堆场底部有渗漏收集池，收集后回水再进行处理，水是不外排的。可关闭了那么多年后，还有人来处理渗漏池里的水，去化验水质吗？

前些年每次我们来，当地的环保老人罗天全都会带着我们到这个让山还白着一大片的废弃老厂。2015年，因为老了，老罗没能再随我们来，再向我们介绍当地人对此的担忧。

2007年"江河十年行"开始跟踪记录这个上面有钛白粉厂等几家大企业的排污口。

2009年　采访家住旁边的刘大姐：他们都是晚上排的，呛得不行

从 2007 年开始拍这个排污口时，这里流出的水完全是黄色的。2009 年水好像清了些。

2009 年，住在这里的居民刘大姐和我们说：其实排污口是一直在排放的，相比于白天，夜间的排放水声更大，气味更浓。

那天，采访后，我们决定夜里再去一次那个排污口。夜里 12 点我们去了。

2009 年　拍到的排污口流出的水

但并没有像刘大姐说的，我们看到的情况和白天差不多，水没有大，臭味也没有怎么加重。不知是我们的动静惊动了谁，还是就这样。

2010 年，我们再到这儿时，除了听住在那儿的人继续抱怨着夜里的偷排之臭以外还被告之，2009 年我们采访过的刘大姐因肺癌去世了。

2015 年"江河十年行"又来到攀枝花这个排污口时，水基本清了，味道也不大。我们又走进对面的那个小院，那家的女主人和以往比，脸上有了笑容。

她说记得我们。

她说："这两天没有放了，不过就半个月以前放水的颜色跟现在不一样，是黑色的。"

她说："这个院子里现在就两户人家了，我们没地方搬。小孙子才满一岁，我都不敢带过来。"

2012 年　排污口

2013 年　每天晚上臭得很

2014 年在采访攀枝花环保局领导时，领导们对我们很有信心地说：这几年钛白粉企业是我们环境执法监管的重点企业。它每天产生的废水量很大，但是这个废水必须要达标才能外排。

环保局的领导还说：我们为了管住这股水，在每家钛白粉企业的外排口都安装了水的在线监控设备，排放的情况随时都会反馈到我们监控中心。通过监控中心看它们的水质变化情况。通过这个方式进行监管。还有就是我们环境保护部门定期不定期地进行抽查或者进行突击检查，然后把外排的水取回来之后进行检查，如果超标，我们立马查处，该处罚的一定处罚。

"江河十年行"已经是第 10 年了，这个排污口的颜色看起来也清了不少，但是听住在那儿的那户人家的女主人说后，我们心里并不轻松。

2014 年 4 月 16 日，我们离开攀枝花时，拍到的、看到的、听到的，不能不令我们这些关注江河、关注环境的人深深地担忧着。一个以花为名的城市，在四川省环保厅首次对 25 个省控城市的空气质量排名中垫底。

这到底是因为什么：领导渎职，过于追求 GDP，公众环境意识差？

2014 年在攀枝花采访时，环保局办公室主任严健生的一席苦衷，而他露出来的牢骚，应该说，也是如今很多环保官员的心里话。

严健生："我还是文献管理处处长，两个处的处长，就我一个人，把所有的企业全部跑完要 9 年，我怎么是渎职呢？我该发的文件，该下的东西，该下的单位都下了，我怎么渎职了？我们人手太少了，平均一个处室大概 1.1 个人左右。基层环保局市一级的单位，才只有 23 个行政编制，这里面包括 6～7 个局领导，干活的人也就只有一两个。国家环境保护部门也是这样，一个司都没有几个人。

"我说的问题基本上是全国性的，如说违法成本低、守法成本高，体制问题，法律法规问题，相互扯皮，没有形成合力，导致了今天这样的污染现状。

我是不想干了，确实不想干了，工资太低了。现在拿到手上一个月只有 4 000 多点，我工作可是将近 30 年了。"

2013 年，杨勇起草，所有参加"江河十年行"的专家、记者联名写了就攀枝花 40 万吨/年煤焦油精细化加工及 12 万吨/年特种炭黑项目致中共攀枝花市委、攀枝花市人民政府的信。信中指出：攀枝花 40 万吨/年煤焦油精细化加工及 12 万吨/年特种炭黑项目选址在城市上游的金沙江畔，对这座城市赖以生存的水源构成威胁，我们认为，这样的决策和行为至少是对全体攀枝花人民和长江下游广大民众的不尊重和蔑视！希望叫停这个项目。

那次，不光是攀枝花环保局的领导，连攀枝花做纪检的市领导都来找我们为那个项目说情。

2014 年"江河十年行"时，我们知道这个项目终于被取消了。

杨勇是攀枝花人，今天的攀枝花的环保问题让他说了几次不管了、不管了！可我们知道，他放不下。他一边在曝光着这些污染企业，一方面又在说：这两年一些重大的安全事故都出自攀枝花。特别严重的是 2012 年的那次瓦斯爆炸事故，死了四十几个人，导致现在攀枝花的很多民营煤矿都还处于停产状态，甚至导致了整个西南地区的民营煤矿的停产。这也使政府在整顿小煤窑的工作上痛下决心。

但是让杨勇很不理解的是，事故发生都两年多了，有关部门到现在都还没有拿出解决方案。因为这个事故，国家安监总局和四川省下达了一个硬性指标，光四川省就强行关闭 400 家小煤矿、民营小煤矿。

杨勇说：关闭这 400 家煤矿将会出现一些难解的问题。一个是这些煤矿是合法的。国家在矿整以来，对这些地方小煤矿进行了整合、技改，甚至还提高了产能，从 3 万吨上升为 6 万吨，后来又改为 9 万吨，这些都是在这几年矿整的过程当中的改进提高。但是这一轮矿整还没有结束，就连续出现了那么多重大安全事故。这些煤矿整改的投入都是几十亿元，折腾了很多年。几十亿元投入的效益不能发挥。

全省要关闭 400 家煤矿企业，要几百亿元才能把这些资产处理好，真是走到死结上。省委书记说我下的指标就关 400 家，完全没有任何科学评估，脑袋一拍，400 家煤矿关闭。

多年来，大家都在这个骨头上啃肥肉、啃瘦肉，然后吸骨髓，现在这样的局面真的很糟糕。

2014 年"江河十年行"离开攀枝花前还听到了这样的说法：我们攀枝花已经列为国家战略开发区了，所以这个地方还要开发，还要加大开发力度。

攀枝花是以花命名的城市。2015 年 12 月 12 日，在两江汇合处，我们拍到了盛开的小花，拍到了四通八达的桥，也拍到了堆在大山上的"白"，还拍到了沿两条大江竖起的"景观"。

在"江河十年行"的大巴课堂上有人问：这 10 年的记录是这样的，如果再记录 10 年攀枝花又会是什么样呢？

2015 年　沿江的桥

2015 年　江边的"竖起"与污水的"出口"

2015 年离开攀枝花，我们的车在大山里穿行。路边大山的伟岸让我们感叹大自然如果都是原汁原味的该有多美。快过年了，路边的老乡在杀猪，我们也希望他们的日子过得越来越好。可是，这生活得好和发展中的丑有矛盾怎么办？

在"江河十年行"的大巴课堂上，刘树坤教授告诉我们，现在雅砻江的水电是按照梯级水电开发的理论修建的，就是每一个大坝它的尾水要和下个大坝的坝址连起来。江上 21 个要开发的水电站建成后，雅砻江就不再是一条大江，也不再有滚滚流淌的江水，它将变成 21 个人造的人工湖泊，将会变成相对静止的水库串。

这样的情况形成以后，雅砻江原有的水生态系统基本上就要消失，取而代之的是以人工导入的物种为主的人工水生态系统。这个将对我们整个

2015 年　田是绿的，河是干的

中国的生态系统造成什么影响？有待进一步研究和观察。

2015年"江河十年行"大巴课堂上，记者陈杰说他和一位当地女孩的聊天内容，把我们的话题又引向了目前正在被开发着的乡村存在的另一问题上。

陈杰：昨天我找了一个小女孩聊天。女孩他们村彝族是主要的原住民。女孩初中毕业16岁就开始出去打工，已经在外面一年多了。这次是回来过年，她说她特别想家。

陈杰问她：你们这里条件也不好，你不愿意在外面留着吗？

女孩说：不愿意，特别想家。但是家里这边只有种粮食，没有其他收入。家里有5个女孩。

女孩还说她现在在广东打工，可是整个工作的地方经济也不好，她可能要换到东莞去。

女孩这次回家乡还要做一件事情，就是她的老板让她带5个伙伴去那边工厂，就是发展几个下线，主要做一些电子配件。不过她有些担心，这个活儿会不会有污染，对身体会不会有伤害。女孩的脸上长了很多痘痘，可能是青春期吧。

一个十几岁的孩子有家不能归，对自己的前途很是迷茫。当地的水电开发也好，开矿也好，这样的活儿计是轮不到她们的。

香港水政策研究专家刘素听到这儿接过话说：去年我做过一段时间的乡村教育调查，特别到了比较偏远的乡镇。那里的自然环境不错，很多少数民族聚居。但是那里没有旅游资源。

这些地方普遍存在一个什么现象呢？ 山水很好，农业产业比较落后。因为存在生计问题，大部分年轻人念到初中毕业，家里人就会说赶紧出去打工吧。虽然大家都知道农村的教育不断地在发展，但结果还是稍微优秀一些的年轻人或者成绩好的青年都到城市打工去了。

也就是说，农村教育再好，这些孩子们最后还是到城市去了，去为城市服务。过去，我们的城市是靠掠夺农村发展的，现在同样还是这样，包括人力资源、人才资源都是这样的。农村永远偏远落后，永远没有文化。受教育的孩子永远离开农村进入城市，这个地方也许出了很多大学生，可这个地方还是没有一点进步，几十年来还是一样的，这是一个特别难解的问题。包括现在乡村教师也特别地缺乏。像内蒙古鄂尔多斯这么富有的地方，教师工资能够达到每月一万多块，同样都师资匮乏，因为没有人愿意到偏远的地方去，这是一个普遍存在的问题。

刘素说：我也不知道这个问题的根源在什么地方？可能跟我们的教育改革有关。也可能跨越式的方式太激进了，大跃进的方式把过去的文化全部一刀切。其实，民办教师是农村教育的中坚力量，现在却有各种政策限制他们的存在，更别提发展。

乡村空心化，现在其实不止在云南、四川这种边远地区，像广东，相当发达的地方，乡村空心化也是非常明显。留守儿童和留守老人是主力，青壮年全都出去了。爸爸妈妈在外面打工，就会觉得亏欠了自己的孩子，所以物质上是尽量地满足，宁愿自己省吃俭用，也要给他的孩子买最好的衣服、玩具，给充足的零花钱。

这些孩子因为缺少父母的爱，自信心还有人格方面都会有很多问题。一些女孩子不太懂得怎么保护自己，还有一些更恶劣的情况。

刘素说，乡村空心化除了教育问题，还有心理健康、精神健康这方面，可能它的后遗症更大，这不是我研究的，是观察到的问题。

在"江河十年行"的大巴课堂上，年轻的记者谢玉娟对这一个话题也发表了自己的看法：以前我们谈贫穷的原因一般是两个方面：第一，是个人品质问题，就是懒惰、不思进取，所以导致你贫穷。现在我们看，还有一种贫穷，就是结构性的，什么叫结构性的？比如说地方资源很贫乏、交通非常落后，这不是你个人可以解决的问题，你自己再勤奋、再努力可能也无法逃离，结构层面的影响更大。

2015年 "江河十年行"在路上

我在大巴课堂上说，其实年轻人离开家乡并不只在我们中国。在西方，像美国、意大利我都在一些乡村采访过，年轻人一样往大城市跑。不过美国偏远地区，乡村老师的工资会非常高。有个美国朋友告诉我，据他所知，在美国大学毕业后，有70%的年轻人选择到公益机构工作。他们认为这是人生的一种历练，成家后再过舒适的生活。

在谢玉娟说了她自己对贫穷、地方资源、社会结构的认知后，我想起了金沙江农民杨学勤说的一句话：资源是社会不稳定因素。"江河十年行"走了10年了，真的发现，如果外面对那里没有太多的"扶持"与开发，农民的日子或许过得不像城里人那样富裕，但是踏实的。

金安桥水电站国内外媒体报道的都不少。因为它是在长江主干上，工程已经开始、环评却还没有做的一个大坝。2004年《南方周末》上一篇《虎跳峡告急》的文章中，就提到了它的违规。2005年在民间环保组织绿家园的策划下，先是香港无线电视台，后是中央电视台的《共同关注》栏目，都对这个大坝没有完成环评就开工进行了舆论监督。最终这个大坝是都快建好了才获得了环评通过的。

2007年"江河十年行"站在这座已经截断了江河，开辟了大山的电站前，刘树坤教授说的话是：一条大江的生态功能，到了该让人们认识到的时候了。

2007年　刘树坤教授在金安桥工地

2015年　金安桥大坝修好了

2015年　有了金安桥电站的金沙江

2015年　夜行

2014 年、2015 年，我们再看到的金安桥电站边的大江，如果只从颜色看，是漂亮的。但是没有金沙、没有鱼的大江，还叫金沙江吗？没有了树和鸟的陪伴的小花，不会寂寞吗？

今天晚上，说好了是到金沙江姚叔的侄子家去吃杀猪菜的。在金沙边的乡下还有这样的习俗，过年杀年猪，谁家杀猪，亲戚邻居要帮忙，杀完了，会在一起吃顿饭，有刚杀的肉，就叫杀猪菜。

2015 年　等着我们的杀猪菜

本来我们紧赶慢赶，晚上七八点钟总能赶到离长江第一湾上面十来千米的姚叔家的。哪想到，刚出长江第一湾石鼓镇没多远，前面的一起车祸把我们拦在了路上。过路车压了当地人，警察来了几拨也没有摆平，路上的车不让过，人也不让过，等了两个小时问题也解决不了。姚叔出主意，他们那边的车过来接我们。他说乡亲们等了我们一天了，无论如何也得去吃。

跑了一天的路了，几位专家回到长江第一湾住，记者们下到江边摸黑走过出事故的那一段。

夜色中，江边的小路不好走，但所有走的人都有点兴奋。低头听着水声、虫鸣，抬头看着深蓝色天空中的月亮和星星，深一脚浅一脚地走，这样的机会别说对今天的城里人，就是对今天的农村人来说，也是机会不多吧。年轻的记者谢丽娟甚至说，这才是她小时候想象的记者生活。于是，我们竟手拉着手地边走边唱起了"一条大河，波浪宽……"，这叫浪漫吗？

我们到姚叔侄子家已经深更半夜了。一桌的杀猪菜在等着我们。金沙江这一带农民的富足我们已经领教了 10 年。这里是金沙江之子萧亮中的家。这位因要留住金山银山也不换的家乡的大江的年轻人，32 岁因操劳过度就失去了生命。"江河十年行"每年都会到他的坟前告慰他，家门口的大江还在自然流淌。每年也都会去看看他年迈的妈妈。

吃完夜饭，我们回到姚叔家。他家的那排大房子我们是看着它们是怎么盖起来的，一起建的还有家里带假山的花园与鱼池。今天天太黑了，明天早上我们可还要好好看看这个农家花园又有了什么新花样。到过他家的记者们会说，这儿就是我心中的世外桃源。

说资源就是社会不稳定因素的，也是这里的农民。明天我们要和这里的金沙江边被我们称为姚叔、葛叔、杨叔的三位叔叔好好聊聊。他们的睿智让我们对中国农民中的能人，有着极大的感叹。

2015 年　姚叔家的大房子

7．我的梦是一座花园

2015 年 12 月 13 日一大早，金沙江农民姚叔家的大房子真把我们惊得不浅。因为前几年来，房子还没有完全修好，特别雕梁画栋的细节还没有显现出来。今天早上看到的这个农家花园，全都出自姚叔和他大儿子之手。这让自认为见过世面的我们，也不能不在院子里细细欣赏起来，体味这山间、河边大房子的地气与大气。

2015 年　金沙江边农民自己设计的小桥流水

2015 年　姚叔自己设计的花园洋房

2015 年　姚叔家的早饭　　　　　　　2015 年　姚叔的外孙女

　　昨晚住在石鼓镇的几位专家、记者，今天早上一到姚叔家，也按捺不住地羡慕起来。本来已经吃过饭的他们，看到姚叔蒸的大馒头，拿起来又吃开了。

　　2015 年 12 月 13 日"江河十年行"的集体日记是钟白羚写的。这位生活在上海、原北京市政府官员认认真真地描述了姚叔的家。

　　"姚家共有 3 个院子，约有 5 亩地。进去第一个院子是小场院，一个鱼池、一圈花盆、一座小楼、一排平房合围了这个院子，一排金灿灿的玉米镶着红红的辣椒串，煞是好看，一堆硕大的南瓜，显示了主人家的丰收。北房是旧的二层木结构楼房，西房为木质平房，东头是主人的住房，西头是大厨房、淋浴房。厨房里操作台、柴锅、电锅、藏式柴炉，各种家用电厨具一应俱全，两张矮方餐桌可以十几个人围坐，现烙的发面饼、刚煮的奶茶、自腌的小菜，吸引已经吃过早餐的我们禁不住再尝尝这农家味。"

　　这几年到姚叔家，他都会从地里给我们挖出酒坛子，让我们尝尝他酿的酒。他说地里的酒时间最长的有 6 年多了，三两年的也有。

　　存一坛老酒留给儿子、女儿，也等于替子孙后代存钱。姚叔说。

　　让姚叔自豪的还有：我做的腊肉、酒、醋、面、米，卖到深圳、上海、广州、北京。没有经纪人，也没有通过网络。因为来我这儿的朋友都处得好，他们从始至终参加过我的劳动。我做酒他们从头至尾参加过，我做糖他们从始至终参加过，我喂猪他们从始至终参加过，所以他们懂。我收割的时候他们亲自参加过。我用玉米、大米做糖，不是用淀粉，做的麦芽糖可好吃了，他们都让我寄给他们。可惜不够寄的呢。

2015 年　黄满院红点缀

姚叔还说：大千世界我管不了那么多，旁人我也不管。很多人现在就认钱，我是要把家管好，把自己管好。多付出，多辛苦，多劳动，来换取。自己做了自己吃，放心。现在电视剧里面的小品就说，城里人给农村人造毒，农村人给城里人放毒。我们农村人不会产化肥，不会产农药，不会产激素，不会产膨大剂，不会造生长素，我们都不会做，城市里人造了卖给农村。农村人用这些种出粮食，做成食品再卖给城里面人。就是这么回事。

姚叔也感叹：现在，假的东西太多了，所以我们不吃街上买的鱼，鱼我自己养，猪我自己喂，鸡我自己养，菜我自己种，粮食我自己种。我觉得现在我最自豪的是，我并不把挣钱看得太重，原因是我什么都自己做。我有这个园子，没有一分钱照样可以过日子。10 块钱、30 块钱我可以过一个月，在城里 30 块钱一天都过不了。辛苦勤劳以后，自己享受，这就是最大的幸福，最大的自豪。

姚叔的这通"演说"让我们中的几位大呼，好理想，太让人羡慕了。

可是，像姚叔这样的农民，今天中国多吗？这更是我们中好多人的疑问。

对姚叔家的正院，对姚叔的生活态度，钟白羚还有着这样一番描述：

从厨房后门出去是很大的正院，正院西头高大的铁门才是正门。正院真是一个休闲的景观，大卵石铺就的甬道，一条石质水沟里一股清水从墙外经房前屋后流过，一排 7 间正房，屋前柱廊是宽敞的公共活动场所。廊前的金银花架和金鱼缸韵味十足，廊下独木茶台、茶凳、铁艺吊椅、沙发、藤椅，各式花架无不显示着主人的富足和文化品位。正房的西头设有现代化的淋浴房、盥洗台。正屋前是一个跨有小桥的大池塘，围栏护着池中的金鱼假山和盆景，现在是冬天而不见池中荷花争奇。

池塘再前面就是姚叔自家的种植养殖园了，足有场院加正院那么大。橘树、柑子、梨树、冰粉果、树上果实累累，因为是冬天好多果子已经摘完了。养殖院里在石榴、核桃、苹果、柿子树下，散养着很多鸡、鸭、鹅群。几只羊、两圈猪，由两只狗看护着，悠闲惬意地在院子里游荡，各得其所，不与生人相扰。

姚叔是一位很有见识的老人，从他家的布置可见他的文化素养。他坚持依环境安排他家的田园生活。自家种粮、菜，果树。宁可累一点也不用化肥，都用农家肥。养鱼也不用合成饲料养鱼。自酿的米酒，都用自家种的玉米、大麦、小麦、青稞酿制，土地窖藏，醇口香甜。吃自家养的鸡、蛋、鱼、肉。

姚叔以这自给自足的田园生活接待我们。他抵制外来生活方式，但不排斥先进的现代技术，他家的房子很多，沙发、电视、电扇、冰箱、太阳能都用上了，他更用原生态的食物、柴锅烧的饭菜，招待每一位客人，以教育大家保护生态。

姚叔的大儿子原在外打工，现在也回来和父亲一起经营家庭旅馆。他十分执着地支持萧亮中保护金沙江的理念。姚叔的父亲是乡里的"知识分子"，红军长征路过此地时，刘伯承曾在他家老院子住过。老宅和他现在的家只一路之隔，虽已破旧，但从围墙上壁画的痕迹，窗棂、房檐、柱子上的雕花，都可以看出当年的豪华。

房屋、马厩还保留着当年的样子。但这座宅院现在被姚叔锁闭着，谁来都不租，也不卖。姚叔想将它修整后作为长征纪念文物，只因手头资金困难尚未动工。

说来，姚叔只是金沙三叔中的一叔。姚叔、葛叔、杨叔，金沙三叔是"江河十年行"对他们的统称。

2015 年　姚叔家的老房子

2015 年　金沙江边的田野

钟白羚的笔下，葛叔是一位有远见，又有经营致富头脑的大叔。他与金沙江之子萧亮中的父亲是同学，和亮中爸爸都关注着虎跳峡的命运。

葛叔说：建坝虽可以开发能源，但国家的发展应该是电力、土地、文化、教育、医疗都发展。强制拆迁建坝，淹没土地、淹没村镇，会给金沙江两岸的生态环境、社会发展、民族文化、百姓生活带来很多的问题。建坝所给的那一点补偿，不能弥补人们生存的损失。强制性的建设，不是良性循环，弊大于利。

家住在吾竹镇上的葛叔，深深地了解迪庆州民族聚居多元文化形成的历史。他说，这些文化是只在金沙江流域有充分体现的。正是各民族劳动、文化、生活技能的互通互补，才造就了金沙江流域百姓的富裕生活，这绝不能破坏掉。

葛叔自家在镇上开了一家小食品厂，老夫妇俩生产大众化的粉条、糕点等。他们是靠当地市场的需求发展自己的食品加工。

在葛叔的影响下，在昆明理工学院生物工程学系毕业的女儿葛若梅，放弃了学校推荐留校读研的机会，也放弃了去一家大药业集团工作的机会，毅然回到家乡，用学到的知识自己创业。

通过市场调查，葛若梅决定发展父母的食品厂，带着几位同学回家乡开了家生物科技公司，她的食品要抵制转基因，她生产的纳豆坚持用原种小粒大豆，绝不用转基因大豆。虽然成本高，但味道好，很多外地、香港游客，买了都要求快递过去，她就这样将金沙江的物产推广出去了。

若梅新建厂房、改造设备、引进先进技术、招募培训工人、传授新知识、完善企业管理，坚持用金沙江畔无公害的农产品，加工带有当地色彩的大众食品。他们的理念是，这些特色食品必须突出环保、大众、民族化。现已发展到十几个品种，满足当地民众年节和日常的需要，并开始以民族特色销往丽江和香格里拉。

葛叔说，我们这里的孩子在外读书的很多，学成回来的很少。农村孩子外出读书后，若都留在城市里，人才济济，竞争激烈，难以实现自己的梦想，回到家乡则有施展的天地。一来把自己的所学回报家乡，二来可以带动家乡的发展，传承民族文化，促进民族和谐。

葛叔认为：我们必须承认，经济发展也好，社会发展也好，都有一个过程。

像我们今天栽了这棵树，它需要培土除虫，没有个十年八年你吃不到果子的。社会发展也要靠代代相传，我们这辈人不应以牺牲后代人的利益来发展。

现在是把很多乡下人吸引到城里去了。城里人越来越要求绿色种植，这就要利用家禽的粪便、饲料。各家各户的小农经济可以做到这一点，我们家里面都有厕所，到一定的时候就把这些粪便送到田里面去，垃圾可以喂猪。

2015年　工厂旁边

葛叔认为：当粪都可以当钱卖的时候，生产出来的农作物价格就高了，一些环境问题也就解决了。

葛叔还认为：一个政党的执政怎样获得老百姓拥护？如果一个党执政20年、30年，老百姓还生活得非常贫困，老百姓说了，那要你干吗？

2015年　葛叔

我们少数民族，中央支持的资金相当多，搞的项目相当多。可是，有句话说的挺符合今天的现实，政府已经成为公司，就知道搞项目。因为政府能够控制资源，通过资源形成各种关系链条。如土地的扩展和占有，老房子刚建三年、五年，就拆掉又建，在他有权利的土地上反复建这建那，大量浪费。钱越赚越大、城市怎么扩大的，我们乡下人都知道。

2015年，我们没有见到葛叔的女儿葛若梅，她外出了。不过，2014年"江河十年行"时，她说的一番话，在座的记者们都挺感慨。

她说的是：我觉得自己的家乡这么美，为什么"90后""80后"毕业后都要在城市里面，那样的话农村是不是空了呢？没有人才了？如果我回来的话，空间是不是比城市要大一点。

年轻人容易浮躁，爱虚荣，喜欢在城市里面的感觉。回家过年，亲戚朋友听起来好像很有面子，那种虚荣心是非常强的，特别是大学毕业刚回来的时候。回家创业摆脱虚荣心我用了很长时间。不过，我父亲从小就用一种不同的思维灌输给我。父亲说的最多的是：你不能被别人控制，你最好是你自己，自由地去发挥你自己的人生。

今天很多人要做什么，完全是惯性式地被别人控制了。其实，就算你当一个老百姓，你也是过自己的生活，不要被别人影响。

我不需要追求太多的经济收入，只要能明白地活着，就是幸福的。如果思想上不明白的话，你会觉得，我又没有钱，什么都没有，当个农民也会不开心。

我觉得，作为一个自由的人，是一种享受。无论你成功也好，失败也好，你起码自由地过了这一生。因为人生毕竟也短暂嘛。所以，最好就是能够放荡自由地活着。

姚叔和葛叔在农村算不算精英，我们不敢论断，毕竟在当地采访的人并不多。不过有关他们俩的故事，有两个还是挺神的。一个是姚叔把一个北京某大学的副教授赶出了家门；一个是葛叔曾被关起来，不过出来时的风光是戴着大红花过了把瘾。

姚叔赶教授是这样的。有一年他家来了两个北京的研究生，是两个姑娘。开始十多天里俩姑娘什么都不懂。葛叔和她们说，我们农村跟城市是两个世界，是有天壤之别的。我们农村人到你们城里面是小学生，走路都不会走。但是你们城里人到了农村也照样是小学生，什么都不懂，所以我们要互补。

姚叔说：我们家三四岁小孩就会洗碗，就会干农活，大学生、研究生连吃饭都不会。小孩在她跟前跌倒了不会拉一把，柴火枝烧掉下来也不会往里捅一下，对人一点表情没有。

在这样的情况下，姚叔耐心地教她们怎么做菜，教她们到田里干活，讲有关庄稼的知识，讲农村的规矩、礼貌、道德。姚说：姑娘不管你文化多高，你走在路上要微笑，要抬头叫人，不要像谁欠了你账似的，这样不行。

慢慢地这两个姑娘开始转变了。这种转变她们自己也高兴。后来她们的教授来看她的学生。她看到两个学生在洗碗就和她们说：别洗，把手划破了怎么办？

我叫这位教授吃饭时，她头都不抬，根本不理你，好像农村人低她一等似的。

所以我火了。我就说：你的两个学生留下，你走，我们家不欢迎你。你说学生洗碗怕手划破了，回家不好向父母交代，那么你这么胆大把她们带出来，要是发生车祸怎么办？飞机失事怎么办？你承担的了吗？

姚叔问两个学生的老师：是我们国家的教育方式出了问题，还是你的脑子出了问题？你高低是个副教授，也应该有一点礼貌。我看你回去辞职别干了，你这样教书当老师，误国、误民、误人子弟。

姚说这些时很是有点小得意。他说：也只有我这个农民才敢说她，一般人说不了。我就觉得做一个平民、一个草民，我们的思想可以很大，可以看清世界。我们不怕贫困，不怕困难，我们的精神要富有。我们的生活可以低调一点，应该平易近人，这是做人最起码的道理。你有一万块钱可以过日子，我有10块钱照样过日子，而且你一万块钱不一定有我10块钱过得开心。

葛叔被抓和这条河有关。1998年这条河被一个铅锌矿污染，矿渣废液排在一个溶洞里，而那个溶洞跟这条河水源的地下河是相通的，结果冒出来的全部是黑水。

没办法，4 000多个村民把这里全部包围了，要求现场办公，立即解决问题。村民们说：我们的生活都靠这个水源。

葛叔说：那为什么把我抓起来了呢？因为群体性事件我是领头的，给我安了扰乱社会秩序、阻碍交通、殴打矿山人员、拆毁矿山器械这么多罪名。不过关起来并没有挨打，11天后，就把我们四个被关的人都放了。

我们出来时，村民们请了大篷车，扎了大红花，放了炮仗，把我们接回来。可风光了。

后来，公安局给我们4个人一个人还赔了500块钱。在改善河里的水之前，政府派消防车供水。后来我写了一篇小文警示后人，题目是《黑龙潭污染事故》，把这个历史事实挂在这了这条河旁。

2015年　今天的黑龙潭

2005 年　村民们开会商量怎么抵制虎跳峡建大坝

2005 年　来自北京的学者、记者和乡亲们在一起

2015 年　乡亲们立的"金沙江之子"萧亮中的碑

萧亮中生前保护的就是这条大江——金沙江

后来，这个企业投了 600 多万元，给每家每户都安上自来水管。有一家就一口人，也给安上了。

葛叔说，我们这的村规民约是，你要是在这水里面吐痰、洗衣服、大小便、脏的东西丢进去，你就没有好日子过，日后生的小孩就没有头，老天会惩罚你的。不光是这条河，凡是河、沟，只要有水的地方，都不行。所以那个时候随便哪里的水都可以爬下去喝的。那时的教育还有，不能做缺德事，不能做亏心事，不能陷害人，不能骗人，这是从小的教育。现在有法律了反而做不到这些了。

钟百羚写的 2015 年"江河十年行"集体日记中还有这样的一段"金沙江之子"，是云南香格里拉金江镇人民给车轴村萧亮中的赞誉。

萧亮中是从这里走出来的一位大学生，生前就职于中国社会科学院。这位 32 岁就去世的白族、纳西族青年自己没有子女，但他影响了金江镇的无数民众。当地人都说，亮中很精干。当他知道有关部门要在虎跳峡修大坝，开发水电的消息后，十分焦急，奔走相告，全方位地论证在这里修大坝的弊大于利，又多次请专家和记者到家乡进行考察与采访，请民间组织连续关注、参与、呼吁。他通过宣传生态知识，提高了村民对自然环境和生存关系的认识，唤醒了百姓保护江河的自觉性和保护自己权利的意识。

现在金江镇人无人不知无人不晓，建大坝可以发电，但更多的问题是蓄水淹没了良田，破坏了环境，自然流淌的水生生态，上游的水质，下游的灌溉都会受到很大的影响，多民族祖辈迁徙至此的和谐生息环境、民族文化也将遭到破坏。

萧亮中的父亲是村里的文化人，他在家自办起了阅览室，以书籍开导村民，提高科学理念。大儿子萧亮中在同龄孩子中最优秀，作为村里走出来的大学生，有责任、有担当。遗憾的是，为了家乡的发展，他倒在了乡愁的美好愿望里。

金沙三叔中的杨叔说：亮中的意义，在于他唤醒了金沙江流域的人民，保护了自己家园的生态，重新认识了开发与生存的矛盾。他是有前瞻性的，即使是国家规划的建设项目，也必须是科学的、可持续的，有数的一点补偿并不能还生态权于民，他反对用强制的行政手段剥夺人民群众的生存利益。这也是今天我们当地人要继续为之努力的事业。

2015 年"江河十年行"，在亮中的家乡我们遇到一位当年亮中的中学同学。他告诉我们，亮中那时思想就有深度，就告诉我们，应该保护家乡的河流。那时候，我们并不理解亮中的做法。那个时候亮中就说，一个国家需要解决能源，但大坝带来的影响和危害是什么？是环境问题，是社会问题，是边疆少数民族，边疆地区文化和生存的问题。那个时候，亮中就已经在关注社会公平和社会发展，特别是边疆民族地区发展的问题了。

这位同学说：前几年，亮中更是认识到，电力是需求，社会和谐是需求，民众发展是需求，环境保护也是一种需求，留住资源更是一种需求。能源需求重要，但不能取代其他需求。不能因为能源需求，就可以不顾忌国家法律制度的公平公正。民族文化和经济发展之间的关系。

2015 年 12 月 13 日，"江河十年行"集体在乡亲们为亮中竖起的金沙江之子的碑前、坟前鞠躬，告慰地下的萧亮中，大坝叫停了，金沙江水仍自然地流淌，镇村百姓和谐的生活现状没遭破坏，萧家生活也很温馨。

2015 年　给萧家的孩子们发书

2014 年 "江河十年行"九年来为亮中家拍的照片

萧亮中家,也是"江河十年行"要用 10 年跟踪采访的一户人家。亮中不在了,每年来,亮中生前的朋友总是托我带上一些钱表示对萧妈妈的孝敬。遗憾的是,2014 年大年除夕,亮中的爸爸也走了。

亮中家虽然没有姚书家那样的花园,但他家的院子,房子也是大大的、亮亮的。院子里孩子们跑来跑去,显示着这家人的生机与希望。

亮中的大弟亮东 2010 年花 40 万元买了辆大卡车跑开运输。萧妈妈说全部是贷款。2011 年我问亮东什么时候能还完呀?他说三年。三年就能还 40 万元!这其中要多辛苦,要有什么来源,从亮东的笑容里我们看到的是希望。

2015 年我们在他家时,亮东告诉我们,他的大卡车主要是以拉矿石为主,2014 年、2015 年主要是铁矿,现在这些厂矿基本上都关门了。经济建设速度的放缓和不景气,也影响到了金沙边这个村庄的这户农家。

亮东告诉我们,开大卡车,除了油费、杂费,原则上一天能挣上七八百块钱,也就跑 100 多千米。但年底算下来又没那么多了,因为还有修车、保险等的费用。亮东说,2012 年、2013 年一年能挣七八万元。现在挣不到了。2015 年挣了五六万元吧。

我问亮东,靠跑车能维持家用吗?他说:刚够。他说要是使使劲贷款也能还上了,但他现在并不急着还完。

亮东说,现在家里养了七八头猪,鸡蛋也够吃,基本上不用买。想吃了鸡也可以杀了吃。粮食加工了又喂猪。现在一头猪能卖到 1 200~1 400 元。6 月、8 月、

9 月就可以卖到 1 600 元、1 700 元一头。那个时候需求量大。单纯卖粮食卖 1 000 块钱，如果喂成猪可以多挣 300～400 块钱呢。

2015 年 8 月杀了一头，吃了 4～5 个月呢。村里现在家家都有冰柜，把肉切成小块，用保鲜膜包起来，吃的时候就拿一块，可以吃大半年。市场里卖的鲜肉基本上是满足饭店、做工的，还有外来人口，当地农民吃自己喂的猪。

亮东说：家里今年还种了烤烟，一亩地能卖五六千元。一亩玉米也能卖 2 000 多元。粮食基本上没有卖，自己吃。

亮中的小弟亮远前几年在离家不远的县城打工，现在基本在家了。用他的话说：你出去了，粮食没有了，肉没有了，鸡没有了。现在家里除了猪、鸡，还养了千八百斤的草鱼、青鱼。

我问亮中妈妈，现在还有什么发愁的事吗？她说没有。小孩都挺听话的，上学都是免费，吃住还都管。一直到初中三年级。学校的早餐是鸡蛋、牛奶。因为学校离家远，10 天回来一次，在家待 4 天。

儿子亮中为了保护家门口的大江，过早地离开了妈妈。说起儿子，亮中妈妈还记得这样一件事：他搞那些事也需要钱，他也不说自己没钱了。有时候他就把钱包放在床上。有一次亮远和我说，你要给大哥拿点钱，他只有 300 块钱了。原来是他不好意思找我要，就故意把钱包放在了床上。

2015 年　在亮中的坟前

2015 年　亮中妈妈和全家

明天，我们会专门到金沙江三叔的杨叔家。"你们城里人靠货币生活，我们这儿靠自然生活。""你们城里把自己的家污染了，又来污染我们的家，你们自己成了生态难民，让我们也成生态难民，本来我们这里是你们最后的生态避难所。"这些思想，这些话均出自杨叔。

8．来自虎跳峡的反抗

"什么是国家利益？恶化老百姓的生存环境不应是为了国家利益。现在就是有某些利益集团老拿着国家利益的大帽子吓唬人。""我熟读历史，关乎国家利益的事件，抗日战争算一个。"

"你们城里人是靠货币生活，我们金沙江边的农民靠自然生活。"

"我祖上是知县，选中这个地方就不走了，我们是这里的世代农民，也感谢祖先为我们选择了这么好的家乡。你们说，我们石鼓镇能这样说搬就搬吗？"

"我每年的货郎担能卖四五万元钱，加上家里的小店和种田的收入，一年七八万元不成问题。一搬走，我的经营环境就丧失了，还到哪里去找这么肥沃的田地？"

"北京有了霾，要清洁能源就让我们金沙江的农民埋单，你们毁了自己的家，又来毁我们的家？你们成了生态难民，让我们也成生态难民，我们这里本来是你们的生态避难所。"

2015 年　"江河十年行"和杨学勤一家（前排右三为杨学勤）

"社会契约本来大家都应该遵守，可现在建水坝分明就是剥夺了我们农民的权利；为什么他们说了算，不是有信息公开和公众参与吗？让我们做出牺牲应该先问问我们是不是同意。现在的水库移民都是来量了你的地，量了你的房，说补偿你多少就多少。我们这么富饶的家，他们赔得起吗？"

"那些要修电站的人说，搬迁还不容易，把老的养起来，过几年就死完了；年轻的小伙子让他们去当上门女婿，姑娘们嫁出去不就行了。"

说这些话的，就是金沙江三叔杨学勤。

虎跳峡和长江第一湾是世界著名的自然景观。

虎跳峡的峡谷长 16 千米，右岸玉龙雪山主峰海拔 5 596 米，左岸中甸雪山海拔 5 396 米，中间江流宽仅 30～60 米。虎跳峡的上峡口海拔 1 800 米，下峡口海拔 1 630 米，两岸山岭和江面相差 2 500～3 000 米，谷坡陡峭，蔚为壮观。江流在峡内连续下跌 7 个陡坎，落差 170 米，水势汹涌，声闻数里，为世界上最深的大峡谷之一。

可是，对水电开发部门来说，落差不仅代表美景，更代表能源。所以，虎跳峡是他们眼中的"香饽饽"。曾经十万原住民要"整体移民"的消息让当地有了极为不安的气氛。

2006 年　虎跳峡

2011 年 "长江第一湾" 的清晨

2013 年 金沙江边的油菜花

2011 年 "江河十年行" 去时，金沙江边的中学老师李君杰这样形容了自己的家乡：我们这里很怪诞，那么小的地方出了那么多文人、武将。从大画家到大将军，如果数一数真是不少哪！20 世纪 60 年代，中国面临巨大饥荒的时候，虎跳峡的粮食运往过祖国各地救济灾民。

长江第一湾生活的富足与文化底蕴的丰富，是"江河十年行"每年到长江第一湾，记者们都要感慨的。

石鼓镇，早在 1985 年家家就都有了彩电。

2015 年　长江第一湾的田

2015 年　长江第一湾的民居

2004 年，金沙江边的农民在北京参加国际水坝大会上，大声在国际会议上表达了中国农民的态度：

当一场突发的洪水来临，淹没了我们的村庄，瞬间发生的大地震毁灭了我们的城镇，我们就会获得国家、国际社会方方面面的救助，因为这些灾害是天意所为，而且在这些自然灾害中，我们也深切地感受到了灾害无情人有情。

但当水坝蓄满水时，我们赖以生存的村庄、田地、山林、牧场和依附着的梦想随之永远消失时，尽管我们的损失比洪水淹没和地震大许多倍，又会得到多少援助呢？

为了生存，我们必须捍卫和讨回我们原有的生计。都市的高楼大厦、繁华的闹市不是我们的追求，我们要的是充足的阳光、清新的空气、不污染的净水和能长绿色食品的土地。

我们不但感觉精神上的富有，也具备环境上的富有，物质资源的富有，享受着改革开放所带来的发展和安居乐业的生活。作为三江百姓会很好地爱护自己的家园。我们吁请国内外有关专家学者，特别是环境保护组织和社会学专家，对长江第一湾虎跳峡流域水坝利弊进行公开讨论，维护它的完整性和自然性，我们和世界上所有人一样，有着自己的权利。三江并流世界自然遗产和民族文化遗产不仅是我们金沙江人的骄傲，也是我们中华民族的骄傲。

"阳光在水面交织成我诗歌的标点，落落的松涛和我的诗韵和旋，呼呼的小风凉快我发烫的心坎，我快步小心地走进林间。"

写这诗的老人杨文华受过大不公。20世纪在动乱的年代里，他因不满现实，被关了10年。这诗是老人在被关押时写成

2011年　杨文华：大家起来才能冲过黑暗

的。可以看出，在那样的境遇中，与他同在的是他心中的天地间。

2011年"江河十年行"时，我问杨文华老人，这里的大江怎么能保留得如此自然。老人说，在我们的文化中，祭祀之后一定要大声地喊一声，乌鸦回来吧！老人说，因为乌鸦有反哺现象得到纳西文化的崇尚。

那天，我们在金沙江的一艘老船上和老人聊时，他对着大山用纳西语喊了好几遍，用汉语喊了好几遍：乌鸦回来吧。

老人说，能有今天这样的大江，是因为山上有无数的山泉，有成片的林子。现在的人觉得树是可以说砍就砍的，在纳西的文化中，树和泉都是山神，都是保佑人的生存的。

杨学勤告诉我们，前些年要在虎跳峡修建水库时，老人呼吁的不是自己的生存，而是纳西文化。老人说，河谷里这么多民族是和谐相处的，修大坝后，离散了，石鼓人就不可能再安居乐业了。

那天，我们问对修电站有什么看法时，老人说：对雪线会有影响，雪线会上升。会影响气候变化，丽江会成为水城。

那次采访中，老人站在他当年工作的古城石鼓镇的山上，指着山下流动的长江第一湾说：有一次我看到一张世界地图，那上面都有我们石鼓镇，了不起呀！千年形成的景观，要是修了虎跳峡水库，这样的地方就会消失。

在2011年"江河十年行"的采访中，为石鼓的自然，为纳西文化，早已过了

古稀之年的老人，依然深深地担忧着。

老人说：我们这江边的柳林清朝就栽下了。现在花那么多钱修了码头，花大价钱买了两艘船，那么贵的票钱，谁坐？没人坐就废在那儿。

老人还说：传统道德讲礼，礼就是做事要有分寸。路上有块石头，会影响人们走路，不应袖手旁观。倒一盆水，也要先看看会不会影响到别的人。有钱了，人也不能不享受自然。不能为了自己的享受，就破坏自然。三江并流是世界自然遗产，不光我们当地人不同意建，联合国也不会同意吧。

纳西族妇女穿的衣服是"披星戴月"，现在穿的衣服已经不正宗了。

老人觉得他可能是最后一次上山了。所以，那天我们请他带我们到石鼓水站他曾经工作过的地方去看看时，老人让老伴也跟着一起来了，老人的老伴隆重地穿上了纳西服装。

就要下山时老人说：给我和老伴在这里照张相吧，辛苦了她那么多年。

那天，我们和老人分手时，他再次为我们高声地朗诵了自己的诗句：我走在金沙江边，阴沉沉的乌云布满了天，小鸟还在歌唱，不知道这是个阴霾的春天；我走在金沙江边，浓郁的柳林延伸林边，乌鸦不住，声声点点；我走在金沙江边，金光的堤田朦胧在云雾之间。

2015年 "江河十年行"采访杨文华

杨文华82岁了，老人的哥哥曾经是革命烈士，老人在1968年被打成反革命，"文革"结束之后才获得平反。在对老人的采访中，老人对现在的发展有很大的不满，认为以前的金沙江是山清水秀的，现在被破坏的太多了。

谈到民族文化，老人说纳西族一直有自己鲜明的民族文化，如尊敬乌鸦，春节会祭天，在田埂上放歌。老人认为，现在人们的生活不接地气，总是在用新的东西装饰，使其变味了。

老人再次认为现在纳西族都很少穿自己的民族服装。可是以前汉族的副县长和他们一起开会时，都会穿着纳西族的民族服装来参会。

2015年"江河十年行"和老人在一起时，他朗诵了自己写的诗《走在金沙江》。写当天集体日记的唐伟说：语气铿锵有力，在诗中表达了自己对金沙江的喜爱和人生中遭受的各种挫折的不忿与无奈。

长江第一湾的李家珍家，是"江河十年行"要用10年跟踪采访的一户人家。

李家珍，1944年岁生。是我们在长江第一湾录纳西古乐的表演时认识的一位老人，并选为要用10年跟踪采访的人家。老人的母亲、奶奶是纳西族，爷爷、爸爸是汉族，老伴也是纳西族，本人血液有五分之二是纳西族。

2015年　送上2011"江河十年行"和老人在一起拍的照片

2013年在老人家采访时，我们的记录是这样的：老大初中毕业，在丽江承包农家乐（原来在学校食堂除去承包费有七八万元收入，淡季会少些）；老二初中毕业，在做木匠（一天能挣100多块，冬春都有活，下雨就干不了）；老三女儿，23岁，读了本科，在玉龙水利局，和同事结婚，现在调到丽江水利局。3个孩子都成家了。老大两个孩子，大孙女大学毕业还没找到工作；二孙子初中毕业去丽江游乐场打工，小孙子在父亲农家乐打工。平时跟老二一块住。

家里人均 4 分地，老两口种了 10 个人的 4 亩多地。种的有桃子、梨、樱桃，套种玉米，收成好。这边水利好，灌溉好，亩产玉米 1 400 斤，小麦 800 斤，卖谷子、樱桃；玉米养猪，每年 4 头。收割了小麦种玉米，一年种两季。

家里光种的 30 多棵樱桃就能卖 1 万元。桃子也卖，每棵树能结七八十斤，可以卖五六百元，一年能卖约两万元。

现在不交公粮了。2012 年存了 1 万多斤粮食，基本上每年都能存 1 万多斤。樱桃今年春寒挂果少。农技站只卖种子，不来做技术指导。家里没有退耕还林补偿。

10 年前政府说过要建坝，水利局副局长说要建坝，五六年前测量队来了发生激烈冲突，副县长说"共产党把你们养肥了"，这句话激起公愤围攻，结果他自己不小心掉到河里了。

好医生都往县里调，小病都去私人诊所看病，觉得卫生所没有好医生。但卫生所有体检，做血压、糖尿病等常规项目。新农合一年交 60 元，去年报销 50%，今年报销 70%。重感冒引起肺炎住了 20 多天医院花了 1.4 万元，报销了 9000 元。

河边还是有小孩子去游泳，现在有污染，鱼虾少了。原来用手就可以摸到鱼，用了化肥就很少了。金沙江水量情况，现在发大水的时候少了，利益于森林保护。

纳西族还是有本民族的节庆。

幼儿园在路边，小学也有。初中、高中只有到丽江去了，免费午餐只发牛奶、鸡蛋。

现在农活少了，不用日出而作。

冷水可以喝，小水电（以电代柴项目）统一 0.23 元每度，电磁炉、烧水、冰箱、电视都用电，一个月才 6 元电费。

没有少数民族语言和文字教育，现在很多人不会了。

每年我们在长江第一湾采访时，记者们都在感慨李家珍这一代农民琴棋书画样样行。李家珍平时爱看的书报是杂文选和南方周末，电视节目也喜欢看央视的 10 频道。

杨学勤说，他上小学时，老师带着他们去田间地头学习，让他们热爱土地。

可是现在，学校的地都租出去办三产了。李家珍的小孙子李小孝，我们第一次来时还给我们用纳西语唱了一首古老的纳西民歌。可是 2010 年来我们得知，小孝中学都没有毕业就不爱上学，到父亲办的农家乐里干活了。

2011 年 "江河十年行"在李家珍家

2013 年 妻子、女儿、孙子看"江河十年行"给老人拍的照片

2013年4月"江河十年行"到李家珍家时，知道他生了病，看到他瘦了。可是让我们非常感伤的是，"江河十年行"才走到第八年，老人就因肺癌去世了。10月，我到石鼓镇参加了老人的葬礼。他的坟面向长江第一湾。

2014年4月18日"江河十年行"到老人家之前，我以为李家珍的老伴会住到女儿家去。这位我们每年去，一句话不说，只是默默地给我们倒茶的老人，能自己住在那空了的大房子里吗？

去了后我们知道，她哪儿也没去，就在这老屋里一天天地独自过着没有了老伴的日子。

2014年，我们在老人家里，她还是不说话，只是把一盘盘糖果摆出来让我们吃。

我们吃时，这位本淳朴的没了老伴的农家妇人就默默地擦着眼泪，擦也擦不干。我们真的不忍心多问老人什么。孙子小孝告诉我们，爷爷李家珍生病时家里花了1万多块，50%新农合给报销。现在家里还有1亩多地，种了蚕豆、胡萝卜。

我记得他们家过去种的草莓很好吃，老人说种不了了，没有人收。我记得他们家每年都打很多麦子，老人说不种了，没人施肥。洋芋本来也是家里年年都要种的，可老李去世了，老伴说：背不动了。

我们问老人，你不想让孩子们来陪陪你吗？老人说：想。

那为什么不让他们来呢？我们问。老人说：他们有他们的事要做。

独守着这栋大房子的李家珍的老伴，未来的日子就这样守在老房子里吗？小孝说，怎么劝老人哪也不去。

2015年，在石鼓镇上，我们找到了李家珍的老伴。她告诉我们，现在自己种了3亩多地，由于不愿去儿子家，所以白天要是不下地，就在镇上帮路边小摊上一个远方亲戚打工洗碗，早上就来，晚上收摊了才回。老人的亲戚说，她出来做做省得一个人在家里伤心。

包括李家珍在内，"江河十年行"跟踪采访的人家中，已经有三位老人去世了。为什么这里的空气和水都比大城市好，这三位老人的岁数都没过70呢？

9. 三峡库区水电站被毁只是冰山一角

三峡大坝修建以来，人们对它的关注度一直很高，担心也从没减少。专家们更是说，金沙江流域是中国甚至世界上地质灾害最密集的地区，在这里布局建设密集的高坝和大库容水电站，风险太大了。

地质学者杨勇认为，云南这几年发生的地震，与全世界规模最大、密度最高的金沙江大坝群有关。

鲁甸地震灾区山村　图片来源：杨勇

云南省鲁甸县 2014 年 8 月 3 日发生 6.5 级地震，导致超 600 人丧生，并引发严重地质次生灾害。地震引发了正在建设的红石岩水电站上游一处山体滑坡，并形成堰塞湖。堰塞湖的湖面水高超过千米，淹没 1 000 多亩良田，直接危及下游多座水电站。

多年研究金沙江流域地质问题的地质生态学家杨勇在接受中外对话记者刘琴访问时认为，从 2012 年彝良地震到鲁甸地震，从地震发生时间和震源分布来看，与建设金沙江下游向家坝、溪洛渡两座巨型电站和牛栏江天花板电站等水库蓄水都有关联。这一地区，也正是"江河十年行"在用 10 年的时间关注并记录的大江江段。

中外对话记者刘琴采访"江河十年行"专家杨勇时，有这样的对话：

刘琴：有没有迹象可以表明，云南鲁甸这次地震与修建水电站有关？

杨勇：目前只能正视这样的基本信息——此次地震震中位于鲁甸县龙头山镇旱谷田村下的金沙江一级支流牛栏江峡谷内，距牛栏江干流第七级水电站天花板水库大坝不到 7 千米。该水库于 2007 年开工建设，2011 年蓄水发电运行（牛栏江共规划 10 级开发，目前已建成 4 级，在建 2 级），距金沙江溪洛渡水库（牛栏江下游回水区）也仅有 10 余千米。

2013 年　金沙江上向家坝电站和化工企业在一起

2012 年　溪洛渡大坝

2012 年 9 月彝良地震，震中距 2011 年建成的洛泽河麻林电站水库库尾不到 10 千米，距金沙江向家坝水库最近点不到 60 千米。

2014 年 4 月永善地震，震中距金沙江溪洛渡水库最近点不到 7 千米。

从近几次地震发生时间和震源分布来看，与建设金沙江下游向家坝、溪洛渡两座巨型电站以及牛栏江天花板电站等水库蓄水都有其关联性，如下图所示。

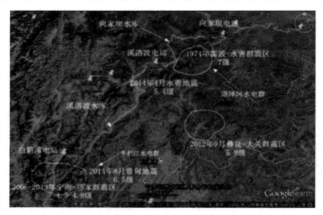

照片提供　杨勇

刘琴：金沙江流域是中国甚至世界上地质灾害最密集的地区，在这里布局建设密集的高坝和大库容水电站，有什么风险？

杨勇：金沙江干支流穿越川滇地震断裂带，一些江段与断裂带平行或重叠，区内又是地质破碎、地质灾害和地质危岩分布密集的高山峡谷，在这样的河流布局建设密集的高坝和大库容水电站，存在两方面的地质风险：

（1）水电运行系统面临地震活动时造成的破坏，包括大坝、发电厂房、地面建筑、输变电设施、输电线路等，一旦发生强烈地震，如果震中距离这些系统比较近的话，损失破坏一定是严重的，并将形成持续的次生地质灾害和连锁灾害链。

（2）在金沙江流域这样复杂而活跃的地震活动危险区域，水库诱发地震的频率和强度都将增大。近年来地震活动处于活跃期，特别是在川滇地震带，这是客观存在的事实，虽然这一地区没有水库也会发生强烈地震，但是水库可能会更强烈激发应力释放，这种释放机制科学上还不能解释清楚，人类还没有能力去认识和控制其规律。

横断山脉暨金沙江水电建设布局，忽视了在恶劣地质环境下，地震灾害导致的堵江在河谷地貌动力过程中的重要角色。

刘琴：水电建设诱发地震，需具备哪些条件？

杨勇：目前的研究认为，水库诱发地震取决于库坝区地质环境、地质构造背景和水库规模和运行的总体组合条件。

从对世界近 2 000 多座水库地震的分析表明，水深和库容在水库诱发地震的动力机制中具有十分明显的因果关系：水体负荷所产生的正应力、剪应力远小于完整岩石的抗压和抗剪强度。如果具备以下两个条件：一是岩体破碎，裂隙发育；二是水体负荷产生的超孔隙水压足够大，那么水库负荷所产生的剪应力和孔压力就形成诱发地震的直接作用因素。同时，还是触发较大初始应力的间接作用因素。

这好比一个气球，在无外来压力状态下，它会保持平衡状态或者逐步释放压力，在有外来压力情况下，压力会加快释放。如果用针尖触碰它，就会瞬间释放甚至爆炸，水库地震就是在一切条件具备时，形成的有大有小的"针尖"效应。

所以，不能一概认为，水库诱发地震不会形成大地震。

世界上虽然还没有水库诱发 7 级以上地震的案例（如果不算汶川地震），但是世界上也没有像在地质应力高度集中的横断山脉地区建设高密度水电群的案例。

川滇地震带的横断山诸河流分布有沉积岩、变质岩和火成岩，并出露有象征地球岩石圈中构造活动最强烈、结构最复杂的蛇绿岩混杂带。岩层结构破碎，断裂构造复杂，在建和规划电站库坝区都具备不同程度的渗漏条件，水库蓄水造成岩体的抗压和抗剪强度降低，破坏岩体内应力均衡状态，改变地下水动力条件和库岸岩体动力平衡，在其他条件具备时，将成为水库诱发地震的重要因素。区内河流具备地球上最活跃的地质构造背景，活动断裂纵横交错，电站坝址和库区难以避开这些构造活动区，而大多数断裂构造与地震活动均有成因上的联系。

另外，由于横断山诸河流流量具有季节变化大的特征，一旦在河流上形成首尾相连的大水库群，消洪增枯的频繁交替以及水库容差异和频繁调度，引起库容水深的不断变化，也会引起库岸围岩结构瞬时应变，在这种快速频繁的变化中，也可能导致应力失衡而诱发地震。

2014 年 9 月上旬，三峡库区湖北省秭归县发生山体滑坡，装机容量 1 000 千瓦的利丰源水电站（原名大岭山水电站）被彻底冲毁，这是三峡库区首次发生水电站冲毁事件。

地质生态学家杨勇告诉中外对话记者刘琴，"三峡库区水电站被冲毁是在意料之中"。

杨勇说，三峡大坝建成后，形成了一个长达 600 千米的巨型水库，水位上升，并且每年都在不断地进行水位调节，常年水面面积大幅度扩展。这样一来，一方面库岸再造活动频繁，岸坡变形加剧，地质环境恶化，地质灾害危险性增加；另一方面局地气候发生变化，导致局地气候特征的变化及局地气象灾害发生，特别是持续降雨和强度降雨频率增强；再加上涉及 113 万人的三峡库区移民安置建设、道路施工、小水电开挖、采石取土等活动。如果上述因素叠加，发生地质灾害的条件就已经形成。

四川省地矿局区域地质调查队总工程师范晓对中外对话记者刘琴说：事实上，三峡库区已进入灾害"高发期"，目前已确认的崩塌、滑坡、危岩、坍岸等地质灾害点已超过 5 000 处。"之所以这次事故关注度高，是因为首次冲毁的是三峡库区的一座水电站。"

地质学家范晓曾撰文说，自 2008 年 9 月三峡工程开始 175 米试验性蓄水以来，出现了一个地质灾害的高发期，截至 2011 年 7 月，仅重庆库区就发生地质灾害灾（险）情 272 起。2008—2009 年的蓄降水阶段就发生了 243 起，其中新生的突发性地质灾害 167 起，占 68%。为此，长江水利委员会要求蓄降水阶段每天的水位升降不超过 0.5 米，使 2009—2010 年、2010—2011 年两个蓄降水阶段的情况有所稳定，发生的地质灾害灾（险）情分别减少到 16 起和 13 起。但专家也指出，从 2010 年以来，水位在 175 米保持的时间较长，应当警惕地质灾害的滞后效应。

三峡工程是世界上最大的水电站工程，于 1994 年 12 月 14 日正式动工修建，2006 年 5 月 20 日全线建成。库区主要包含长江流域的重庆市和湖北省的一些范围。

杨勇和范晓在接受中外对话记者采访时都说，三峡库区现在有多少水电站无法统计。

杨勇说，三峡库区有很多支流汇入，小水电开发在三峡库区是比较泛滥的，有多少无法统计。如果是在三峡水库蓄水前建设的小水电站，电站选址的地质环境可能随着三峡蓄水而发生变化，地质危险程度会增加。

范晓分析说，中国的小水电站非常多，因为中国实行的是分级审批制，从中央到省、县，甚至乡一级，都有审批权。中国的河流，从干流到支流，被不同政府所瓜分，长江上游水力资源100%已被开发。

国家电力监管委员会2009年的一份文件显示，中国5万千瓦以下的小水电资源十分丰富，广泛分布在1700多个县，技术可开发量1.28亿千瓦。目前，全国已建成小水电站45 000多座，总装机容量5 100多万千瓦，在建规模达2 000万千瓦。

对于三峡库区水电站首次被冲毁事件，范晓、杨勇之所以没有感到意外，是因为他们清楚，中国水电站被损毁事件时有发生，包括大型水电站。

范晓告诉中外对话记者，2014年8月发生的鲁甸6.5级地震引发崩塌、滑坡等地质灾害，并因山崩堵江在牛栏江上形成堰塞湖，其中牛栏江上已建成的红石岩电站被大型崩塌和堰塞湖掩埋和淹没，使总投资约8亿元的工程几乎全部报废。

他说，高山峡谷中的大型电站工程，由于建设过程中的巨量开挖与爆破，往往会严重影响大坝、引水隧洞、电站厂房附近地质结构稳定性，一旦强震来临，这里也是最易引发地质灾害的地点，在汶川地震灾区的许多地方都曾观察到这种现象，牛栏江红石岩电站的情况也不例外。因此，在中国西部地震和地质灾害多发区，进行大型水电工程以及其他大型工程的决策，都应十分慎重，并应进行独立客观、严格周密的灾害风险评估。

而在2014年"江河十年行"时，我们竟然还发现鲁地拉水电站还没发电，闸门就被冲走，损失的6亿元没人负责。

针对近几年来的各种质疑，三峡公司领导人是这样回复的：金沙江下游河段4个梯级水电站在区域地貌上位于青藏高原和云贵高原向四川盆地过渡的斜坡地带，地势总体上西高东低，在地质构造单元上属于扬子准地台范畴。在地质历史上，长期受西部地槽强烈活动的影响，区域构造基本特征总体上以断裂构造为主，褶皱特征处于次要地位。区域内主干断裂发育，是主要的发震特征，地震活动较频繁。但选定的4个坝址均避开发震断层，一般与活动断层相距25千米以上，坝址区均处于一个相对稳定地块，即在不稳定的大地质背景下坝址位于一个安全的地质岛上。同时他们也承认，目前这四个电站的区域地壳稳定性研究程度还很薄弱，因此研究水电工程区的地壳稳定性具有重大的理论意义和现实意义。

三峡公司副总工程师胡斌认为："虽然我们这 4 个水电站都建在相对稳定的坝址上，但还是不可避免地涉及强震多发地区大坝的安全问题。"胡斌说，特别是溪洛渡、白鹤滩和乌东德这 3 个水电站，其所在地区发生强震的震级有可能超过 7 级，因此这 3 个水电站是按 9 度防震设计的，而向家坝水电站面对的这一问题则相对轻松些。"我们这 4 个水电站在抗震安全方面都是作了充分准备的。"

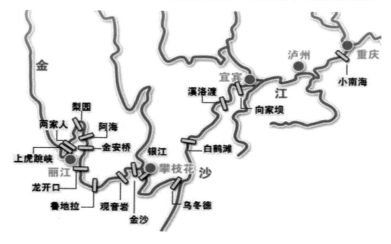

这些标出来的都是电站

杨勇说：横断山脉位于青藏高原东部，印度板块与欧亚板块相接，至今地壳运动仍然剧烈是复杂的造山带，是杨子板块与冈底斯—印度板块之间巨型造山系的组成部分。其特点是，活动性断裂构造十分发育，挤压、褶皱、隆起并伴随着引张、伸展、裂陷，形成了冷谷相间的纵列峡谷地貌和山间断陷盆地（湖泊），这样的地质地貌为江河发育和水能富集创造了有利条件。但是，随着青藏高原第四纪以来的快速隆起，周边河谷如岷江、大渡河、雅砻江、金沙江、澜沧江、怒江等河川的强烈下切，高山峡谷和滩多流急的河谷形态还在强烈的演变中，区内断裂构造体系如鲜水河断裂、龙门山断裂、安宁河断裂、小江断裂、程海断裂、澜沧江、怒江断裂等频繁的新构造运动，使强烈的地震活动沿着这些断裂带频繁发生，河谷两侧高陡斜坡地上大规模的山体崩塌、滑坡屡屡发生，临灾危岩地貌发育，高地应力区河谷强烈下切卸荷而产生的大型危岩山体给工程建设和城乡安全带来了诸多不利影响。

近年来，国内外许多学者越来越认识到，在这些地质背景下灾变的可能性。

杨勇认为：在中国西部这样的地质灾害高发区，一旦发生极端灾害事件，由于梯级大坝的上下相连，尤其是高坝、大库连续分布，极可能对灾害起到放大作用，造成具有连锁效应的灾害链，给下游构成严重威胁。

在这方面我国有极其惨痛的教训：1975 年 8 月，河南省淮河流域的特大暴雨更是酿成了世界上最大的水库垮坝惨案，因淮河上游的大型水库——板桥水库溃坝，导致下游石漫滩大型水库、两个中型水库、60 座小型水库、两个滞洪区在短短数小时内，相继垮坝溃决。这次洪水灾害死亡总数超过 20 万人，1 700 万亩农田被毁，受灾人口 1 200 万。

在金沙江，历史上有多次地震堵江断流，最近的发生在 2003 年 7 月和 10 月，云南大姚连续发生两次 6 级以上的强烈地震，金沙江右岸支流上有 54 座大中型水库的坝体发生严重的裂缝与渗水，丧失了正常蓄水功能，并给下游造成巨大威胁，下游组织大规模民众撤离。当我们已经面临金沙江遭遇强烈地震和引发的堵江现实时，情况将更为严峻和复杂，下游的相连的大坝水库和城市人口密集区，地震区交通瘫痪，救援受阻，水位快速升高，大坝满水，闸门启动失灵等。

因此，在金沙江水电开发中我们应该更加审慎，提前应对。

2008 年　大坝上的裂缝还在　　　　2009 年　紫坪铺大坝边上钉满了钉子的大山

地质学家范晓是第一个提出汶川地震与紫坪铺电站有关。

2009年，范晓对"江河十年行"的记者这样说道：汶川地震发震的北川—映秀断裂带在紫坪铺水库附近分为两支，一支在通过映秀，即狭义的映秀断裂带；一支通过水磨—庙子坪，即水磨—庙子坪断裂带，后者恰好在地表穿过紫坪铺水库的主要蓄水区。

2009年　范晓在接受记者采访

从地貌特征看，原本由西北山区向东南流入平原的岷江，流至原漩口镇处发生90°的突然转折，变为西南—东北走向，从而与水磨—庙子坪断裂带并行，这表明此段河谷顺应了断层破碎带的软弱部位，这是断裂具有晚近时期活动性的重要证据，这种活动性断裂通常都会成为地震的发震断裂。

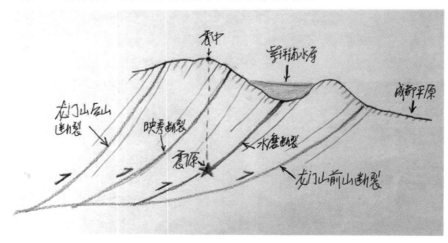

汶川8级地震震源与震中的空间关系示意图　范晓

范晓的研究表明：紫坪铺水库 2004 年 9 月开始蓄水，蓄水前，大坝处的天然河流水位高度在海拔 752～755 米。蓄水以后的水位变化可分为以下几个阶段：

第 1 阶段（低幅加载Ⅰ与低幅卸载Ⅰ）：2004 年 9 月至 2005 年 8 月，752 米上升至 775 米，升幅 23 米；775 米下降至 760 米，降幅 15 米；

第 2 阶段（高幅加载Ⅰ）：2005 年 9 月至 2005 年 12 月，760 米上升至 840 米，升幅 80 米；

第 3 阶段（低幅卸载Ⅱ）：2006 年 1 月至 2006 年 4 月，840 米下降至 820 米，降幅 20 米；

第 4 阶段（高幅加载Ⅱ）：2006 年 5 月至 2006 年 12 月，820 米上升至 875 米，升幅 55 米；

第 5 阶段（高幅卸载Ⅰ）：2007 年 1 月至 2007 年 8 月，875 米下降至 817 米，降幅 58 米；

第 6 阶段（高幅加载Ⅲ）：2007 年 9 月至 2007 年 12 月，817 米上升至 873 米，升幅 56 米；

第 7 阶段（高幅卸载Ⅱ）：2008 年 1 月至 2008 年 5 月，873 米下降至 821 米，降幅 52 米。

从 2004 年 9 月开始蓄水至 2006 年 10 月达到 875 米的最高水位，水位的升幅高达 123 米，而这仅仅用了两年零一个月的时间，这在国内外的高坝大库中都是罕见的。

如此快速地、大幅度地提高水位，以及高幅加载与高幅卸载的反复交替，就像不断给地震断层进行强力按摩，会促使断裂加速复活。据雷兴林等（2008）的计算，当水位在 875～817 米之间变化时，其卸载量或加载量高达约 7.4 亿立方米（即约 7.4 亿吨），而汶川地震正好发生在紫坪铺水库经历了三次高幅加载和两次高幅卸载之后，而且正好处在第二次高幅卸载期之末。

水库蓄水以后，紫坪铺库区的地震活动显著增强。

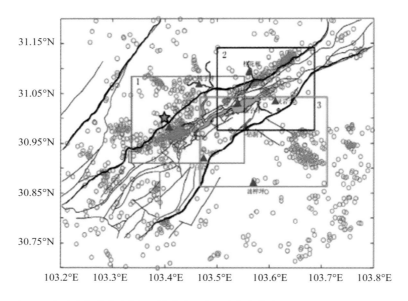

注： 1. 红色线框内的密集红圈是水库西南区的水磨震群；
　　 2. 棕色线框内的密集红圈是水库东北区的深溪沟震群；
　　 3. 绿色线框内密集红圈是水库东南区的都江堰震群。
　　红五角星是汶川 8 级地震震中；蓝色三角及蓝色字是库区地震监测台站及其名称。

汶川 8 级地震前紫坪铺库区 3 个小震密集区分布图　卢显（2010）

中外对话记者问范晓：水库诱发的小震群是不是汶川地震的前震？

范晓认为：由于紫坪铺水库西南区的水磨震群是公认的水库诱发地震，而汶川 8 级地震的震源又恰恰位于水磨震群的空间范围之内，因此，汶川地震与水磨震群的关系，成了紫坪铺水库是否诱发了汶川地震的关键纽带。

中外对话记者问范晓：汶川地震在大区域没有明显前兆是否正好反映了水库诱发地震的特征？

范晓说：习惯上人们总是认为，水库诱发地震是因为断层的应力积累已达到临界状态，水库的蓄水活动只是起到触发作用，但这是一个并未被实证或难以实证的命题。在这种情况下，当然不能排除断层原本的应力积累并未达临界状态，而因为水库的蓄水活动导致岩石破裂或地震活动被"激发"或不是被"触发"的状况，即可能是在岩石中产生了新的破裂。

四川省地震局的张致伟等（2009）、程万正等（2010）都指出，紫坪铺水库蓄水以后，库区出现了小震密集增加的现象，它们与水库蓄水、放水有关，这既可能属于区域长期地震活动的一种起伏，也可能是因为水库区小震活动异常的"链式续增"，引起断裂带上巨大能量的提前突然释放。既然是提前突然释放，因此汶川地震前孕震过程的阶段性特征以及中短期前兆性地震活动不明显。

汶川地震前，中期巨变异常以及宏观异常开始出现的时间，恰与紫坪铺水库高幅加卸载期开始的时段吻合，因此，汶川地震震前异常与其他大震的不同，是否正好反映了水库诱发地震与天然地震的差别，显然值得注意。

中外对话记者问范晓：水库能够诱发震级高达8级的巨大地震吗？

范晓说：历史上被确认的水库诱发地震的最大震级为6～7级，虽然从普通逻辑上，这并不能推论水库不能诱发8级地震，但水库能否诱发汶川地震这样的高达8级而且破裂带长约二三百千米远远超出库区范围的巨大地震，仍然让人们充满疑问。

四川省地震局的易桂喜等（2006、2011）通过研究汶川地震前龙门山—岷山断裂带的地震活动参数，发现在紫坪铺水库蓄水前，龙门山断裂带高应力区分布在绵竹—茂县一线的东北侧，即龙门山断裂带的北段属于未来最可能发生强震的地段，而包括紫坪铺库区在内的汶川段，处于中偏低的应力状态，尚不具备发生强震的背景。

紫坪铺水库蓄水后，小震群的活动与b值的降低显示了紫坪铺库区附近应力水平的显著升高，8级地震没有启动于原本应力水平较高的龙门山断裂带北段，而是发生在紫坪铺水库附近，很有可能是受到水库蓄水的影响；而汶川地震之所以表现出由初始破裂点向北东方向扩展的单侧破裂现象，并且破裂延伸达200千米以上，似乎又与原先龙门山断裂带北段比较接近破裂临界状态有关。

范晓和越来越多的地质学家认为：紫坪铺水库与汶川地震，这一前所未有的案例，给水库诱发地震的研究提供了许多有价值的新鲜材料和新的研究视角，也提出了许多具有巨大挑战的科学命题。

水利工程专家王维洛曾经指出（2008），科学家面临的一个全新情况是，紫坪铺水库建造在具有强烈地震活动背景的断裂带上，在这种情况下，水库诱发的构造性地震是否还属于传统经验的水库诱发地震的范畴？

对中国大江大河面临的如此严峻的挑战，杨勇提出建议：

尽快调整金沙江水电规划布局、坝高、库容、装机规模、坝址选择等（可能已经来不及了）；中国电力装机总容量截至 2012 年末已经超过 10 亿千瓦，达到 10.6 亿千瓦，超过美国成为世界电力大国。

但是我国的年 GDP 只及美国的 30% 左右，说明我国单位 GDP 能耗很高，据相关资料对比，我国同比产值能耗水平是日本的 7.5 倍，德国的 5.5 倍，美国的 4.4 倍，澳大利亚的 3.5 倍，甚至是巴西的 2.3 倍。

随着我国深化改革，调结构，改方式，淘汰落后产能，我国现有电力装机能力通过进一步优化配置，完全可以支撑我国相当一个时期的能源供应。否则像当前这样的发展势头，可能造成电力产能过剩的局面。

在这样的情况下，金沙江以及西南地区众多河流的水电开发完全可以放缓，进一步审时度势，深入研究，科学规划设计，等待合理的开发时机和条件，避免风险；如果现在开发方式不能逆转，要制定应对各种灾害的预案。

明天，"江河十年行"将走近怒江。

10. 白水天堂

同样是激流，水电工作者把它看成是能源，是"油"，而皮划艇参赛者们则把这里尊为"白水天堂"（白水来源于英文的 White Water，是皮划艇运动专业术语，指激流中荡起浪花的水域，因浪花翻滚看上去白茫茫一片而得名）。

花式皮划艇是皮划艇运动中的芭蕾，它要求运动员在激流中完成正反筋斗、3个轴沿任意一轴的转动、"驴打滚"、车轮滚、空翻、以艇的任一端为支点倒立、腾空、侧滚翻、平旋等花式动作，具有极高的观赏性。花式皮划艇精彩刺激，激情四溢，是一项在世界上备受勇敢者喜爱的户外运动。

2016 年的"两会"上，云南省委书记李纪恒说：云南将停止一切怒江小水电开发，推动怒江大峡谷申报国家公园，使之成为旅游天堂。

2015 年　皮划艇运动员在怒江激流中　　　　　2015 年　一个人在怒江激流

12 年来，怒江水是否可变"油"，怒江的激流是不是如果不开发水就是白白地流走了！在中国江河发展史上，一直成为开发与保护颇为激烈的争论。

十三级大坝要在这里把激流险滩变为高山平湖来发电，解决中国的能源问题；以此让当地百姓脱贫致富，这是主流的声音。

"怒江是世界自然遗产，是中国唯一一条没有被大坝截断的大江，应该留给后代""怒江地质状况十分活跃，是地质灾害的高发区"等声音虽然微弱，但一直也没有停下。

2015 年　"虎"卧怒江

2015 年 3 月　怒江升"烟"　　　　　　　　2015 年 3 月　怒江的绝壁

　　2015 年 12 月 15 日，"江河十年行"第十次来到怒江，不管是第一次，还是已经来了几次的专家、记者，无不为怒江的美和她至今还能自然流淌而感慨万分。12 年了，一条大江因媒体与民间环保组织影响了决策的，在中国不多见。

2015 年　怒江在老虎跳奔流

在云南省西北部怒江傈僳族自治州境内崇山峻岭间，怒江每年平均以 1.6 倍黄河的水量如骏马般自北向南奔腾而下，昼夜不停地撞击出一条山高、谷深、奇峰秀岭的巨大峡谷。怒江两岸多危崖，有"水无不怒古，山有欲飞峰"之称。

2015 年 12 月 15 日，"江河十年行"一群人站在怒江边的老虎跳时，我告诉第一次来怒江的记者：怒江 2014 年 2 月 5—10 日，2015 年 3 月 19—22 日，两届花式皮艇冲浪赛的数名皮划艇勇士在古老神秘的怒江大峡谷，开始在怒江书写着一段新的历史。我记录下了这一壮举。

那是在皮划艇大赛的第一天，在怒江边做着赛前试水准备的一位花式皮划艇参赛运动员从我身边走过。我上前问他来自哪里？他说美国。我问他怒江和科罗拉多比呢？他说：大多了。我问他听说这里要建十三级水电大坝吗？他说：听说了，太可怕了。我说，为了留住怒江的激流，我已经来了 15 次了。他说：了不起，谢谢！

后来我才知道，他就是戴恩·杰克逊（Dane Jackson）。目前在这个项目中世界排名第一，在 2015 年国际花式皮划艇大赛中，独占两项比赛冠军，并成为此次大赛中唯一一位驾着皮划艇闯过老虎跳的胜利者。

老虎跳，也是我 16 次来到怒江经过时，一定要停下来欣赏，停下来拍照的怒江江段。

一次次地在与老虎跳的近距离接触中，我一次比一次地担忧：如果上游修了马吉电站，下游修了亚碧罗大坝，怒江被屡屡拦腰斩断后，水被拦在上面或被蓄在下面用于发电，这里的激流将不复存在，将被高山出平湖的水库以及干河床所取代。而不论是怒江

2015 年 3 月　采访戴恩

十三级梯级电站的开发，还是改成五级大坝的修建，马吉、亚碧罗电站都在其中，老虎跳都在劫难逃。

2006年2月　北京国电勘探的彩旗　　　2006年4月　联合国教科文组织来考察时
亚碧罗索桥的彩旗没有了

2011年　松塔这条简易公路修好10个月时，已经有20人死于滑坡和泥石流

怒江，在漂流者的笔下：3 240 千米的长途中，上游河源部分称"那曲河"，雪化聚拢成溪，溪溪相汇为河，山低滩平，河水轻松悠闲，在高原湿地间自由流淌。怒江中段进入横断山区后，由于地势陡降，奔腾的怒江从1 400米高度跌落，同时两岸群峰矗立，江水只能暴怒无比地从山缝间跻身流泄，仿佛一条被激怒的巨龙，发出轰鸣。这一段乱石崩滩，江面骤缩至不足百米宽，让原本就不驯服的怒江须发戟张，嘶吼翻飞。因它落差大，水急滩高，有"一滩接一滩，一滩高十丈"的说法。

在皮划艇专业人士的眼里，老虎跳滩也被划分为由四个梯级滩所组成。和梯级电站不同的，一是自然形成，一是人为改变。

在傈僳语中，老虎跳被称为"腊跨洛"。此处江面收窄，江心巨石林立，如刀削斧劈，将汹涌的江水分割为两股湍流，被誉为"怒江第一险滩"，在国际极限漂流界享有盛名。其中，1号滩被定义为5+级别（白水漂流的滩从易到难共有1～6级，6级几乎没有人敢于尝试）。这也意味着选手将会面临无法预测的危险，救援难度极大。冲击激流中，不但要经过，而且不翻艇者才为挑战成功。

老虎跳滩1号滩水流落差有10米，使得原本就很快的水流更加凶猛。3月，不是怒江的丰水季，滩中露出几块巨石，水流击打在石块上击起巨大的浪花，对于挑战者来说，巨浪怪石中一旦控艇出现偏差，将有断桨甚至是受伤的危险。

更为危险的是，老虎跳1号滩和2号滩之间洄水区仅有100米左右，运动员如果在1号滩意外脱艇，救援难度极大。而一旦被冲入被视作"死亡之滩"的2号滩，由于其间怪石林立、暗流纵横，人很可能被水流吸到石头的缝隙里无法出来，将彻底失去救援的可能。据悉，此前就曾有皮划艇爱好者漂流至此不幸遇难。

杰克逊一家是世界知名的花式皮艇世家。2014年在比赛中担任裁判兼救援的埃里克·杰克逊说："我很喜欢怒江，风景美水也好，不仅有高难度的滩，也有很平稳的滩，适合各种水平的皮艇爱好者，希望明年这项比赛能继续举办下去，我也非常愿意再来参加。"

埃里克·杰克逊说再来，是因为2014年2月，在老虎跳漂流中，经过两个多小时的反复读水，杰克逊一家最终决定放弃前两个高难度的滩的挑战。

2015 年　外国运动员在护送中国运动员

2015 年 3 月，因为时间关系，我没有等到中国选手参加，只有国外参赛勇士们闯关老虎跳的时刻。在这里选取了一段新华网上的文章：

所有运动员都一改前几晚饭后喝酒聊天的习惯，不到 9 点就都各自回房间休息，为挑战险滩做好准备。另外，随着对怒江认识的不断深入，外国运动员们也不断对组委会的救援团队提出了更高要求，将原本在岸上设置的 1 个救援点升级成了 4 个，并且在每个点增加一名救援人员。

22 日一早来到江边，队员们仔细读水将近一个小时，下还是不下？大家都在纠结。时间一分一秒过去。经过反复论证了路线、难度、过滩方法之后，最终，包括新科世界冠军尼克在内的 4 人选择放弃，参与挑战的仅剩下戴恩和威尔斯兄弟，另外 4 人将驾艇在老虎跳 1 号滩和 2 号滩之间做救援，以确保伙伴不会被急流冲入 2 号滩。

此前在虎鹰滩参与救援的克里斯·古拉格曼表示，亲自站在滩边感受这个滩的巨大能量后决定放弃，"但我会在下半段为伙伴做救援，如果在这里失控，救援也会非常难，希望他们好运"。

经过抽签，布伦丹·威尔斯第一个下水挑战，但是在经过第一个大的跌水时，他被巨大的浪花掀翻了艇，虽然凭借娴熟技术转危为安，但依据比赛规则，被判挑战失败。

2015 年　闯关（摄影　宅小安　袁晓锦　小马驴）

眼看布伦丹挑战失败，戴恩快速跑向了起水点，他和布伦丹交流了一会儿，然后默默地望向江面开始读水。

10 分钟后，戴恩向 1 号滩发起了挑战。下水后他先是缓慢地进入洄水区，似乎在观察什么，随着距离跌水越来越近，他逐渐加快了划桨的频次，进入白水后，戴恩凭借良好的控船能力几乎是飘过了层层浪尖。可是，在进入第一个大的跌水区时，戴恩连人带艇突然被巨大的白浪淹没，好在 1 秒之后，他的红牛头盔再度出现，没有翻艇！此后，戴恩流畅地通过了第二个跌水区，并成功通过了整个 1 号滩。岸边的人群忍不住欢呼起来，戴恩·杰克逊！他成功了！

在戴恩成功挑战后，托德·威尔斯也冲进了浪里，但很不幸，他和弟弟布伦丹一样，在第一个跌水区被大浪掀翻，挑战失败。

"今天很幸运"，此前已包揽了本次赛事两项冠军的戴恩上岸后说，"下水之前我们一致认为最左边的线路会比较好控制，但是布伦丹第一个挑战失败了，所以我临时更改了线路，说实话，我一直被大浪推着，并不知道是怎么通过的，我只能说今天我很幸运。"

如今，无人比拟的花式皮划艇大赛冠军戴恩的父亲埃里克·杰克逊（Eric Jackson）也是花式皮艇界的传奇人物，曾获得4届世界冠军，被国内花式皮艇圈内奉为"祖师爷"。

2015年3月，我采访了参加2014年首届怒江花式皮划艇大赛的大龙。在他撰写的文章中有了和以往人们写怒江不一样的感慨：

2015年3月　怒江边的"茶马古道"

怒江发源地远离"文明"，人迹难至，其流经地域，因无法逾越的地理屏障保护没有被大规模开发。

没有被开发，就意味着自然资源与生态和谐自生，保存了原始。原始流淌的怒江水，才可用惊艳两个字来形容。怒江中段千百年间上下游无法行舟，壑深万丈的山壁又根本没有路可走，只能在悬崖上人爬骡踩，世代累积出一条栈道，这条人迹罕至的隐秘商路，就是"茶马古道"。

2015年　近距离接触

2015年3月18日，在怒江边，特意从广州来的朋友钟峪让我们躺在一块大石头上，让脸近乎贴到水面上地看怒江、听怒江。

来了16次怒江，但这么近距离地接触怒江，对我来说还是第一次。真的不一样。江水的撞击力不仅是直视于眼前，回响在耳边，更是撞进了心里。

一个城里人，为什么要一次又一次地来到怒江？12年了，为什么非要死磕留下怒江的激流？

观水、听水的这一刻我不停地问着自己，也不停地感受着眼前激流做出的回答：我是自由的，自由真好。我是无畏的，无畏可以留下真正的自我。

2015年　怒江美

在2015年怒江花式皮划艇大赛前的怒江边，我采访了此次大赛的组织者之一小毛驴和担任裁判的中国漂流爱好者爵士冰。

他们告诉我：这次大赛，世界上此项运动最高级别的运动员都来了。老虎跳成功挑战奖金是2 000美元。中国人都不参加了，7个老外都想跳。因为中国才刚刚开始这项运动，在第一轮巨浪追逐赛的大赛中，是一个老外带着一个中国人闯试水的，已经有一个中国选手脱船，一个被水洞吸住了十几秒，很危险，还有一个磕在石头上受伤，参加不了比赛了。而另一项水洞花式赛中，估计也难见到中国人的身影。

看着、听着怒江时，小马驴十分激动地向我们表达着他要说的话：一个国家至少要有一两条能自然漂流的江河，不然的话太可惜了。不管是对漂流爱好者，还是对游客，这种景观太美了。

2015 年　在怒江的白水中翻滚

2015 年　翻滚（摄影　宅小安　袁晓锦　小马驴）

2015 年　花式（摄影　宅小安　袁晓锦　小马驴）

在中国，已经很难看到这样的大江了，我是第一次看到这么大的急流，你看那拉出的一卷一卷的白浪，那个地方是会把你拖进去的，如果是计时赛的话，把你拖在那里会浪费参赛时间。老外他们太疯狂了，一看到这种水就激动得不得了。

什么是花式皮划艇中的翻滚？小毛驴告诉我是爱斯基摩翻滚，因为是因纽特人发明的，是驾船在激流中离水腾空翻转。

小毛驴说：说是怒江老虎跳上面要修一个马吉电站，如果修了电站把这块拦住了，那我们就没有地方玩了，我还准备过两年也来挑战呢。

现在这么多电视台包括央视都来报道，云南省的领导也要想一想，你到底要什么？现在的激流是全世界的精华，水库可是全世界到处都有的。

小马驴的这番话，让我想起 2007 年中国水利水电科学研究院的刘树坤教授说的一句话："我们为什么非要毁掉怒江的独特，让她混为一般呢？"

小马驴说：大家都知道科罗拉多大峡谷的漂流，知道它是世界上的一个经典。在科罗拉多，保护河流，商业效益及社会的影响力结合得很好。

而怒江这些年来的博弈一直都是在要不要修十三级大坝上。殊不知，怒江是中国乃至在世界上独一无二的白水资源。

什么叫白水？就是翻着白色浪花的激流。河流里平静的水叫平水。如果很多大坝修起来的话，河流就死了，漂流就完蛋了。

小毛驴说：中国这项运动的启蒙和发育非常之晚。正式民间接触这项运动是 2008—2009 年左右。真正来到大江大河上漂流，算起来是 2012 年年底和 2013 年年初。

因为互联网的发展，我们一下子就能够把世界上最好的、顶尖的好手请来了。这项运动，其实是人和大自然，艺术与灵魂的对话。如果把它毁掉，建成大坝，短期内确实能拿到很多钱，但河的魂儿就没有了。

怒江在世界上的白水资源中，我们不敢说是百分之百的第一，但它绝对是世界前三。雅鲁藏布江很好，但是太凶险不可以漂。所以，怒江对于漂流爱好者来说，有"白水天堂"之称。红牛这种商业运作的介入，是一种很好的保护形式；是让河流原始的生命力得到尽量大的扩展；是一种比较委婉的，从艺术角度保护河流的方式。

小毛驴说：我觉得河流是有生命的，真正活脱脱的生命。我自己下水漂流过。在水里面的感觉很紧张，很刺激，很兴奋。

小毛驴认为，这项运动真正的生命力在民间。民间让这一运动得到良性的普及和发展。

现在，感觉河流这一生命力的人越多，下水的人越多，也是另外一种对河流的保护。小毛驴特别强调。

小毛驴强调的还包括：这次活动是商业的，也是环保的。参与者不是拿钱把他们吸引过来的，是怒江把他们吸引过来的。金沙江、澜沧江都修了水电站，怒江现在成了最后一条中国的稀缺资源，她是世界级的。怒江要修了大坝，不光是环保主义者，很多原居民、漂流爱好者，大家会很伤心。我听说中国的水电公司、地方政府，在我们今天漂流的这一河段的两三百千米内，要修 3 个水电站，已经规划设计好了。这些大坝，就是一个个炸药包。

如果不修大坝，而是把皮划艇世界杯或者世界锦标赛都争取到这里来，那与水电相比影响力是完全不同的，而且是世界级的影响。水电站就是中国用点能源而已。而像怒江这样能举办花式皮划艇比赛的大河，全世界都没有几条了。

我告诉小毛驴，2007 年"江河十年行"时，我们采访了将要参加 2008 年在中国举办的奥运会皮划艇大赛参赛队的队长。队长告诉我们，冬天能训练皮划艇的大河在中国只有怒江了，其他河里的激流都没有了。金沙江现在就不能叫白水了，没有了激流，都被大坝截成高山平湖了。

2007 年　"江河十年行"采访奥运会激流皮划艇参赛者在怒江激流中训练（任琴摄影）

2012 年，爵士冰和中国一群漂流爱好者在金沙江做了一次悲壮的告别金沙江的漂流。他说对于江河来说，不是以颜色论白水，而是要水花翻起来是白色的、是激流才能判断是白水。

"怒江，是白水天堂"是此次大赛的裁判再次强调的。

2015 年 3 月 19 日上午，在怒江的激流中，我目睹了来自美国、加拿大、瑞典、荷兰和中国的 14 名"江湖高手"在怒江白水中的角逐。全部比赛完成后，7 名外国队员再次扛着皮划艇，又下水了。钟峪告诉我：他们没有玩够。

2015 年　翻

第一次欣赏几位外国选手在被称为水洞中的花式翻滚。用两个字来形容：刺激，用 4 个字形容：刺激、惊险；用 6 个字形容：刺激、惊险、玩命。

2015 年 3 月花式皮划艇大赛结束后，我在报道中看到这样的一段介绍：在乱石飞渡的老虎跳驾着皮划艇冲过去的美国选手戴恩，在妈妈的肚子里只待了 8 个月，出生时只有一斤多重，孩童时代是位自闭症患者。而他的父亲是通过让儿子接近河流，使得戴恩成了一名在白水里自由冲击的勇者。

2015 年　怒江的姑娘

这么多年来，关注怒江，我们这些河流关爱者说，怒江应原汁原味地留下来。

小毛驴说：喜欢漂流的人才真正懂得河流，它们的爱是大爱。

在采访小毛驴时他还对我说：我们得感谢你们，用12年的时间留下了怒江的激流。我说：要感谢大自然，大自然给了我们这么壮观的河流，我们都应该敬畏它，爱它，要把所有爱大江的人都团结起来，一起为留住它做我们能做的事情。

2015年 "江河十年行"在怒江第一湾

当然，怒江流域还生活着接近50多万的人口，其中大多数人的生活水平还比较低下，贫困人口也很多，脱贫也是当地政府的一个紧迫任务，有时候甚至是政治任务。修桥、修路、建工厂，是大多数地方发展当地经济的必由之路。可这样一来难免就会对环境造成影响和破坏。那怒江流域的老百姓要脱贫，出路在哪里？单纯强调环保，让当地人民生活在落后状态之中的方式是不可取的，也是不可持续的环保方式。在2015年"江河十年行"继续赶路的大巴上，大家的提议都是对怒江流域进行旅游开发，以这个方式来促进当地经济的发展。不过几天来看到的大江大河所受的待遇也让我们深知，理念可行，实际操作还需要进一步的实践过程。

2013 年　小心玉

2013 年"江河十年行"离开丙中洛之前，我们专门到了丙中洛小学，找到四年级二班。站在门口，看着一班的孩子，我没有找到郭心玉。于是问：你们谁认识我呀？小心玉带着她那每次我们都见到的甜甜的微笑站了起来。这位小姑娘也是我们"江河十年行"的见证人。

从 2006—2015 年，10 年间，心玉长成了大姑娘。

2013 年"江河十年行"采访要用 10 年跟踪采访的李战友时，他68 岁。他的女儿李春华告诉我们：我是家里唯一的女儿没有兄弟姐妹。1974 年出生，老公是 1971 年出生。有两个孩子，一个 15 岁读高一，一个读小学五年级，民族填的

2015 年　　"江河十年行"跟踪调查李战友家的外孙女心玉

都是藏族。自己读汉人学校读到初中，爱人也是初中。我俩儿是在丽江打工时认识的。

我们知道，春花的父亲李战友是傈僳族，丈夫是纳西族，母亲是藏族。

2013 年　早上家里在煮酥油茶

2013 年　两个老人穿上了我们带去的新衣服，一家三口目送我们

2013 年 3 月 30 日我们见到李战友时，他明显的瘦了。但仍然是乐着和我们说：明年你们来就看不到我了。我们说你生的什么病呀？他说：他们不告诉我，现在天天要输液。

即使这样，李战友还是在女儿春花和我们聊着时，和以往一样边看着老婆边说：核桃不卖，自己吃；柿子不卖，自己吃；牛不卖杀了自己吃；猪不卖，自己吃；玉米给猪吃。

明年我们还来，您可要等着我们哟。2013 年和李战友告别时我大声地对他说。

老人没有等我们。2013 年秋天老人走了。

2015 年"江河十年行"到丙中洛甲生村时，那里正在修路。春花告诉我们修的是丙中洛到察隅的公路，听说是国防公路。

我们问春花你们希望修路吗？她说：政府要修路，我们是没有办法的。

我们问赔偿怎么给？春花说：他们说一亩要赔偿 75 000 元，还没有赔下来。路都开工了，钱还没赔下来，赔偿要是不满意怎么办？我们问春花。她说：我们说过不满意，但是这个是国家建设，是国防路，我们是没有办法的。

我们说：大家都不满意，可以一起向他们说。春花说：这里人不会这样的。人家说给你多少就多少。有些人也许会去说。但是说也没有用，因为大部分没有意见，只有一两个人有意见。

我们又问春花：大多数的人听从命运的安排，说怎么样就怎么样。你老公在外面打工，也不去反对吗？

春花老公：我反对，因为我这个鱼塘一年只给赔 3 000 元，我跟他们说了不行。他们说考虑一下，现在还没有赔偿标准，他们这样说的。

我们问春花的老公：这个鱼塘够你们家一年吃鱼了？

2015 年　老人的坟前放上了我们每次去拍的照片和"江河十年行"的书

他说：够，还能卖一点。好不容易有一点收入，20元一斤。我们买的鱼苗放一次要买两千块钱的呢。我们说是不同意。可非要占也没有办法。说是有1 000万元的工程，政府要给每家每户建房。他们还说要建民族特色的，你们家是藏族的话给盖藏式的房子。这几天村里在填表。他们也来看了好几次了，可以确定了，明年2016年建。

2012年　刚生了一天的小牛

2012年"江河十年行"在李战友家采访时，他曾悄悄地问我们，要不要去看看昨天家里刚刚下的小牛，我们去看了，真小。可是，很遗憾，这头小牛自己上山后没多久就摔到了悬崖下。

生小牛的牛圈呢？我问。

牛圈那儿也要占了，赔一万左右，春花说。

才赔1万元左右。以后不能养牛了？

可以养牛的，其他地方可以做，我们另外想办法。

我们问：你们是不是也希望这样，因为有了一些钱。

春花老公：不是那么希望，不过怒江人被教育的，个人要服从国家，国家利益大于一切。他们说这是国家建设，是国防路，启动仪式原成都军区的领导都来了。

至于什么是国家利益，什么是企业利益，春花老公说我们也分不清，不知道。

说到眼下的生活，春花告诉我们，现在家里有12头猪，6头已经长大了的牛了。一头牛长大了能卖3 000多元钱。母牛，跟别人家的公牛交配。因为，牛都是每年的5月份赶到山上去，11月、12月它们自己就回来了。牛认识回家的路，不用上去牵，只是有空的话一个月上山去看一次。

2015 年　怒江边的油菜地

春花告诉我们：现在家里还种了不少油菜是榨油的。自己种的油菜就够自己吃了，送些给亲戚、邻居，一点都不卖。今年粮食很不好，谷子长得不好。雨水太多了，这两年基本上是雨水多。

春花说，现在家里还种了很多小珙桐、紫薇等植物。珙桐一棵树能卖到 400 元。是老公自己培养的，已经种了七八年了。春花说他们卖树和别人卖树不一样，不讲价，强调的是买树的人要负责把树种活、种好。

怒江边的人对植物的爱是真爱。

不久前，我在春花的微信上看到过她写的：父亲是个爱开玩笑的人。有他在家里就热闹，好想他。

春花的老公说：我老岳父从来不说人坏话。假话也不说，不会给人使坏，什么样的人都处得来。

2015年　春花和老公在看我们带去的前一年拍的照片

春花的妈妈不爱说话，我们甚至没有听到她说过话。丈夫在时，我们来她听着丈夫和我们聊。丈夫不在了，她看着女儿和我们说。她会织怒毯，一块怒毯卖400块钱。卖不出去就都送人了，去年送了几十床。我的一位美国朋友说，在美国这样一条怒毯能卖二三百美元呢。可是怒江人没有卖的渠道。

11．忧郁的怒江

2015年3月16日，"江河十年行"走进了怒江最漂亮的一段大峡谷，丙中洛到松塔。同行的记者刘旻负责写今天的集体日记。她是这样记录"江河十年行"的这一天的。

丙中洛阴雨的早晨，远山雾绕，街道清瘦，冰凉如水。

头天晚上吃火锅喝酒的小店已经备好了早饭，傈僳族的老板娘牛的不行，一个人里外里忙碌，却未见丝毫慌乱，没有锅碗瓢盆四处翻飞的场面，所有的炊具桌椅板凳都安然有序，抽出空来，她还能跟我们聊上几句。

"去松塔再返回？你们晚上回不了六库。"

虽然只有20多千米，去松塔的路的确不好走。但也印证了李司的神技。

当然，在这一整天里还发生了有惊无险的事儿和又惊又喜的事儿。

2015年　清晨的丙中洛

几年前，我到过丙中洛，那时候就没那么出尘离世，白色垃圾和人类的汽车一起挺进整个怒江峡谷的最深处，从南到北。而最北端，也就是怒江、澜沧江、金沙江"三江并流"最窄处的丙中洛也成了一个雾气腾腾的工地，那时候，从西藏林芝的察隅到云南的贡山丙中洛正在修路，沿途的茶马古道和原始森林正在改变它原有的状态，旅游开发热火朝天。

2015年　怒江边的绝壁

2015年　怒江的白水

如今，这段路早已修好，旅馆客栈多了，各种凌乱未减，门票也涨到了每人每次100元。但我们没花这冤枉钱，因为今年7月22日，丙中洛取消了门票收费，汪永晨说"这真是一路以来的一个好消息"。其实，她不知道她今天还将收到一个更好的消息。

从丙中洛再往北走，先是有惊无险。在开山劈峡一处叫石门的地方，那同时也是怒江的一个拐弯，同行《南方都市报》记者郭宪中正在收纳美景的无人机突然发"烂咋"，摆脱了主人的控制，踪迹全无。

虽然以前也发生过失控这种事，估计郭宪中还是在冷天出了身冷汗，跟陈杰俩人拔脚寻着声音走出一段路。等再次现身的时候，连人带机没有任何损失，有惊无险就是这样吧。人机都消失的那段时间里，据说陈杰从壁立的崖壁边上找了似有似无的小路，然后蛇形迂回爬上崖壁，在草丛里找到了安然无恙的无人机。郭宪中后来回味这段的时候，直念叨自己人品好，首先是无人机在失控状态下居然没有飞到江对面去，那样的话还得游泳去找，最后坠落在草窝里吧，居然连机翼都完好无损，接下来得继续努力攒人品。

之后，一路越来越难走，地貌与风物也更加多变。阔叶林脱光了叶子，地里的庄稼颗粒归仓之际，飘洒的雨滴或雪花从噶瓦噶普神山（高黎贡山北段的最高峰）上慢慢跑下山来，像一床棉被，先盖好山顶，再盖好腰，再盖住田野村庄。从大巴课堂的片段讲述里能归纳出一个基本的轮廓——从"三江并流"（怒江、澜沧江、金沙江）切出的横断山，不仅"横断"了汉民族和中原地区对这里的同化，也"横断"了这个地区各民族之间的彼此同化。更重要的是这些南北向的大山和河流"横断"了沿东西方向分布的一条条气候带。

再看怒江干流，这条源出青藏高原唐古拉山南麓，由北向南流经西藏那曲、察瓦隆流入云南省，经贡山、福贡、泸水三县，从泸水的

2015年　怒江边的悬崖

上江乡流入保山市，再经德宏州出境称萨尔温江，一路精华沉积最终从缅甸注入印度洋的水域，在流经的地表形成可深切割高山峡谷地貌，大峡纵贯，小峡羽列，重峦叠嶂、郁郁苍苍。长度两倍于美国科罗拉多大峡谷，谷深在 2 000 米以上。前往松塔的道路就在峡谷之巅展开，艺高人胆大的李司做到了人车合一，尽管把安置在最后排的行李无数次抛到我们头上，并且在返回的路上发现震断了车辆某些部位。修车的时候我问李司，以前走过松塔吗？他回答没有，"要是走过就不走了"。

2015 年　怒江松塔边地质学家杨勇接受记者采访

2015 年　怒江松塔边地质学家范晓接受记者采访

作为怒江中下游梯级规划的龙头水库之一的松塔电站，是我们今天的目的地，而眼下的情景却是一片死寂，仅能看到山体上留下的各种地质勘测的痕迹。此前，怒江水电因是否会破坏"原生态环境"以及地质条件是否具备开发条件等争论已搁置10余年。怒江争论亦被外界称为中国乃至全球水电开发与环保博弈的典型案例。是因为良心发现吗？

杨勇分析说，产能过盛应该才是停止动工的主要因素。"我们2010年、2012年走过这里时，看到这里是热火朝天的工地。现在却看不到什么，当然也有可能是他们完成了这个工地的勘探。不过要在这边施工的话确实也有很多制约因素，交通要达到施工的条件，但现在这条公路是连施工条件都没有。"

汪老师收到的另一个好消息是在从松塔返回贡山的路上。具体内容是有朋友从云南省林业厅得来的消息，云南省已做出决定，停止对怒江的水电开发。汪老师泪了，我没有看到她号啕大哭的样子，我看到她背对着，默默地对着一堆柴火流泪，就在贡山我们晚餐的餐馆前。来之前我也一直想找一个答案就是为什么一个人、一个团队能够坚持那么长时间做一件事情。不敢说理解，一点一点我再了解，到底为什么？理想主义也好，现实情怀也罢，你在遇到的时候就会告诫自己，别用自己的这种经验和知识去判断，在你全面地了解之前。

之后的一两天，大家小心翼翼地谈论着这个消息的可靠度，喜悦也忧虑，振奋也恍惚。于我，脑海里萌生出有机会能踏实下来写一本《忧郁的怒江》的念头，用结构主义的方法去表达我的忧郁，因为肉食者不关乎民生。唐博士说，人类学也好，社会学也好，我们要做的就是要在公共空间里尽量放大嗓门的发声，去讨论，去形成公共意见。

无论是从学术与践行，理想与反思，还是从专业与经验，理智与情感，这都是让我深受感染收获良多的一天。

2015年　怒江边绝壁上的绿色

2015 年 "江河十年行"每年都
要看看的秋那桶小学校长的妈妈

2015 年 "江河十年行"在怒江

2015 年"江河十年行"的水利水电专家刘树坤在我们走过松塔电站工地后说：我想，我们应该集中目标，让怒江干流上不建水电站，把怒江一定保护好。

刘教授加入过 2007 年的"江河十年行"。考察回来后，他给温家宝总理写了封信并得到温总理"慎重研究"的回复。信中刘教授提出：怒江是我们南方重要的生态廊道，自然风景长廊，多元和谐的民族文化走廊，所以一定要把它保护好。

信中刘教授还说：整个云南省，它的物种在我们国家占了全国物种数量的 50% 以上。怒江大峡谷在中国生态多样性的地位是特别高的。但是，我们现在拿不出具体的数据出来。所以希望有专家真正去调查一下，大峡谷里有多少物种。还有，咱们全国有 56 个少数民族，大峡谷中就有 22 个少数民族，大家生活得都非常和谐，当地文化传承得也挺好，社会秩序也比较好，不少人信奉基督教。所以，这样一些民族文化，不能因为怒江的开发把它破坏掉。

刘教授说：我想，我们这代人应该有责任，给子孙后代留下一条原生态的、自由流淌的河流。让他们去比较一下，已经开发的金沙江是什么样？不开发的怒江又是什么样？比较后，子孙后代有权利、有机会，再去决定他们应该怎么生活。

2007 年　刘树坤站在怒江被移民了的小沙坝村前思考

2007 年　"江河十年行"和跟踪采访的小沙坝移民在一起

2007 年　为怒江边的孩子们打印照片

真有意思，我第一次到怒江时，在怒江第一湾接到朋友的电话，告诉我温家宝的指示。在"江河十年行"第10年，还是在怒江，我收到朋友的短信。后来有不少文章说我大哭了20分钟，这一定是为了吸引读者的眼球，但刘旻写的我站在柴堆前默默地流泪是真的。

2007年　刘树坤帮四季桶小学搬柴

晚上，我写了文章"怒江胜利了！"文章是这样写的：

2015年12年16日，由民间环保组织绿家园志愿者发起的"江河十年行"第10年走在怒江大峡谷里时，中央电视台一位也关注了10年怒江的记者发来短信。信的内容是：告诉大家一个好消息：云南省委、省政府昨天决定，怒江州25度坡耕地应退尽退，扩大国家公园保护区面积，坚决不开发怒江小水电工程，并上报国务院，停止怒江大型水电工程！

记得，2004年，时任国家总理温家宝在怒江要建十三级水电站的规划报告上指示"像这个引起社会广泛关注，且有环境保护部门的不同意见的工程，应科学研究，慎重决策"，也是在我们一群关注怒江命运的记者和民间环保组织的人走在怒江时听到的。

2015年　怒江边在修路

从那以后，12年了，中国的媒体和民间环保组织一直在关注着怒江。第10年"江河十年行"走在怒江边，水电勘探的工地上，虽然一个人也没有看到，但是沿江正在修的路，让冬季本应非常绿的一江水，一眼望去少了以前的绿，多了些从未有过的灰。

12 月 16 日一整天，我都在想，曾有一种说法，怒江大坝之所以至今没有修，是那里的山路之险，没有一条能运进大型施工设备的路，大坝是修不成的。如今路在修了，是建大坝有了新进展，还是什么呢？

怒江，丰富的岩石类型、复杂的地质构造、多样的地形地貌，是一部反映地球历史的大书，蕴藏着众多地球演化的秘密。

怒江，拥有中国 25% 以上的动物物种与 20% 以上的高等植物，是中国生物多样性最丰富的区域，也是世界上温带生物多样性最丰富的区域。

怒江，壮观的雪山冰川、险峻的峡谷急流、开阔的高山草甸、明澈清净的高山湖泊、秀美的高山丹霞、壮丽的花岗岩和喀斯特峰丛、多样的植被和生态景观，无不展示着独特的自然美怒江。

2015 年　怒江峡谷

20 世纪 80 年代，一位联合国教科文组织的官员在一张卫星遥感地图上惊异地发现在地球位于东经 98°～100°30′、北纬 25°30′～29°的地区，并行着三条永不干涸奔腾的大江，这就是位于青藏高原南延至滇西北横断山脉纵谷之中的"三江"地区。

2003 年，怒江、金沙江、澜沧江的三江并流，被评为世界遗产。世界自然保护联盟（IUCN）在提名"三江并流"为世界遗产地的评估里这样写道："这里的少数民族在许多方面都体现出他们丰富的文化和土地之间的关联：他们的宗教信仰、他们的神话、艺术等。"

然而，就在 2003 年 7 月，联合国教科文组织将三江并流保护区作为"世界自然遗产"列入《世界遗产名录》的同时，国家宣布了在怒江修建十三级大坝的消息……

12 年了，我走进怒江峡谷 16 次。每一次去我都在问自己，这么美的大自然，为什么有人就不在乎？每一次，也都会咬牙跺脚地下决定，把这里的大美留下。

2004 年，两家民间环保组织绿色流域和我们绿家园第一次组织记者走怒江。看过怒江第一湾后，车上非常安静。因为太美了！白色的雪山，绿得像童话世界一样的水，还有黄黄的油菜花和红红的木棉。可是，如果修十三级大坝，这里就要被全部被淹掉！

记者的沉默是什么？惋惜、愤怒、绝望……

怒江，是中国 22 个少数民族世代生存的美丽天堂。

2011 年，"江河十年行"走在怒江时，那里正在过当地傈僳族的阔食节。节上有傈僳族最传统的"沙滩埋情人"，就是一对心爱的男女，在旁人看来有了意思，就会被抓到一起，挖一个沙坑埋进去。从古到今，傈僳族人大节、小节都是跑到江边的沙坝上做这些活动的，整个村子的人都去。

2014 年，"江河十年行"的第九年，怒江州府六库所在地，比我们 2004 年第一次去，真可以说是翻天覆地的变化。建了无数的高楼大厦，水电虽然没建，但因为争议，这些年怒江的关注度是世界级的了。

2011 年　旅游中的"沙滩埋情人"

在怒江边我采访过两个年轻人。一位年轻人对我说，我们这里的人把冬天的怒江形容成女人，漂亮、温柔；把夏天的怒江形容成男人，强悍、勇猛。可是开发了大型水电以后，水平面就要上升，傈僳族人居住的大山、大江边就要被淹没，高山平湖水的颜色还能有冬夏之分吗？

2011 年　傈僳族小姑娘

2011 年　民族文化的走廊

这位怒江边的年轻人说，真的不希望以后自己的子孙，被问起我们这里的大江原本是什么样子时，只能翻着相册指着照片告诉他们，以前这里的水是流动的，还有非常急的激流和沙滩。如果真的要靠照片告诉我们的子女家乡的大江是什么样，湍急的河流是什么样，沙滩是什么样的时候，那不是我们最值得骄傲的东西的消失，又是什么？

我们第一次从丙中洛开车到松塔时，开卡车的司机告诉我们，当时只有 3 个司机敢在那一段路上开车，一般人是绝不敢在那样险的地方开的。这位司机还告诉我们，就在我们去的前几天，他在此行我们给了最多的赞美之词的松塔路段上开车时，一块差不多有 8 吨重的大石头就从路边的峭壁上掉在了他的车轮子前。吓得差点没丢了魂的他后来是找到炸药，把硕大的石头炸小搬开，才得以继续前行的。

松塔，我走过的最绿、两岸最陡峭的怒江旁，如今因勘探已残破不堪。

2006 年在怒江边采访，一位也像是负点责的勘探工程技术人员曾经非常坦率地对着我们的镜头说："我知道很多专家呼吁不应该

2010 年　怒江边的滑坡让 100 多人失去生命

在怒江建电站。的确如此，作为一个中国人，我认为破坏了生态平衡，以后就看不到怒江了。为什么叫怒江？从它的字面意义看，声音比较大、比较壮观。坝修起来以后水位就要抬升。13个大坝，这样一来，就看不到水流，只能看到湖了。"

可是，当我们问这位工程人员，你是来做大坝前期勘探的，又担心怒江激流的失去，那是一种什么心情呢？

这位工程人员连连摆手：不好说，这不好说。

地质学家孙文鹏曾对我们说："为什么怒江建电站不合适呢，主要它是一个第四纪以来，新构造运动最剧烈的地区，怒江要建大坝就选择在了这里。"

地质学家徐道一说："来过怒江的人都可以看出来，它这个地形高差特别大，世界上还有这样的吗？没有的。"

在孙文鹏和徐道一看来，"怒江罕见的地质特点决定了它比在其他的河流建坝的风险都要大，如果在怒江上建梯级水电站，筑拦江大坝必然要横跨断裂破碎带，这是何等的风险？"

在这两位忧国忧民的老专家看来，最需要提出警告的是，任何坚固的钢筋水泥大坝也阻止不了怒江深大断裂的相对错动，谁也制止不了沿怒江两岸至今仍在发生的巨大的山崩、滑坡和泥石流。

2015年　怒江松塔电站勘探后的怒江边

2015 年，76 岁的学术背景就是研究水电开发的水利水电专家刘树坤再次和我们一起走在怒江边。这次他和2007 年"江河十年行"说的一样：自己这辈子走过中国很多大江大河，也去过世界上的许多江河，中国的大江大河已经被开发得很难再找到原始的、自然的了。他很庆幸中国还有这样一条大江，还保持自己的自然面貌。

刘树坤说，如果在这样原始的、自然的大江里开发水电，她独特的价值就都不存在了。那太可惜。水电站哪条河上都可以建。这句话刘教授说了好几遍："怒江，是至今还保留着原汁原味的大江，为什么我们要不顾其独特，而要让它混同于一般呢？"

2014 年　怒江边的母子

2015 年　去年"江河十年行"还抱在妈妈怀里的孩子长大了

今天，看着怒江边正修的路，刘教授再次陷入了深深的担忧中。

中国的媒体和环保 NGO 关注怒江整整 12 年了。这期间，三峡总公司的领导换了人，发改委能源局也有人下了马，特别是云南原省委书记白恩培终于被揪出来了。清理这些败类，对我们来

记录怒江

说就是扫清保护怒江路上的一个个障碍，不是吗？

2014 年"两会"时，我们请一位全国政协委员为怒江递交了一份提案。提案中说：在中央大力加强生态文明建设的宏观决策下，根据相关专家的研究论证，呼吁停止怒江水电开发，转而在云南怒江建立中国完整生态系统示范区。加强流域内独特生态系统和民族文化资源的保护，同时改变怒江流域经济社会发展长期滞后的局面，使怒江成为一个资源保护与经济发展协调、内地与少数民族地区同步发展的先行区和示范区。因为毕竟怒江是眼下中国唯一一条还没有被大坝截流的大江。

曾经有人问我："世界上到底有没有天堂？永远到底有多远？"

我不知道"永远"到底有多远，不知道世界上是不是真的有"天堂"，也不知道我们是不是真能永远保留住怒江这美丽的白水天堂。不过，怒江让我相信世间的美好；让我相信：存在，就是最美的天堂。

今天，听到云南省政府做出决定：坚决不开发怒江小水电工程，并上报国务院，停止怒江大型水电工程！ 在怒江建立国家公园。

真的到了怒江不被大坝所截断的那一天，那才真的是怒江胜利了。

12．怒江要停止的不仅是小水电开发，更是大水电的开发

2016 年 1 月 25 日，政协云南省第十一届委员会第四次会议界别联组会上，中共云南省委书记、云南省人大常委会主任李纪恒郑重表态，云南将停止一切怒江小水电开发，推动怒江大峡谷申报国家公园，使之成为旅游天堂。

2016年3月9日，云南省委书记李纪恒在全国"两会"中回答记者提问时再次表示，怒江小水电全部叫停，不再开发。

其实，2015年"江河十年行"走在怒江的时候，我们听到的消息是"云南省政府不光要扩大国家公园保护区面积，坚决不开发怒江小水电工程，还有并上报国务院，停止怒江大型水电工程！"

所谓大水电，就是发改委在2003年提出的要在怒江上建十三级大坝。后经专家、媒体与民间环保组织及怒江下游国家的共同呼吁，将十三级大坝改为四级。

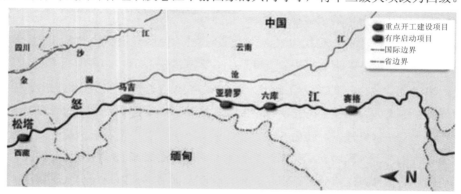

"十二五"期间怒江水电开发规划

不过，李书记一边说停止小水电开发，建国家公园，一边又回避了对怒江影响更大的大水电开发，究竟是为了什么呢？

让人不解的还有，为什么几乎所有的媒体报道都锁定了云南省政府要叫停怒江上的小水电，而完全不提大水电？

2016年"两会"上，新闻发布会后，在会上向李纪恒书记提问的参加了2015年"江河十年行"的《新京报》记者追上李书记继续问他：要建国家公园，那破坏更大的大水电呢？李书记的回答是：大水电要中央定。

已经提出要在怒江建国家公园，为什么大水电建不建还这样遮遮掩掩？

有消息灵通人士问过发改委有关人员，得到的回答仍然和以前一样：怒江不搞十三级开发了，四级水电开发还是要的。这也是中国应对全球气候变化必要的措施。

由此看来，今天的怒江，建国家公园由云南省政府决定的。修不修大坝由国家发改委决定。那谁能做最终决定，要国家公园还是要大坝？还是两个都要？

如果两个都要，自然流淌的怒江和被大坝截断怒江，都可以成为国家公园吗？截然不同的生态功能与发电功能，能同时存在吗？

自然流淌的怒江

茶马古道在怒江

自然流淌的怒江云在握手

正在做大坝前期勘探的怒江

怒江是亚洲最天然的水道之一，中下游河段天然落差达 1 578 米。

按理说，开发与环保，同样是关系民生，但是二者今天怎么就成为二元对立的话题，尤其是涉及核电、大型水电工程的时候。

2016 年"两会"后，《第一财经日报》有文说：怒江开发争议已久。此次云南果断叫停小水电，体现出经济发展不向环境压力低头的观念，值得肯定；从更深远的意义上说，此事不应成为偶然和孤立的，而应该公开决策过程，以垂范于日后类似事件，就像司法判例所起的作用那样。

既然是争议，就有支持者。支持怒江开发的理由，有其合理性。有专家表示，怒江地区生存条件的恶劣超出了一般人想象，广大群众至今仍未脱贫，水电开发，至少是迄今为止一条可促进怒江州社会经济较快发展的重要途径。另有学者撰文指出，与风能和太阳能的高成本相比，中国的小水电开发利用，是全世界公认的成功典范。不论在减贫还是减碳方面，表现都十分突出，如中国小水电的减碳作用（按 2014 年的发电量）几乎要比风能高出 50%。

怒江边的傈僳族

如果不建设水电站，自然保护区内居民拉电线或者砍树，都会更加严重地破坏环境。

反对者也有道理。代表性的观点为云南大学教授何大明的"六条意见"：

（1）包括怒江在内的"三江并流"是在久远的地球演化过程中形成的独特的自然资源，并已于 2003 年被联合国列入世界自然遗产名录，该遗产的保护十分重要，我们应该信守对世界遗产的承诺；

（2）怒江天然大峡谷具有多重不可替代的重大价值；

（3）怒江是我国与东南亚淡水鱼类区系最为重要的组成部分；

（4）怒江中下游所处的横断山区，怒江等大河沿断层发育，新构造运动活跃。在其高山峡谷区修建干流大型电站，必须关注水土流失、滑坡/泥石流和可能的地震灾害的危害，工程的经济寿命可能远较预期设计的小；

（5）怒江大峡谷干流电站将产生大量生态移民；

（6）怒江州的贫困，是多种原因造成的，不可能依靠修建大型水电站脱贫。

此次云南官方叫停怒江小水电的意义，不仅在于这一事件的本身，还在于它提供了一个重要的案例：如何处理经济发展跟环境的平衡关系，更进一步说，如何处理高难度的重大争议。这是许多地方在碰到的情况，未来也还会继续碰到。

2009年"江河十年行"到怒江时，随行的专家长江委原保护局局长翁立达曾带着记者们一路沿江走着，一路数江边的小电站。那次数到的是30多个小电站。可是，2013年江边的这些小电站我们再数，已经上百了。

如今怒江上的小水电终于被叫停了，这些小水电对怒江的影响是什么呢？叫停有意义吗？

2015年　小水电不能上网时的弃水

2015年3月我第15次到怒江时，专门采访了国际河网研究小水电的专家，也采访了怒江木克基河水电站的老板。

怒江小水电的开发来由

在中国，装机容量在5万千瓦以下的水电站被称为小水电站。2003—2005年间，怒江州政府开始了小水电的招商引资，将怒江两岸支流的使用权以100万～150万元不等的价格卖给开发商（多为浙江、福建和湖南商人）用于小水电开发，使用期为70年。根据资料，在怒江州内的怒江两岸共有118条支流汇入怒江。根据小水电负责人的说法，怒江从六库到保山，大约建有小水电70座，数量占怒江支流的60%。在我们沿江的观察中，也确实看到了众多的小水电（通常国际上对一条河的开发不能超过40%）。

小水电现状和发展

怒江州的小水电平均装机在2.5万千瓦，运行寿命70年，发的电除了供给怒江州适用外，都并入南方电网。

2014年，怒江州小水电总发电量约200万千瓦。木克基河水电站有5台机组，每台机组7千瓦，总装机量为3.5万千瓦，总投资1.84亿元，原计划5年内能收回成本，但是根据现在的情况至少需要10年。

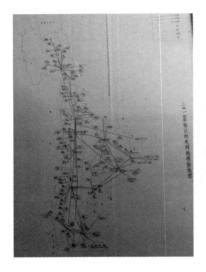

2015 年　如今怒江边的小水电开发图

这个电站的值班老板认为，原因是电价低，丰水期（5—10 月）只有 0.139 元/度，枯水期（11—4 月）为 0.232 元/度，且上网电量有限制，只占发电能力的一半。去年总发电量 1.4 亿多度。

这个老板告诉我们：如果满负荷可以发电 3 亿度。就是说，现在每年发的电连他们预期的一半都不到。

老板还告诉我们：当地高耗能企业少，发电量消纳不掉，只有一条 220 伏的电缆，接收上网的电量非常有限，所以小水电几乎一半的资源由于电网接受能力有限而被浪费。

即使这样，怒江州被开发成小水电的水资源已经完全被开发，没有再开发小水电的资源了。怒江小水电已经处于饱和状态。而且小水电发电量已经足够本地使用。如果能够解决发电上网的问题，小水电的发电量还可以翻倍。现在一年有半年是枯水期。全负荷的发电现在一天也没有。

之前有消息说要有修到缅甸的电缆，但是现在还没有进一步的信息。福贡以北只有两条送电出去的电缆，其中一条输送线路要经过海拔 4 800 米的大山，送电效果差，常年结冰。修高海拔电缆不现实。

这位从温州来的木克基河水电站老板和我们聊时一点戒心也没有，十分坦诚。他告诉我们，他自己也是这个小电站的股东之一。和切身利益绑着的老板，和花国家的钱做事的人，不仅在观念上不同，在实际操作中，更有很多不同之处。

小水电对地方社会经济的贡献和影响

小水电一定程度上带动了少量当地就业，增加了税收。据了解，像木克基河这样的小水电站一般配备员工约 30 人（不包括股东），当地人占 80%以上，电站为一个员工每月支出 2 600 元以上。每个小水电都要上缴税收，每年 300 万～400万元税上缴地方政府。在修建水电站的过程中，投资商建造了桥、路等公共设施，方便了村民的通行。木克基河水电站没有占用农民的用地，不涉及征地补偿问题。

木克基电站的老板说，如果按怒江支流的水电开发已经到了 60%，怒江州这些年光这一项的税收有多少，是很容易算出来的。不然，这些年州府所在地的变化怎么会那么大，会有那么多的高楼大厦。

小水电生态环境影响

众多小水电对怒江两岸生态环境的影响不容忽视。

（1）小水电将怒江水量最丰富的支流拦截，修建拦水坝和引水隧道，改变了支流原有的路径，并从开放的水源变为覆盖的水源，会改变流域内的小气候，影响支流流域的动植物生境，如利用支流来补充水分的动物将无处饮水。

（2）入涡轮机的水要经过排沙，以减少对设备的磨损。这就意味着从支流汇入怒江干流的泥沙及泥沙中所携带的营养物质将大大减少，从而改变怒江干流中的泥沙比例，影响水生生物的生境。

（3）水流经过涡轮机后水温会升高，造成流入怒江局部水温升高，影响水生生物的生境。怒江中最为人熟知的鱼是怒江白鱼，近年来其数量的减少除认为是垂钓原因之外，生境的改变也应被考虑。

（4）在山上修建拦水坝和隧道的压力管的过程中，会对周边的植被带来破坏，如材料上山的道路、土方的挖掘等。所以在工程结束后应该进行植被恢复和管理，使周围植被尽快恢复。现在都没有做。

小水电的环评过程

据了解，怒江州只能审批 2.5 万千瓦以内的水电项目，所以木克基河最初设计装机容量定为 2.48 万千瓦（每个机组 6 300 千瓦）。水利专家在勘测之后认为最高装机容量可设计为 5 万千瓦。但是出于种种原因，该水电站决定扩容至 3.5 万千瓦，并到省里完善了手续，后补了环境影响评价。

可见小水电在开发建设过程中，存在先建设再补环评的现象。这样的做法对环境的影响及监管都不符合国家法律法规。

小水电开发过程中的相关利益方

开发商：水资源不利用就白白浪费了

地方政府：能利用的全开发

环评部门：帮助立项

地方老百姓：不关心，不了解

上面分析是根据国际河网专家 Kelly 等的研究。目前对怒江的研究，国际化的程度是很高的。

2015 年 3 月，在怒江边我们和这个温州老板聊天的内容还包括他说的，他们这个小电站来投资的股东都是温州做企业的。其他电站也很类似，来自发达地区先富起来的企业。来之前听说这里的水资源很丰富，来钱快。

可是来了以后情况并不是想象的那样。温州老板是 2009 年来的，到现在回收的连 30% 都不到。政府每年还要收很多税，他们认为收得不合理，所以有税就抗交，政府也没什么办法。即使这样，他们去年还是交了 300 多万元的税。几年来交的税 2 000 多万元是有了。

政府为什么要把这条大江的支流全开发，从我们这一个企业不就看出油水了吗？老板对我们还说了这样一句。

连这个是来怒江挣钱的老板也认为，现在整个怒江支流都开发了，可每个小电站都是发了电无法上电网，闲置的时间占了大多数。与其这样破坏了每一条河，还不如少开发一些，让已经开发的发更多的电。

怒江人管拦江大坝称为大电，就是发改委规划的要建的十三级大坝。说到大电，这位老板认为一时半会建不了。用他的话说，一是有环保人士反对；二是这里要修大电，先得修路，这种地质环境修路，得有多大的投资，国家能出吗？

一年有大半年生活在怒江边，管着这个小电站，和政府打着着边不着边的各种交道，就是这位来自温州老板的生活。目前，让这位老板最担心的还是他亲历了 2010 年 "8·18" 怒江边发生的重大泥石流。那次埋在泥石流下的大卡车也有五六辆呢，吓死人了。老板说这话时，似乎还后怕。他还说：现在这里一下大雨他就提心吊胆。

这位老板个人在这里的投资有 2 000 多万元，收回来的只有七八百万元。按他说的，这里发的电输出去很困难，又有着那么多的地质灾难，要是有个大病小灾，出也出不去。可他还是远离家乡在这座大山里孤寂地生活，到底是为了什么呢？

他说：再坚持坚持吧。毕竟投了那么多钱在这儿。

那天，他忙着给我们拿出自己的好茶，一个劲地留我们再坐坐，是不是也说明了他在那儿度日的不易。

2015年"江河十年行"我们没能找到这个老板，要是问问他云南省政府要停止怒江上的小水电开发了，他会怎么想就好了。不过用他的话说，怒江上能开发的小水电早都开发完了。如此这样，叫停的指令还有意义吗？

2015年　政府给山民建的房子从我们2004年第一次来就有，这么多年了，还空着，因为没有地，山民们不愿意下来住

2015年12月17日的集体日记是《时代周报》记者严友良写的。我们看看这位年轻的记者是怎么记录我们在怒江的一天的。

7：20 我们离开前一天落脚的怒江州贡山县恒丰酒店，其实原本的打算是7：00出发的，但是今天有人迟到了，他就是我们的带队杨勇。

一上车，我们模仿起四川的口音——顺便说一句，因为司机、地质学家杨勇、地质学家范晓都是四川人，模仿四川话似乎变成了行程中的一种习惯——问起来：

"杨老师，你看看郎个办？"杨勇估计是看出了意思，淡淡地回了句："该哪个办就哪个办。"一车人就开始笑了起来。

此刻，车外的天还是黑漆漆的。

从贡山到六库的路上，开始了新的一天的大巴课堂。"云南省相关部门做出这样的承诺，说实在的，从 2003 年起，大家对于保护怒江做出了太多，付出了太多，包括 10 年以来的"江河十年行"，真的是不易，现在有了这样一个比较好的结果。是可以高兴一下。"同行的长者，在日本京都大学做过访问学者的刘树坤教授说道。

杨勇一方面认为这是多年来关注江河的人积极呼吁的结果，也是形势所迫。因为这些年无序发展给中国的环境带来了巨大的毁坏，前几天大家走过的大渡河、金沙江、澜沧江完全是千疮百孔了。

另一方面杨勇也提出了一些自己的担心："云南怒江尽管可能停止开发大坝，但是上游的西藏还是规划了不少的大坝，有些地方已经开工了，前天我们去的松塔就是规划中的一级大坝。"

对于云南省政府停止开发小水电和向中央提请不建大水电了的消息，水利史专家徐海亮同样是既欣慰又担忧。"停止梯级水电开发是个好消息，这些天我们看到了自然流淌的怒江得到了保护。但是，我们也该注意到，这个消息还没有得到权威部门的正式认可。我们知道中国的事情是可能发生变化的，尤其是国家发改委和一些利益部门，他们的能量还是很大的。"

来自水利部门的徐海亮都这样说，一下子大家又开始为怒江担心了起来。

相比较而言，来自政府部门的钟白羚看得更长远："停止大坝建设和水电开发，对于怒江而言的确是个好消息。但是这还不够，因为我们看到怒江两岸的人民生活还是不太富裕，所以在我看来，昨晚的消息仅仅是一个开始，未来需要思考更多的是，如何让老百姓的民生问题得到解决。"

关于前一天晚上传来的消息，从事地质研究的范晓说："第一条 25 度坡度以上的耕地，能退的就要退，退耕还林。但我对这个倒不以为然。因为对整个怒江地区生态的破坏，主要的并不是由于山上的所谓的'大字报'田，或者是傈僳族千百年来耕作方式。怒江地区的生态破坏是有这样几大阶段：1958 年的大炼钢铁，对森林的大面积砍伐；最近这十年、二十几年来的矿产的开发；再有就是今天的小水电的开发。"范晓认为这些是对怒江整体生态环境破坏影响最大的。

　　今天行程中第一个采访的地方——福贡县石月亮完全小学。据汪永晨介绍，这个学校"江河十年行"从第 1 年起，就开始捐书了，今年是第 10 年。

2015 年　为怒江小学建阅览室

2015 年　地质学家杨勇给孩子们递书

2015 年　上课中的怒江孩子

2015 年　雪山下怒江边石月亮完小学

　　看着眼前七八栋的楼房，汪永晨很是感慨，"前几年这里可没有这些楼房"。拿着从北京带来的书，一行人在这个小学校长阿政叶的带领下进入了一个二年级的教室。望着眼前的这些小学生，我竟然想起了 20 多年前的我。

　　在大家捐书的时候，我和范晓老师拉着年级班主任、工会主席彻底聊了起来：

"你们学校的学生主要是少数民族？""傈僳族比较多，独龙族也有一些，汉族很少。""学生课堂会教他们傈僳语吗？""一般不会，主要还是汉语。""那学生怎么学习自己的民族语言。""其实在做礼拜的时候大家都是用傈僳语。"

原来，从当年法国、英国的传教士从缅甸来到中国，这里傈僳族、独龙族慢慢地信仰起基督教来——难怪前几天，我们在怒江边上，甚至是一些崇山峻岭中看到不少的教堂，而这些经书大部分是用傈僳语传播的。

这时候，我注意到教室里面，汪永晨、界面的谢玉娟记者，正在问学生们："你们喜欢怒江吗？""喜欢！""要不我们一起喊上三声：怒江！"一时间，教室内响起了震天的"怒江，怒江，怒江！"

我在想，或许今天这些纯净的眼睛不知道这意味着什么，但是可能有一天，他们一定会知道：怒江是生养他们的地方。

为怒江沿江小学建阅览室、捐书，也是"江河十年行"坚持10年做的一件事。

离开了福贡石月亮完小，大巴又开始了向怒江州首府六库前进。大巴课堂继续了起来，按照惯例，每个人都要说说前一天感受最深的事，于是乎话筒又开始在大家手中传递了起来。

"感触最深的还是怒江两岸景色，实在是太美丽了，回去之后，一定多多研究文献，多多向各位老师学习，希望能做一些好的报道出来。"来自财新周刊的南郭先生说道。

计晓税更觉感慨的是"我们的李师傅，简直是将大巴车当作了越野车来开，尤其是西藏的最后那一段。实在令人感慨他的车技"。其实，我们一车人何尝不这样想呢？当时车行进在一边是万丈悬崖、崎岖不平的山道上，想象也是后怕的。

年轻的记者们谢玉娟、杨贤菲和来自清华大学的博士生唐伟同样因为有可能不建大坝了感叹不已。"现在想想，坚持10年了，做这样一件事，现在终于看到这样的好消息，真的是激动。"张丽萍老师似乎也说出了我的心声。

《新京报》记者陈杰一直是一行人中最热心的人，他说心中一直念叨，"怒江在他眼里是一个心灵呼吸的地方，灵魂呼吸的地方"。

行进中，只见车窗外，怒江边上雪山皑皑，原始森林密布，当年英国、法国的传教士，排除千难万险前来布道。我在想，坚持"江河十年行"，呼吁国人保留中国最后一条自由流淌大江的环保人，何尝不是如同当年传教士那般伟岸呢？

不知不觉中，车子就到了六库。我们的队伍却进行了一次"重新组合"。

一边是汪永晨带着摄像菲菲和凤凰网的摄影师张河堤、唐伟去了小沙坝采访；另一边，我们则在李师傅的带领下，找一个饭馆吃饭，并且等来了几天前"放在"这里的刘素。刘素来自香港，我 12 日刚加入队伍时，她就一直感冒发烧，14 日那天只好留在州府治病。她重新入队的时候，我注意到，她的手中多了两样东西：一堆书和一束鲜花。"书是给大家买的，鲜花是我为汪永晨准备的。"刘素偷偷地告诉旁边的谢玉娟。

当我们点好菜饭联系汪永晨，问他们啥时候回来吃饭。他们那边传来消息，小沙坝那边有一个派出所的警察请他们吃饭。

关于这个警察，汪永晨之前提过，最开始那几年特别"防"着他们，后来慢慢关系缓和了，去年在怒江有个国际漂流活动，两位老熟人又碰上了，警察说下次以个人名义请汪永晨吃饭，这次大概是践约前言吧。

午饭是杨勇老师抢着埋单的，这算是早上迟到的"惩罚"，杨勇很遵守大家的约定。大部队这边吃完了就准备去接汪永晨他们。只见车门开启的那一刻，刘素拿出来藏在身后的鲜花，车上的也不约而同鼓掌。"看到昨晚云南省政府的消息，真心为你感到高兴，真不容易。"刘素说。

捧着鲜花，汪永晨笑了。坐在车前的我注意到，旁边派出所的警察似乎也注意到了车上的情况，探了探头，会意地笑了。

汪永晨在大巴课堂上则讲了他们在小沙坝采访的经历。

2006 年　何大爹在老房子

2010 年　何大爹带我们去老村看拆了的老房子　　　　2015 年　何大爹目送我们

何大爹是"江河十年行"要用 10 年跟踪的人家。前些年，他一直在向我们讲着搬到新村的变化。房子新了，却没有了院子。他说在农村，院子是什么，是儿子娶媳妇办酒席的地方，现在没有了。过去说起他家的果树，他是说都说不完，现在水坝虽然没建，但把他们移民了，新村离老村有两里地，果树没人看管，也没有了收获。2012 年我们去他家时，老人正在喝袋装的牛奶，他说不好喝，过去自家养牛，现在却要在街上买。

80 多岁的老人，过去有儿媳妇侍候着，现在儿媳妇一大早就要出去扫马路挣钱。家里现在钱肯定是比以前多了，日子过得也和以前不一样。你说哪个好，哪个不好，老人说，他也说不清。

自从 2014 年"江河十年行"到何大爹家，他当了村领导的儿子就不欢迎我们去了，几次都是生生地把我们赶出家门，并问我们，你们为什么老来我家，你们能帮我们做什么？

我说，从 2006 年我第一次到小沙坝村，你的父亲就主动向我们反映村子里的问题。我们现在来你家，就像每年来看望一位年纪大了的老朋友。至于你说我们能为你们做什么？对你们家，我们也许做不了什么，对怒江，我们有希望把她留下来，让她一直自然流淌着。

当了村干部的何大爹的儿子听不进我们的话。他认为的是我们这里穷，不修水电站怎么能行？今后你们千万别来了，阻碍我们的发展。这是他把我们推出家门时说的话。

在小沙坝农民新村时，那位每年我们来都会出现的警察也又笑着走向我们。这次他很痛快地请我们吃了顿中饭，还对我们4个人只点了100块的饭菜钱表示：你们真是为怒江来的。且一再地说：我们各有各的工作。

离开小沙坝回到我们的大巴课堂上，看着刘素送的鲜花，我说：我多么希望怒江真的成了国家公园，大坝真的不建了，小沙坝的老乡们又能回到原来家里家外有果树、有猪呀、羊呀、鸡呀的家。何大爹又有了院子，有了自家养的牛，喝上自家牛挤的奶，又有了年年树上结的果子吃，而他的儿子，这位村干部心里能明白我们为什么总来他们家。

有意思的是，最后一年"江河十年行"，离开怒江州的时候，发生了一个小插曲。按照规定，离开怒江州边防检查站，武警要再检查。其中一位收走了我们所有人的身份证，他们的身份证很快就还给了他们，只有我的被武警拿着放在机器上扫描了几遍，并冲着我又问了一次："你叫汪永晨，是记者？""是的，我是汪永晨，之前在中央人民广播电台工作，现在退休了。"我回答道。

2006年　澜沧江小湾电站移民刘玉花家

武警下车又过了好半天。拿香港身份证的刘素是要下车登记的，她回来告诉我们，在屋里登记时她听到里面有人说，汪永晨他们走了。

2015年12月17日傍晚，我们赶到了下一个采访地点小平田刘玉花家。他们一家是澜沧江边小湾电站的移民。

2006年"江河十年行"时，刘玉花家住得安逸而富足。接下来的几年我们"江河十年行"和她家一起经历了从对移民的担忧，到搬了新家后没有田种的困难生活。那几年，我常常接到刘玉花的电话，诉说她身体的不适。搬到新村后，她一家四口靠开一个小餐馆每月1000多元的收入为生。可全村都是移民，又能有多少生意呢。

2006 年　刘玉花的儿子还在肚子里　　　　2014 年　刘玉花在看前一年在她家拍的照片

2015 年　刘素在采访刘玉花　　　　　2015 年　刘玉花在流泪，长大的女儿在看
"江河十年行"带给当地小学的书

　　刘玉花家原来种稻米，到了移民新村这里只能种咖啡。开始不会种，好不容易等到种的咖啡快结了，政府让他们改种甘蔗，没想到赶上了云南大旱长不成，又种起了火龙果。火龙果倒是长得不错，可种的人多了，又卖不出价钱。

　　尽管这样，刘玉花慢慢还是习惯了新生活。她自己从小和家人学的手艺做的黄焖鸡很正宗，靠这手艺支撑着家里的全部开销。用她的话说："现在这边条件好了，我们也开了个餐馆，两个孩子上学也方便了。说心里话，现在让我们再回到原来的地方，我们是不愿意了。真的感谢前几年你们大家的帮助，没有你们我都不敢想还会能盼来今天的好日子。"刘玉花看着我，哭了。

　　中国农民，是多么听话、多么认命，又是一个多么容易满足的群体呀。我曾在怒江做了 100 个潜在移民的调查。我问他们：你们愿意修电站吗？几乎百分之百的人说愿意。我问，你们知道什么是电站吗？大概有99%的人说不知道。我说不知道为什么说愿意呢？他们说，政府说好，我们相信政府。

同行的刘素2010年"江河十年行"时看到过忧郁的玉花，她说这次再看到的玉花脸上有笑容了。水电给沿江老百姓的生活带来的是什么，"江河十年行"结束了，但我们对受水电影响的沿江百姓生活的关注不会结束。

明天，我们将离重新回到金沙江东川矿区。2014年我们在那儿采访受到当地环保局的重视，当地一个企业的老总被撤职

2015年　每年都拍一张全家福

了，还罚款50万元，今年不知那里又会是什么样子了。

13．金沙江污染博物馆

2015年12月19日"江河十年行"，我们到了2014年去过的，并致使金沙矿业股份有限公司因民公司副总被撤职，并被云南东川区环保局罚款50万元的民因镇。去之前我们听说，因为经济不景气，当地企业基本关张。

可是，当我们又走进金沙江边的因民镇时，更触目惊心的画面出现在我们的眼前。

因民镇境内有丰富的铜矿资源，明、清就已大量开采。有著名的大水沟厂（现因民）、硵硵厂（现落雪），所产的铜和汤丹等地产的铜皆称"云铜"，色泽如银，久负盛名。据《巧家县志》记载，最盛时期年产粗碙大水沟厂达65万～70万千克，硵硵厂达40万～50万千克，与汤丹厂所产之铜大部分经会泽等地供京（今北京）铸币，就是当年花的铜钱。

据"江河十年行"记者谢丽娟查证：四川广汉三星堆众多青铜器的部分铜料就来自古东川。而专家对殷墟青铜器的能谱成分分析则表明，青铜时代云南的铜矿矿料已经进入中原。

清代是产铜的极盛时期，当时主要的流通货币就是铜币。徐崇光所著的《东川矿业公司与矿业银行》一书中记载，在清代，据统计，云南产铜占全国的81%，而东川产铜占全省的72%。东川铜矿的显赫地位可见一斑。当时的东川虽然闭塞，却也是一派郁郁葱葱的景象。

2014年"江河十年行"在因民镇采访时，因民镇副镇长禄正权告诉我们，"因民沟"最辉煌的时候，聚集了10万采矿人，热闹非凡，晚上灯火通明，甚至被称为"小香港"。后来，由于采矿留下大量采空区、塌陷区和地质灾害隐患区，百姓逐渐搬迁下移。

2014年我们采访时，一位当地矿工透露，"听说有记者来，所以矿厂放假两天"。

2015年"江河十年行"走在这里，当地孩子们的生存空间让我们不能不停下脚步。

金沙江边这么脏的地方，为什么还在住？当我们为孩子的健康担心问一位孩子的父亲时，他说，家本在农村，为了孩子在镇上上个好些的学校，就住在这了。在他看来，孩子能上到教学质量好的学校更重要。

2015年　采访路上结冰

2015年　金沙江畔的矿区

因为今天我们下来之前联系了东川环保局，所以在他们的陪同下，我们还没到因民镇，镇里的领导就有车跟着我们了。特别是高山路上结冰，我们的大车无法开时，他们主动让我们坐镇领导的车到因民镇。

我们的采访、拍照他们都没有干涉。只是在我拿出录音机，请镇领导说明一下我拍到的孩子们住地的环境时，他们中的一位说不许录音。在我的争取下，他们又说：不是不让录，现在政府有一个发言人制度了，一会儿镇里有领导会通盘向你们介绍情况。

后来，镇领导向我们做通盘情况介绍时这样说：集中办学，现目前田坝就一个中心学校。我们要教育扶贫，让这些孩子走出大山。

我说：说这些口号有什么用？这样的生活现状，你们有没有什么具体措施？

镇长说得还是很正式：现目前我们政府也在通过扶贫搬迁，通过扶贫攻坚，整治环境。

2015 年　在镇领导办公室

2015 年　因民镇的河

2015 年　因民镇企业与河同在

"江河十年行"2014年第一次到因民镇。采访后，《人民日报·民生》记者陈沙沙有文章说："以前东川产的西瓜在巧家县销路很好，果实甜。现在，大家都不敢买了，知道白色的江水有毒。"

　　长期以来，含硫化钠、砷、铅、锌、铜、镉等有毒物质的尾矿水、尾矿砂等直接排向小江，造成水体及流域土壤严重污染，小江河水变白并流入下游的金沙江，周边逾百亩土地板结。

　　2014年4月13日晚上"江河十年行"采访完因民镇的专家和记者们曾与刚刚从北京开会下飞机回到东川的云南东川区副区长朱邵彬长谈到深夜。

　　那天晚上，东川区副区长朱邵彬说的是：不要孤立地看待企业治污，不要低估东川正经历的挣扎和艰辛。"对于矿企排污要有足够的耐心和定力，要持续围攻，久久围攻。"

　　2014"江河十年行"结束后，《羊城晚报》记者陈文笔在他写的《河痛·何安》一文中这样写道：

　　将此事反映给东川区环保局。次日，东川区环保局对因民冶金公司进行了总计501 400元的罚款；责令其立即停止违法行为、确保水污染设施正常运行，并限期于今年7月15日前完成事故水池和循环水池的建设。同时，因民冶金有限责任公司分管安全环保的副总经理被停职检查处理。

　　不得不说，这事故处理的效率真"快"。

　　可是，让人非常遗憾的、不幸的事还是发生了，2014年4月27日，就是在"江河十年行"离开东川不久，在新浪网上就看到这样的消息：据云南省昆明市东川区通报，东川区因民镇矿洞炮烟中毒事故已导致9人死亡、12人轻伤。当地正全力开展伤者救治和家属安抚工作，并将尽快查明原因，依法依规处理相关责任人。

　　2014年"江河十年行"后，《南方周末》《新京报》《羊城晚报》《人民日报·民生》、澎湃新闻都用大篇幅的照片与文章报道了金沙江流经东川矿区后的"惨"。

　　2014年"江河十年行"在东川因民镇采访时，镇长说的一番话，让我们看到了他的无奈。他说：我们东川现在要搬迁60 000人，这是东川最大的一个社会问题。由于东川长期受采矿和地质灾害的影响，我们因民镇18 730人，有65个地质灾害隐患点。这些人应该说都基本失去了生存条件。一个是水资源缺乏，所以从 2009 年 4 月 28 日开始启动的移民搬迁，现在已经实施到第三期了。我们每年搬将近 2 000 人，资金就要 1 亿多元。市里面补助我们 40%，剩余的就是东川区来承担。

2014 年　这个瀑布是排污口

记者：剩下的是谁承担？

镇长：剩余就是东川区政府来承担，搬出去之后最大的问题就是老百姓的生活问题，现在我们没有办法，区里面没有办法。现在采取的就是每个月发350块钱的生活补助，对这些人员组织培训，培训之后到企业里面去打工，这成了东川的一个新的移民搬迁模式。

2014年　被盖起来的排污管

2014年　取样

2014 年 污水的颜色让人以为是水泥流出

2014年　这样的水就流进了金沙江

2014年　东川镇的污水直排金沙江，村民不满（《南方周末》记者 王轶庶/摄影）

2015年"江河十年行"在因民镇镇长办公室采访时，大门是开着的，当地老百姓鱼贯而入，进来冲着镇上的几位领导就开说。镇领导们非常有涵养地听着，解释着。

地被污染了，企业停产了，房贷没钱还了。这些问题镇领导们能解决吗？老百姓虽然有说话的地方，可是生活的困境越来越让他们不知道再怎么过下去。

早上来因民镇之前，我们采访东川环保局局长时他告诉我们：去年你们走后，区委、区政府书记、区长多次开会研究这个事，研究东川的一些地质灾害问题、环保问题。15 家企业大家凑钱建尾矿库。今年你们到那个地方可以看一下尾矿库已经建好了，花了几千万元，有大概十多家企业。

可不论是 2015 年 7 月，还是 12 月，在因民镇金沙江流过的地方，拍到的照片全是这样的。

2015 年　布满矿企的山

2015 年　航拍的景象（陈杰摄影）

2015 年　污水正流向金沙江（陈杰摄）

　　2015 年 7 月，一直参与"江河十年行"的地质学家杨勇和《新京报》记者陈杰一起航拍了"小河有水大河满"的金沙江。《新京报》的文章是这样描绘被称为金沙江污染博物馆的：

　　2015 年 7 月 2 日，云南金阳县金阳河口，三家矿业公司，几十座铅锌矿采矿洞，将开采的铅锌矿矿渣直接倾倒在山坡进而入金沙江，形成不稳定滑坡体，并侵占金沙江库容。这些矿山基本没有尾矿坝，生产污水就直接排放金沙江中。

2015 年　污水流进金沙江（陈杰摄）

2015 年 7 月 4 日，云南省昆明市东川区因民镇田坝村落脚组，从选矿厂接到金沙江边的排污管道，插进金沙江内，气味刺鼻，一股"喷泉"从一片乳白色的水域里喷出半米高。

2015 年 7 月 5 日，四川会东县淌塘镇攀鑫矿业将红色的选矿废水通过电厂尾水排放到金沙江中。

2015 年　污水正流进金沙江（陈杰摄）

2015 年 7 月 2 日，凉山溪洛渡水电站库区，泥石流造成两处隧道堵塞。泥石流爆发区域有诸多采矿点，矿洞随意废弃的大量矿渣，被泥石流裹挟着倾泻而下，加剧了危害。

2015 年 7 月 5 日，云南省昆明市东川区因民镇田坝村落脚组，田坝村纪律检查委员会委员易天贵告诉记者，金因公司开矿过程中，造成的泥石流把组里 45 亩水浇田覆盖，至今没有获得赔偿。

万里长江在四川宜宾以上被称为金沙江，金沙江对长江流域生态安全和水资源保障有着举足轻重的作用。其地质构造复杂，发育历史曲折漫长，地质环境恶劣。

如今在金沙江峡谷中，随着梯级水电站群建设逐步完成，密集矿山开采隐患逐渐增多，2 300 多千米江段上分布着众多的排污点。

东川因民落雪矿区地质环境极其恶劣已多次发生洪水、泥石流，造成人员财产损失（杨勇摄）

至于山会不会塌，2014年"江河十年行"走了后，《新京报》记者秦斌在"生病的金沙江"一文中有过这样一段：东川铜矿是有百多年开采历史的老矿区，已经演变为世界上最著名的泥石流泛滥区，其中因民、落雪矿区位于金沙江右岸破碎的山体，经过多年的无序开采，形成了多水平的采空

2014年　金沙江（杨勇摄）

区和地质灾害多发隐患，仅因民矿面向金沙江河谷一侧就分布着数亿立方米的地质危岩，欲崩山体下游是白鹤滩库区。在地质学家杨勇看来，最触目惊心的是，由于水电开发，沿途矿厂"抢救式"的开采所造成的污染更大。所谓"抢救式"开采，是指在水库蓄水之前，将水位线下的矿石抢挖出来。随着白鹤滩水库的蓄水，将有更多的污染源进入金沙江，水治理又面临进一步的挑战。

山真的会塌吗？《人民日报·民生》记者陈沙沙在《昆明东川尾矿治理成死结》一文中则这样说：

在昆明东川区金江镇的盘山路上，我们不时与满载矿石原料的货车擦身而过。由于长期、频繁的采矿活动，沿江山体几近被挖空。加上偶发的地震与大型货车行经带来的震动，金沙江沿岸的山体经常发生滑坡。

地质学者杨勇认为，山体自身的砂质、封库前抢救性采矿过度是山体滑坡的重要原因。在这样的前提下，水电站水库一旦开始蓄水，就会加剧这些地质活动，"水位上升以后，山体就被浸泡在水里，由于山体底部比较松软，在重力的作用下，松软山体就会产生沉降与滑动，底下的滑动带动上面而产生滑坡与垮塌，然后进入相对的休眠状态，但降雨与不断的水浸泡、大地震就会使它复活，就产生大小不一的地质灾害。金沙江这种河谷，若是碰上汶川地震这样的地震，那是不可想象的"。

　　据了解，一旦水库进入正常的运行状态后，一年里水位起码有两到三次的涨落。东川因民镇因民沟共有15家公司，上百个采矿场，几百处采矿点，在东川地区是非常集中和典型的。因民沟地质破碎，坡面陡峭，地质危岩达 4 亿立方米，加上历年顺坡抛弃的大量矿渣，使这里成为泥石流等地质灾害的高危和高发地区。

2014 年 "江河十年行"在记录

2015 年　东川有山、有江、有厂房

2015 年　东川的山水

2015 年 12 月"江河十年行"采访后,《界面》年轻记者谢丽娟写了一篇没有发出来的报道。我从中挑了些她写的片段:

2015 年 12 月末的一个夜晚,云南省东川区因民镇的街道显得寂静而冷清。在这个距离昆明市 200 多千米的边远小镇上,街上少有行人。街边多是当地人开的家庭旅馆，由于地处偏远，这里也没有什么人居住。在漆黑的夜里，因民镇像是个被遗忘的地方。

王芸（化名）和丈夫经营着一家家庭旅馆。此刻，他们正坐在旅馆门前，围着一盆炭烤火，并担忧着今年的生计：王芸和儿子都在镇上的选矿厂工作，今年因民镇几乎所有的矿山企业都停产了，他们已经入不敷出。

"说出来都怕你笑话，我们家几年前盖房子贷的钱现在还没有还清，"王芸搅动了一下炭盆，往里面添了一根柴。新添的柴火遇到盆中的火苗后冒出一缕刺眼的青烟，毕毕剥剥地响着。"不知道以后要怎么办。"她说。

因民镇是东川区乃至金沙江沿岸工矿城市的缩影。几千年的采冶历史使得因民镇有着为数众多的采空区、塌陷区和地质灾害隐患区。山上和河谷中的树木早被一砍而光，留下被挖空的矿山和泥石流淤积的河道。

今年，受矿山整治以及国际铜价的影响，因民镇19家矿山企业全部停产。和全国各地的资源型城市一样的是，他们正面临着转型难题，而这一地区的地灾隐患和脆弱的生态则是其他地方难以比拟的。

今年68岁的张顺明老人是因民镇田坝社区的村民。他的祖上在清朝乾隆年间因躲避战乱举家搬迁至云南巧家县，后搬至东川因民镇，他是他们家族在东川居住的第七代人。

因民镇由南到北的8条深谷、9条山梁组成，山间深谷密布，沟壑纵横，山体与地面的坡度又大，难得见到一处平地。张顺明的房子建在半山腰上。这个土石结构的房子建于20世纪50年代，现在有些地方的土块已经剥落，里层的石头裸露出来。

20世纪50年代以后，伐薪炼铜以及过度垦殖给东川的森林资源带来了毁灭性的破坏。据《人民日报》报道，2012年年底，东川区森林覆盖率为20.77%。而东川区林业局提供的资料称，300年前，东川的森林覆盖率曾达到70%。

此外，东川地处小江断裂带上。专家认为，这一地区当下的地质灾害隐患是比泥石流更为紧要的问题。

目前在因民矿山上，可以清晰地看到采空区部分山体出现的巨大裂痕，以及由此形成的数亿立方米的欲崩危岩区。横断山研究会首席科学家杨勇担心，白鹤滩水库蓄水后，库尾就在因民这一段，这里未来的地质灾难不可避免。"不管是水库诱发地震还是天然地震，金沙江河谷都将会是一次重大的改变，对下游会造成巨大破坏。"杨勇说。

目前，对于东川地区经济、生态、地质灾害等诸多方面的问题，地方政府也显得焦头烂额。

据官方初步调查统计，金沙江流域共分布有地质灾害 3 739 处，其中滑坡 2 032 处，崩塌 322 处，泥石流 932 处，不稳定斜坡 453 处。

可是，2015 年 12 月，面对记者们的采访镇长刘忠杰说："现在社会维稳压力非常大，因为全区的涉矿企业都停了。"据因民镇政府调查，目前镇上有 6 800 多位青壮年劳动力，大概 60%以上的人都在矿山工作。

"因为矿山关停，老百姓在里面打工的，生活费都没了。"东川区环保局局长张劲毅说，"涉矿群体是很大的，现在他们的子女上学、还车贷、还房贷都出现问题了。"

对于地方政府而言，他们并不知道何时经济才能转好。

"江河十年行"明天要走过的地方也是博物馆，是金沙江小江泥石流博物馆。

14. 小江世界泥石流博物馆

2016 年 1 月 4 日，即新年第一个工作日，习近平总书记赴重庆视察，行程重点是推动长江经济带发展，并召开推动长江经济带发展座谈会，听取有关省市和国务院有关部门对推动长江经济带发展的意见和建议。听后习近平强调，推动长江经济带发展必须从中华民族长远利益考虑，走生态优先、绿色发展之路。并说：当前和今后相当长一个时期，要把修复长江生态环境摆在压倒性位置，共抓大保护，不搞大开发。

习近平还指出，长江拥有独特的生态系统，是我国重要的生态宝库。当前和今后相当长一个时期，要把修复长江生态环境摆在压倒性位置。

2016 年 1 月 26 日，在北京召开的中央财经领导小组第十二次会议上，习近平总书记又指出，推动长江经济带发展，理念要先进，坚持生态优先、绿色发展，把生态环境保护摆上优先地位，涉及长江的一切经济活动都要以不破坏生态环境为前提，共抓大保护，不搞大开发。

两次会议，共同的主题词是生态环境。

但是近年来，长江生态系统警钟不时敲响，水质不断恶化，沿线水污染事件多发，威胁用水安全；白鳍豚、白鲟多年不见踪迹，长江江豚仅余千头，顶级物种纷纷告急。

长江古名江，又称大江，六朝以后，通称"长江"。长江各段名称和别名总计不下30种。一般常用的分段名称有：

从江源至当曲口（藏语"曲"即"河"），长358千米，称沱沱河，为长江正源；

当曲口至青海省玉树市巴塘河口，长813千米，称通天河；

巴塘河口至四川省宜宾市岷江口，长2 308千米，称金沙江；

岷江口至长江入海口，长2 884千米（荆江裁弯取直后，缩短航程80千米，为2 800余千米），通称长江。

其中，宜宾至湖北省宜昌市，因长江大部分流经四川省境内，俗称川江，长1 030千米。

湖北省枝城至湖南省岳阳市城陵矶，因长江流经古荆州地区，俗称荆江。

江苏省扬州、镇江附近及以下江段，因古有扬子津渡口，得名扬子江。

2015年　金沙江上白鹤滩大坝工地上还在紧锣密鼓地施工

2015 年　地质学家说这里是小江地震断裂带

这几张照片是 2015 年 12 月 20 日"江河十年行"在金沙江白鹤滩水电工地上拍到的。

当时一直陪同我们的巧家县宣传部部长陈杰说：如果来过巧家几次的同志都会了解，我们这土地的地质构造条件并不是很好。大家看到裸露出来的山上基本上都是堆积物，它的含沙量或者含石量非常高，它的水土保持是很差的。所以说生态环保的压力是非常繁重的。我们县里如果有暴雨，像 2013 年就出现了一次泥石流，有 65 位人员失踪和死亡。所以说我们这个地质并不是特别好。

地质学家杨勇说：小江流域即将成为白鹤滩水库的淹没区，小江这里还被称为世界泥石流博物馆。历史上有很多大的崩塌和地震。在地质学上，这里是小江断裂带，地质非常脆弱。

杨勇还说：有关地质的调查这里还是空白，生物多样性的调查就更没有认真做过了。如果成了水库，随着蓄水、放水，水库边的堆积物，沉睡的侵蚀沟，还有冲积扇的变化，给这片土地上生存的人们可能会带来更大的灾难。而很多生物还没有被我们认知，就丧命，会给明天带来什么，也将成为未知。

小江是金沙江的一个支流。小江被称为"世界泥石流博物馆"，主要是因为那里频发的泥石流让当地的地貌有了和其他地貌不同的特殊性。多到已经可以称为博物馆的程度，可见那里的泥石流有多么频繁。

但不管是泥石流频发，被称为世界泥石流博物馆，不管这里还是金沙江边的沃土，已经形成了绿色蔬菜基地，还是习近平总书记两次提出"要把修复长江生态环境摆在压倒性位置，共抓大保护，不搞大开发"，都没能叫停金沙江上的这个庞然大物——白鹤滩大坝的建设。

"江河十年行"从 2012 年开始就跟踪记录了这个截断金沙江的水电站。

2012 年　白鹤滩在这里截断金沙江

2013 年　峡谷用水泥盖上

2013 年　千年绝壁的下场

2013 年　"葫芦谷"

2013 年　这里曾有大的崩塌

2012年"江河十年行"离去不久，巧家发生了爆炸案。案发后公安局局长拍着胸脯说抓到了罪犯。可是没过几天真正犯罪嫌疑人出现后，被冤屈的人家要求国家赔偿。那次案发是在县城的便民服务大厅里，《新京报》报道此事文章的标题为"云南巧家策划爆炸疑犯曾多次反映拆迁问题未果"。

关于小江世界泥石流博物馆，我在网上找到云南地质工程勘察院、中国地质大学水资源与环境科学系徐世光、李长才、王明珠写的一篇文章《南小江泥石流与泥石流滩地开发》。

文章中说：小江泥石流位于云南省东北部，属暴雨型泥石流，是中国四大泥石流作用区之一。20世纪50年代以来，共成灾400余次，直接经济损失7 000余万元，已成为阻碍当地经济发展的大患。

小江流域是中国四大泥石流作用区之一，是长江流域生态环境破坏最严重、水土流失最强烈、泥石流危害最大的地区。

小江干流和每条沟谷型泥石流中尚分布数条支沟泥石流和为数众多的坡面型泥石流。除两条泥石流处于衰退期外，绝大部分正处于旺盛期或发展期。

泥石流灾害与生态环境使小江流域泥石流已成为阻碍流域经济发展、社会稳定的大患，如国家"一五"计划项目——东川铁路支线，兴建时未考虑泥石流危害，泥石流冲毁刚建成的部分路基和桥梁后而不得不停工，并对原设计进行修改。1971年通车后，成为全国最严重的病害铁路之一，仅1985年雨季铁路沿线共发生泥石流48次，冲毁或淤埋桥梁8座、隧道4座、中断行车175天，直接经济损失1 600万元。一年以后沿江段铁路基本中断。

专家们说：泥石流是自然环境变异和人类经济活动叠加形成的一种地质灾害。随着植被遭破坏、水流侵蚀及风化作用增强，为泥石流活动提供了丰富的固体松散物。

另外，汛期洪水含沙量增高，冲刷、搬运作用增强，刷深沟道沟床，逐渐使物源区沟床纵坡降增大，到接近泥石流驱动固体松散物所需的最小坡降，沟坡坡脚临空致使已稳定的滑坡重新复活。最终，伴随强降雨或地震等激发、触发或诱发因素，暴发泥石流。

至于泥石流防治的根本，专家们认为：在于控制山地荒漠化并恢复植被与生态环境。具体应严格做到在坡地区退耕还林、封山育林、禁止陡坡耕种和放牧。但面临的实际难题是，如何对河谷区进行开发，以安置好坡地区众多居民。

科学家们对冲积扇（alluvial fan）有着这样的解读：是河流出山口处的扇形堆积体。当河流流出谷口时，摆脱了侧向约束，其携带物质便铺散沉积下来。冲积扇平面上呈扇形，扇顶伸向谷口；立体上大致呈半埋藏的锥形。以山麓谷口为顶点，向开阔低地展布的河流堆积扇状地貌。它是冲积平原的一部分，规模大小不等，从数百平方米至数百平方千米。

广义的冲积扇包括在干旱区或半干旱区河流出山口处的扇形堆积体，即洪积扇；狭义的冲积扇仅指湿润区较长大河流出山口处的扇状堆积体，不包括洪积扇。

冲积扇在干旱、半干旱地区发育最好，由暴发性洪流形成，在一些山间盆地区尤为突出。干旱区冲积扇面的地貌通常可分为四部分：活冲刷区、死冲刷区、荒漠砾石铺盖区和未分离的砂和砾石区。

2013年　金沙江泥石流冲积扇

研究现代冲积扇，可以辨认古冲积扇，从而为研究地质历史提供线索。冲积扇对人类有实际经济意义，尤其在干旱与半干旱区，它是用于农业灌溉和维持生命的主要地下水水源。有些城市，例如美国的洛杉矶，我国的舟曲，整个都是在冲积扇上。

2012 年 3 月 26 日，巧家县宣传部副部长一定要把"江河十年行"送到他认为很有意思的一个地质奇迹的发生地。他告诉我们这是真的。

这个真实发生在 20 世纪初，是巧家的金沙江边石膏地的大滑坡。当时山崩动静之大，大到什么程度，一位正在酣睡的人，睡前家在云南省昭通市巧家县白鹤滩镇，可他醒来时，已被大山"搬"到了金沙江对岸四川省凉山彝族自治州会东县大崇乡了。

有意思的是，这么大动静的"搬"运，并没有让这位酣睡中的人永远地睡下去，而醒来后怎么也想不通，自己怎么睡觉中就能从云南到了四川。

2014 年　走向小江

冲积扇的土壤是肥沃的。2012 年、2013 年、2014 年"江河十年行"都采访了巧家的县领导。说到当地的农业经济，县领导总是信心十足，且说得那么充满激情。

一位县领导告诉我们：巧家，在农业经济中以种植业为主，在河谷地区、半山区，玉米、水稻亩产可达七八百千克。双季水稻产区"吨粮田"非常罕见；半山以上地区，自然条件恶劣，耕作粗放，有"种一遍坡收一箩箩"的说法。

如今巧家经济作物以甘蔗、烤烟、桑蚕、花椒、核桃为主，金沙江河谷地带种植的甘蔗含糖量达 15%，居云南省各蔗区县第二名。近几年来对农业产业结构进行调整，鼓励大力发展栽桑养蚕；烤烟产业也保持良好的增长势头，目前全县烤烟种植面积近 3 万亩，年收购烤烟 7 万多担。

2012 年"江河十年行"时，我们的镜头拍到了小江在云南省昭通市巧家县蒙姑乡流入了金沙江。

地质学家杨勇说：小江就要成为白鹤滩库区。随着水位的上涨，这些带有重金属物质的江水也将汇入长江上游的金沙江。

2012 年　矿产与江水并流

2012 年 长江委原保护局原局长翁立达（已故）对这样的污染也十分震惊

2014 年《新京报》的摄影记者秦斌加入"江河十年行"，就是想来看看 2013 年他的同事报道了金沙江支流小江的污染现状后，当地政府给予了极大的重视，并让小江变清了是真的吗？

2014 年 记者曝光后的小江

2014 年　小江流入金沙江时

2014 年"江河十年行"后，秦斌在《新京报》上的文章《生病的金沙江》中是这样写的：2013 年 3 月 20 日，云南昆明东川拖布卡格勒村村民来到被尾矿污染的小江挑水。后经过一年治理，小江已现清澈。

东川区安监局黄局长介绍，去年经媒体曝光之后，政府对小江流域的 45 家选矿企业整改，28 家停产，17 家生产，8 企业被起诉污染环境罪。

2012 年　黑颈鹤的故乡

2012 年　江边的尾矿池

　　过去的东川"牛奶"河现已经清水流淌。在小江河滩上种黄瓜的老张不这样认为，他说，到了晚上河里还是会有刺鼻的气味。这里产的黄瓜基本上全部外售，自家不吃。

　　在当地，政府给白鹤滩大坝移民做工作时有这样一种说法，以后你们不当农民了，可以当渔民嘛。

　　这样的水里养的鱼，不知道也就算了，知道的，敢吃吗？

　　2012 年、2013 年"江河十年行"在小江边，杨勇告诉记者们：1988 年我是徒步走在金沙江边的。那时候没车也没公路，甚至好多地方连小路都没有。但是我非常留恋那 5 个月的时光，虽然非常艰苦，背包上压着一个小锅，在路上有溪流的时候，舀锅水，看到农民的地，采两棵菜，煮点汤。晚上到一个农民家，他们吃什么我们就吃什么。住在人家的房顶上，都觉得挺好。用脚步走的金沙江，留下的印象更加深刻，看到的东西更加丰富，接触的人更加亲近，留下的记忆也非常清晰。

　　杨勇说：我曾想，工业化也是人类的遗产，但工业化把我们带到了一个什么境地？现在不仅是工业化，还是信息化时代，信息化又会给人们带来了什么？

　　这些都不想，上上下下的人们都为了发展，为了金钱不停地奔波，不停地与天斗、与地争。为什么我们的官员包括政治家，各国的政治家们总把发展不停地

挂在口头上，满脑子都是这个词，发
展，发展。

杨勇说：实际上，人类不是没有
选择的，可以有选择。但几乎所有的
人都被这个潮流拉住。就连我也喜欢
汽车，喜欢玩手机了。出去考察没车
还不行。实际我很想把车扔掉，背着
背包走，走几个月。但是现在的时空
概念改变了，把地球缩小了。

2015 年　我们这的蔬菜种植可以达到
一年五季，养四季蚕

2015 年"江河十年行"一路走在
这山河破碎的江边上，杨勇从地质工作者的角度告诉记者们：你们看，山体上不断
垮塌下来的在坡上停留下来的这些石头、土块，现在处于相对休眠状态。但是降雨
后，水的浸泡，一些大地震，就会使它复活，复活了就会产生大小不一的地质灾害。

更明显的影响还有水库浸泡。因为水库浸泡的面积大、浸泡的时间长，所以
发生的变化会很明显。

还有，地震的响应也是非常明显和快速的。地震达到一定级别后，是次生灾
害里响应最快速、最明显的，破坏力也会更大。有的时候这种次生灾害的破坏力
要超过地震本身。汶川地震就非常明显。地震后的这些年，次生灾害持续的时间
之长、破坏的程度之大、面积之广以及造成的人员伤亡之多都超出了开始的想象。
金沙江这种河谷如果是像汶川这样的地震，那是不可想象的。

金沙沙支流小江的污染，在媒体的曝光中得到了改善，可金沙江上的白鹤滩
大坝，依然将会成为影响当地地质和人民生活的巨大隐患。

当地的宣传部部长陈杰一边和我们说：沿江是我们这里最好的土地，白鹤滩
电站建了这些土地基本上都要被水库淹没掉。一边又说：我是巧家县出生的人，
我从很小的时候，就听有人说专家到我们这做了一些地质的调查。当时我们就以
为要不了几年可能就有白鹤滩大电站的建设。也是从小就知道，如果白鹤滩电站
建设，就会给我们当地带来很大的发展。

而且，我从小接受的教育是，在整个国家的战略布局当中，需要大的发展的

时候，总是会牺牲局部的利益来保证总体大的利益。就比如说我们最好的土地的损失。不过，我作为一个巧家人，在有生之年能够见证到这个电站的建设，我感觉是很幸运的。

听当地宣传部部长所表达的这番愿望，水利水电专家刘树坤提醒他：现在我们面对的不再是国家了，过去我们觉得为了国家利益牺牲个人利益，是给国家创造更多的财富。现在面对的是开发商，因为体制改革以后，国家电力部已经解散了，现在是各个大大小小的电力公司，我们国家大的电力公司有 10 个，电力公司下面还有大的承包商。

2014 年　金沙江边的开掘

2014 年　金沙江边的施工

刘教授说，我 2007 年就写过一篇文章，就是要让流域的老百姓都能在水电开发中得到利益。因为这里的土地是祖祖辈辈传下来的，大家都是靠金沙江这片土地、这条大江一代一代生活着的。现在电力公司要用这块土地、用这个山水来建水电站，这就侵占了原住民的利益。那么，他们的开发，原住民不能只是牺牲，是要获利、要分红的。

2015 年　白鹤滩所在的峡谷

2015 年，面对当地宣传干部的荣幸，地质学家范晓更是语重心长，焦急万分：

在金沙江流域，水库预防地震风险最高的就是白鹤滩。因为它整个库区是在小江断裂带上，而且小江断裂带是中国西部所有的地质专家关注程度最高的一个活动性断裂，历史上多次发生巨震而不是大震，7 级地震多得不得了。

这个小江断裂带从云南一直延伸到四川，它一旦发生大的地质灾害，损失是很难预料的。所以，不要说沿江的几百年，甚至上千年以来，形成的这么一个丰富的泥石流世界博物馆，冲积扇和老百姓很好的生活就要完全丧失了。这些宝贵的资源，在修大坝之前评估了吗，评估了公示了吗？做工程的人知道吗？知道了珍惜吗？

范晓说：这个得失怎么样去看？有些问题是随着我们整个社会的发展，包括环保意识的改变，逐渐被大家认识的。但是作为我自己来说，是感到非常遗憾的，很多东西现在扭转不了，就会留下了非常多的灾难的隐患。

听着两位地质学家的分析，站在白鹤滩大坝前，巧家宣传部的几位领导和我们"江河十年行"的人对沿江大面积沃土被淹掉，以后老百姓的生活问题不知道会怎么样着急，不管怎么碰撞，就是不一样。

对于，在这么大的一个断裂带上，修建这么一个大型的水库，蓄水深度差不多超过 200 多米，必然会让小江断裂带处于应急状态中，当地人知道吗？

还有，蓄水以后，一方面会诱发地震，甚至可能诱发强烈地震；另一方面，由于地震活动的增加，也会促使沿岸，特别是部区地质灾害体的活动加剧，加上蓄水，放水有一个反复的水位变动，大幅度提高水位和降低水位，更是要对两岸地质灾害体增加不稳定性。这些今天地质学家着的急，当地政府官员明白吗？

2015 年　金沙江将要淹没的峡谷

2015 年 12 月 20 日站在金沙江白鹤滩电站的工地旁及后来"江河十年行"的大巴课堂上，当地官员和地质学家、记者、环保主义者的争论，谁也没能说服谁，而未来，是荣幸与希望，还是专家们的担忧变成现实，时间会告诉我们。

15．他们为什么下跪

2015 年 12 月 21 日，"江河十年行"从凉山彝族自治州金阳县芦稿镇出发，要去我们此行移民问题最多的金沙江溪洛度电站的移民点黄华镇。从 2012 年"江河十年行"去那里，四年了，每次都有人下跪。

2015 年　大山里上学的孩子

这些孩子是路上突然闯进我们的视线的，一个个孩子的脸上都写着快乐。大山里的孩子现在穿得也是干干净净的了，他们大多是彝族。没有家长接送、没有校车接送的他们，结伴而行。这让同行的很多人都想起了自己的童年。

2015 年　云雾中的山寨

　　在翻越海拔 3 000 多米的凉山苞谷地山中时，随着中巴车在盘山公路上穿行上升，半山腰的彝族山寨出现在云雾缭绕中，真的是让我们大大地惊喜着。看了几天被破坏的大山大河，这样的大自然再出现在眼前时，不论是从摄影的角度看，还是从自然的角度看，我们都觉得是一个字：美。一伙人举着相机拍也拍不够。

2015 年　拍照

2015 年　没有"资源"的大山

2015 年　绿色抱团的村寨

随着山越来越大，越来越高，路况也越来越难走，到了山顶，不少公路段的地面结了冰。为了安全，司机停下车来给轮胎上防滑链。但是路上还是有意外发生。我们前面的一辆大货车因为路面打滑翻车了，完完全全地把路拦腰截断。没有别的办法，只好下车等……

2015 年　装上防滑链　　　　　　　2015 年　等着老吊车

　　山顶上这种大货车翻了，只能是等待大型吊车来处理，而这也不是一两个小时就能处理的事儿。

　　经过商议，我们决定兵分两路，一部分人——汪永晨、杨勇、张海堤、唐伟、谢玉娟、杨卓霖、郭宪中等专家、记者绕过出事地点，租一辆小型中巴车，前往黄华镇。年龄大些的专家等着路通了在前面等我们。

　　别说第一次走过这样的彝族山寨的唐伟，就是无数次走过这样地方的我，走在这样的路上，也是相机不离手，坐在车上一路地扫拍。

　　这是什么？民风？这是什么？文化？这是什么？穷？照片中的他们，用两个字——风情——怎么能说完全部的内涵？

　　今天的集体日记唐伟这样写道：一路上因为要穿过不少彝族村庄，我们可以看到不少彝族男女披着毛毡，在屋子外面晒太阳。路上，我们还领略了一段很美的峡谷风光——蒙姑河大峡谷。峡谷两边的山峰陡峭，山壁上层岩累累，植被茂盛。

2015 年　翻车后

2015 年　走过彝族山寨　　　　　　　　　2015 年　路边的笑

　　但是，令人痛惜的还是峡谷里面的河已干涸见底了，凌乱的石头趴在河床上，主要原因当然也是上游水电站修建之后导致了下游断流。

2015 年　有人说水是峡谷里的魂　　　　　2015 年　蒙姑河峡谷里的电站，是它
　　　　　　　　　　　　　　　　　　　　　　　让峡谷里的河干了

　　想在网上找找对蒙姑河峡谷的介绍，但是"百度"一下，"白雾村"满天飞，"蒙姑镇"却寥若晨星。有人评价说，原因很简单：白雾村是云南省唯一的"国家级历史文化名村"，而"蒙姑"呢，什么都不是！这埋怨不得别人，因为，根本就

找不到一篇有关介绍"蒙姑"历史文化沿革的资料！更别说峡谷的了。

有关蒙姑镇百度上倒是有这样的介绍:蒙姑镇是巧家县属地,距石匠房古栈道入口仅 8 000 米左右,再往上延 8 000 米,就是于 2005 年被评为"国家级历史文化名村"的会泽县娜姑镇"白雾村"——历史上最著名的支撑了大清王朝财政

2015 年　峡谷里有了电站不但河干了,污染企业因有了电也来了

大厦门的铜运古道之一线就是起于此。那时的路是从东川矿区采下来的铜运到金沙江畔的象鼻岭,由马帮驮着去东川府换官牒。然后马帮沿昭通、大关、盐津进入四川宜宾,在泸州卸货。马帮的任务完成了,铜被装上小船,从川西坝子出三峡,到大运河口起碇。满载东川铜的大船北上至南京、天津,最后运抵京城由户部铸币。

白雾村因由铜运古道而在全国声名大振,但是,同样是铜运古道另一线(蒙姑—白鹤滩—永善—绥江—宜宾—京城)起始点的古镇——巧家蒙姑镇的历史辉煌,至今却依然被历史的尘埃湮没得华光暗淡,声名几无。

蒙姑,历史上的兵家必争之地。"蒙姑"是彝语,译成汉语就是"易守难攻之地"。历史以来,它就是兵法要地,有史为证:公元 229 年即蜀汉建兴六年,诸葛亮"五月渡泸(金沙江,汉时为泸水,唐以后称金沙江)"南征,就在今日蒙姑的象鼻岭渡口东向渡过金沙江,首攻堂琅(今会泽、巧家),往曲靖方向,擒获孟获。并在其下一泉眼旁立碑"此水不能饮,有毒",此泉便被称为"毒泉"。

蒙姑,是铜运古道水路运输的起点站。历史上的铜运古道有两条,最初是从白雾村起运,经鲁甸、昭通、大关、盐津至永善黄毛滩下水,过绥江、宜宾,

再分陆水两道直上北京。后来，由于巧家富豪杨百万捐资 1 881 两白银修通"石匠房栈道"，铜运改由白雾村经石匠房栈道抵蒙姑镇，由蒙姑下水经金沙江过白鹤滩、永善、绥江抵宜宾，再分陆水两路北上京城。由于石匠房栈道的打通，大大节省了陆路运铜的成本与翻山越岭的时间，第一条铜运古道基本废弃而专行由蒙姑下水的水运。由此，蒙姑古镇日益繁华，船桅林立，渔火辉煌，商贾熙攘，语言多元，南腔北调，直至 1911 年云南铜"万里京运"结束，蒙姑才慢慢变得清冷、沉寂。

蒙姑，是中国新石器时代历史文化重要见证地。目前，在蒙姑古镇东南方向不远的段家坪子清水湾，遗存有占地 6 000 平方米的属于新石器时代晚期至青铜时代早期的石板墓群，距今约 3 000 年，比邸羌文化还早 500 年以上。同时，结合在现场和当地先期发掘的古陶器、高领罐及青铜器"镞锛"推断，蒙姑镇在距今 3 000 年左右时就应该属于南北民族文化的交融地带，是当时经济文化往来的重要集散地——真可谓"行旅云集，商业繁盛"。

昨天我们看到的东川，已经完全失去了往日的辉煌。原来铸币的地方，现在却成了如此破落的家园。人类的过度开发，东川给我们留下了难以忘却的实证。在这里我不惜笔墨地要多说几句蒙姑，是想让这里的当年与今天，都记在心上。这是我们民族的政治与经济，自然与文化交织在一起的历史。

经过两个彝族司机的接力（中途在一个小镇换了一次车），我们终于到达了曾经来过，如今已经在水中的黄华老镇。今天的这里是溪洛渡水库。

下了公路，我们的小巴车就蜿蜒穿行在水库边上的土石路上，而且一路上还看到好几处水库边上正在发生的泥石滑坡。还好，算是有惊无险地到达了水库边上的渡口。

2015 年　建了水库后的黄华新镇

2012 年　等着我们的黄华镇村民

2012 年村支书老缪把"江河十年行"一行人带到了他们村，云南昭通永善县黄华镇黄果村水田社。我们到那时，村头站着不少人，问过之后知道他们是在等我们。为什么要等我们呢？

这个村也是金沙江边溪洛渡电站要淹没的一个村子。1962 年，当地政府用农民的田地办了一个糖厂，20 世纪 80 年代因为他们收农民的甘蔗给的钱太少，农民们不再把甘蔗卖给糖厂，而是买了个小榨机自己榨甘蔗做起糖来。

1982 年糖厂垮了，农民们你一块、我一块地又在这块土地上耕种起来。

2003 年，溪洛渡电站开工。糖厂所用的这块地，因为曾是国有企业用地，2004 年县国土局决定拍卖这块地。拍卖前在报上进行了公示。可是村里的农民没有看报纸的习惯，直到地要淹了，农民才得知这块地已经被县里交警队、县政府法治办、国土局 3 个公务员花了 16.8 万元买下了。

据农民说，因水电占地赔偿，这 3 位公务员将会获得 100 多万元。

这样的拍卖让农民们很是不解。为此他们求助于法律。遗憾的是，他们一直上诉到高院，结果判的都是农民败诉。

用农民自己的话说，在这个人均只有一分地的村子，糖厂所有的近10亩地，对我们农民意味着什么呀？

金沙江边的这些小村庄，本是不愁吃穿的。他们种的花椒和花椒地里套种的沙仁都越来越值钱。仅沙仁一亩地就能产上千斤，能卖25 000多元。花椒一亩地能收获6 000～7 000元。

赖以生存的土地被淹了，怎么生活？政府想的招儿是收了每户农民移民统筹款30 720元，然后一个月发给移民160元，说是怕一下都给了他们，他们给乱花了。一个月靠160元钱生活能生活得下去吗？用杨勇的话说，30 000元钱的利息一个月也不止160元吧。

从2012年"江河十年行"每次去黄华，陪同我们的县上的、乡上的干部说：我们现在的全部工作就是搬迁这件事。我们问你们怎么做工作呢，农民要的是实实在在的赔偿，是要过的日子。

得到的当地干部的回答是：我们只能做思想工作，什么也不能给他们。三峡公司就是这么赔的。

2013年　3月底就让我们搬家了，可这样的房子质量我们敢住吗？

2013 年 3 月 23 日"江河十年行"一到那里就被即将要搬到这儿住的移民围住了。有人从正在盖的房子边拿来一块砖，一敲砖就断了，再一扔就成了粉末。

围着我们的人说：溪洛渡电站五一就要蓄水，还有几天了，就让我们住了几代人的家搬到这来边盖边修，一层都没建好，还要修二层，这能住人吗？水库蓄水就这么急。

我们也没有想到，会有那么多的移民在这里向施工方的监理、向镇领导、向县宣传部的领导、向媒体直接表达着他们的心意。虽然移民们的怨气是强烈的，但能有这么多管事的人这样倾听移民的申诉，而没有被制止，我们想总是进步吧。

这样的水库移民和镇领导，和施工方的领导面对面的对话，对"江河十年行"来说也是第一次。

2013 年，我们在大巴课堂上决定由成都城市河流研究会的徐烜执笔，地质学家杨勇修改，"江河十年行"的全部参加者签名，给永善县领导写一封紧急呼吁，希望移民们反映的问题能引起父母官们的重视。

2013 年　金沙江上的溪洛渡大坝，就是这座大坝，让 6 万多人因水电而移民
离开自己的家园

关于延迟朝阳集镇移民安置区搬迁时间的紧急呼吁

根据水电建设必须坚持"先移民后建设"的原则，三峡集团作为央企，应切实在移民安置方面做出表率，地方政府应该把移民安置视为地方和百姓发展的一次历史机遇。从目前朝阳集镇移民安置区建设现状来看，绝大部分安置房还处于框架砌砖状态，二楼还未上料，公共设施和人居环境建设更无从谈起，工地上工程机械来回穿梭，路面尘土飞扬，噪声贯耳。当前，一部分群众还没有解决补偿遗留问题，不少群众担心工程质量，不愿入住，在这种时候如果强行搬迁，势必造成人住底楼，楼上施工，与工地混杂，不能进行基本装修，生活环境恶劣，同时还有严重的安全隐患，这样的做法完全违背人居常规，一旦发生事故，将激发移民情绪，严重影响社会稳定和库区的长治久安、长远发展。

为此我们建议：将搬迁时间延长到安置区建设按规划建成验收合格之后才能搬迁入住；如果实施过渡性安置，要考虑到农民搬迁的特殊性，如家禽农具等是他们不舍的财产，建议适当提高移民综合补偿，帮助首批搬迁户解决好可租住房源和财物过渡存放场地，安排好过渡期间的生活问题。

可是，2013 年我们紧急呼吁的信，没有起到任何作用。

2014 年 4 月 10 日下午，"江河十年行"在黄华镇政府会议室组织了一场移民问题协调会。由"江河十年行"的地质家杨勇主持，黄华镇柯平书记及镇长一个一个地回答着几十位移民代表提出的问题。

给我们的感觉是，柯书记能清楚地回应每一家、每一个人提出的任何一个大问题、小事情。

因民间组织和记者的发起，就能召开镇领导与水电移民的对话，在中国这不能不说也是一个不小的进步。说得更积极一点，也是中国社会走向民主的一个进步吧。

2014 年　对话会上的移民（南方周末记者王铁庶摄）

2014 年　我们花巨资修建的大桥淹了，却没有得到应得的补偿

参与对话会的，是黄华镇朝阳坝村、果树村 1 077 户、4 000 多人中的代表。主要的问题包括："黄华镇上移民工作结束了，我们的荒山、荒滩、码头、公路、檐沟，到底赔给谁的？"

到目前为止生活费不给，房租不给，什么意思？这个问题并不是我一个人，100 多人。中央政策是不是这样的？符合标准吗？政府职责是什么？

乡政府的人打电话喊派出所的人把我抓到派出所，倒罚我的钱，还说我的不是。我是做米线的，房子给我修成这个样子，我拿什么生活？

关于"江河十年行"在黄华镇的采访，《羊城晚报》记者陈文笔在他写的《河痛·何安》一文中这样写道：2013年，水电移民彭永亮在建的新房二楼一面墙发生坍塌。一时"风吹墙倒"的消息让人震惊。当时，黄华镇党委书记柯平在接受媒体采访时解释说，是由于当时单面墙体建好后，墙体和柱子、梁板还没形成拉力，悬空而没有支撑所致。施工方的四川省广安市建筑总公司相关人员说，砂浆配比不对，另外单面墙体还没有连成一个整体，缺少支撑防护。施工人员没有规范操作，导致墙体坍塌。

由于担心建筑质量问题，彭永亮没有再建二层。房子现在处于完全停工阶段，顶层还裸露着钢筋。因此，彭永亮一家有房住不得，仍在镇上租房住。

2014年　没有刷白就交工的房子，
开裂的房子随处可见

随后，记者在20多位移民的新家也看到了类似的问题。地板、墙壁、柱子出现裂缝，下水管堵塞等。移民普遍反映了4个问题：①房子建筑质量有问题；②规划布局不合理；③建设进度不一；④公共设施还没有配套，包括绿化、道路、下水道，学校也没有修好。"这房子连毛坯房都不算，看着都不敢住"，一刘姓村民说。

南方周末记者王轶庶和陆筱磐在《金沙横断》一文中则写道：村民刘文美家中最大的裂缝出现在楼梯过道的墙角柱子上，有近1厘米宽，开裂处有漏水的水印。"原来的房子是危房，现在住过来还是危房。"

根据永善县委宣传部部长周兴文的数据，质量出现问题的房子有300多家。

而这些质量问题，在有能力自建新房的移民家里并没有出现。

4月10日下午，黄华镇柯平书记组织了与移民代表的座谈会。听到消息赶来的移民越聚越多，纷纷反映三峡资金发放不公开、村镇领导干部违法乱纪等问题。而他们，仅是金沙江再建"两个三峡工程"的4个巨型大坝牵涉到的数十万移民的缩影。

2014年　喜庆的灯笼还没有摘下，房子已经开裂了

2014年4月10日，在朝阳移民安置点，大量移民请我们去他们的帮扶房里查看房屋建筑质量，不是墙屋顶漏水，就是地面或楼板开裂，或是承重柱空心，有些裂缝的确惊人。

移民小刘说：这房子修得太差了，到处都是问题，下雨即漏，门窗上下宽窄不一，还有政府扣我们移民一平方米800多元，而包给施工方一平方米715元，本来赔款就少，还要扣我们统筹款30 720元，让我们老百姓吃不上饭，希望你们为我们做主。沿路之上，很多移民下跪递材料。

2014年离开黄华镇后，两位年轻的记者决定，"江河十年行"走完后，重返黄华，再挖挖移民今天的愤怒、无奈、痛心到底是为了什么。

《东方早报》的记者严皓和《人民日报·民生周刊》记者陈沙沙在重返云南的采访中，不仅进一步采访了水电移民，更对政府有关部门的负责人进行了深入的采访。在这里，我选摘了陈沙沙在《民生周刊》上发表的《溪洛渡水电移民》一文的章节，让我们一起看看金沙江水电开发，给江河两岸人民今天的生活带来如此生活的原因在哪里。

金沙江下游，坐落着我国4座巨型水电站——乌东德、白鹤滩、溪洛渡、向

2014年　移民的无奈

家坝。4级电站总装机4 660万千瓦，相当于两个三峡电站，水库涉及滇川两省、7个市州、25个县区，共36万移民。

在永善、绥江等移民县城中，记者发现，普通百姓、地方政府和三峡集团的命运紧紧捆绑。而在高层管理机制缺失、移民政策不完善的背景下，三方之间的博弈显而易见，美好的目标充满着隐忧。

在云南省永善县黄华镇镇政府办公楼中，该镇党委书记柯平告诉《民生周刊》记者，过去3年，他80%以上的精力都用来面对占全镇人口1/6的移民。

在柯平接受采访的5个小时中，交谈被七八批群众打断，当地移民已经习惯三五成群地出入书记、镇长、人大常委会主任的办公室。

"基层只是政策的执行者"，是他谈话中反复使用的语句。当然，这在诉求不满的群众看来只是一种说辞。

按原规划，溪洛渡水库应于2012年11月完成移民搬迁，然后开始清库，2013年5月下闸蓄水。但临到搬迁日期，移民安置工程还有很多项目刚刚开工。例如，在黄华镇朝阳集镇的迁建新址上，施工人员2012年11月才开始进场施工。

由于整个库区移民进度严重滞后，溪洛渡移民搬迁日期最终延至2013年4月30日。（本文作者注：11月开始建房，来年4月搬迁，这样的速度能保证质量吗？）

据了解，溪洛渡是在工程可研未经审批、移民安置规划未经审定、安置点房屋等基础设施建设未启动、征地报批手续未完备的背景下，提前开工建设的。当地移民干部称之为典型的"三边"工程，即边建设、边审批、边移民。

知情人士告诉《民生周刊》记者，为了冲刺滞后的搬迁进度，昭通市在内部会议中曾提出"以党性做担保，以帽子做抵押"。

就在 2014 年"江河十年行"结束不久，媒体上有一条这样的报道：国家发改委能源局副司长魏鹏远近日被有关部门带走调查。据财新记者多方证实，魏被带走时，家中发现 2 亿元现金，执法人员从北京一家银行的分行调去 16 台点钞机清点，当场烧坏了 4 台。

2013 年　和故宫一样年龄的家

黄华的水电移民看到从一个能源局领导家里查出了两亿元的现金这样的消息时，不知心里是什么滋味？

2014 年　大江无语　百年老房在水中

2015 年"江河十年行"一路难行到了黄华镇，听着移民的哭诉，看着他们下跪我们却无能为力时，我手机微信群里，朋友们都在过冬至，在晒咕嘟嘟地煮饺子，在准备过圣诞节，在发圣诞礼物。关注江河的我们也都有家有口，本来今天应该是和家人一起吃冬至的饺子的，可是我们眼前所看到的一切，让我们真的不知道该怎么办，不忍心视而不见。那个晚上我们没有离开，住在了村里。

绿色：中国环境记者调查报告（2015 年卷）

那天晚上，杨勇放出话来说：金沙江早晚要出事，这么多的坝，这么多的水，全都在地震断裂带上压着，不知道这个灾难会是一个什么样的灾难。

可是，当地人听不进这些话，因为他们连住的房子都是问题。

2015 年　谁能帮我们反映反映　　　　　　2015 年　又和镇领导坐在了一起

我们来黄华 4 年了，不是一家一户的问题，而是整个移民村的问题。我们不是说给他们盖的房子要让它多漂亮，是要它安全。可他们屋里床上面就是裂缝，真塌了，你们不是也不光彩吗。

坐在镇上宽敞的会议室里，我们几个"江河十年行"的记者专家和领导们说着。

我们的对面，坐了一排领导，他们是一个个分别向我们汇报：你们来之前，或者说房屋建成之后，我们安排了两个镇领导，一个副书记、一个副镇长专门负责这个工作。我们一如既往地，而且会加大力度地协商解决。

你们一如既往，怎么满院子的移民全都来围着我们？你们要是一如既往地帮助水库移民的话，人家就不会那么大的意见，要只有一两个人有意见的话，那

2015 年　三年了，好好的一个家被淹了，只有靠租房子过

也是你们一如既往地帮助了他们，现在是一个村的人都围着我们。我们开始有点冲动地向领导们说着。

抓紧时间，我们下面一定会抓紧时间，进一步加大工作力度。一位领导这样说道。

另一位领导接着说：我补充一句，房建存在质量瑕疵的问题，我们认真地排查，全镇的干部职工一起一户一户地排查。

这样的对话还怎么进行下去呢？我们的心冷到了极点。

在我们和镇领导对话的时候，外面等着我们的老人中，有从2013年就在我们面前下跪的。她家里的房子裂了15条大缝，这样的房子无法住，现在只能租房子住，没有任何生活来源，地上堆着她捡来的瓶瓶罐罐，靠卖了这些维持家用。

她在自己租来的房子里坚持挂着自己年轻时拍的一张照片，照片下面写着：心中的梦。那个时候，她心中的梦是什么？她想到过老了生活会是这样吗？

2015年　心中的梦　　　　2015年　老人拿着"江河十年行"前两年给他儿子拍的照片

屋外还有这样一位，他的儿子就是2013年我们来，在我们面前掰砖的年轻人。给他盖的房子因地基下陷不再盖了。老人也只好在街上租房子住。前两天那里修路，把老人租的房子又震塌了一半。我问老人那怎么住呢？他说没办法，住另一半吧。

2015年3月22日　老人的儿子听说我们来了专门跟打工的单位请了一天假。

我们说也帮不上什么忙。他说：看到有人在关注我们，就够了。

这位水电移民 2014 年在镇长和我们一起开会时，说得诚恳而有条有理。而这次我们再见到他，显然已经被急得要失控了。

他急切地对我们说：我们是金沙江溪洛渡水电站库区第一批移民。2007 年 1 月进行的实物指标调查，当时参与的单位是长江三峡总公司、永善县人民政府、成都勘测设计院、昆明勘测设计院四家组成的联合工作调查组，所有的工作人员都宣传土地是国家的，是不赔钱的。就是这样错误的政策宣传，导致在 2007 年 1 月的实物指标调查过程中，我们顺河一至五组共 181 户、935 人的花椒园地在实际丈量中，把我们 3 000 多亩的花椒地量成了 1 330 多亩。我们损失了 1 800 多亩。按今天的地价，我们这些农民的损失已经上亿了。

2015 年　他在为一村子的人讨个公道

而且当时这些土地实实在在都是我们的花椒园。我们多次去昭通市，包括永善县求助，2010 年 9 月 14 日去市政府跪访，当时去了两百多人，全部在飘泼大雨中淋得就像落汤鸡一样，非常可怜，我们不服。

昭通市派测量员到我们库区顺河一至五组现场去调查，给我们回答说是 60 天之内解决。他们承认，昭通市领导也承认，我们顺河一至五组的土地受损失是事实。可是，60 天过了，并不给我们一个回复。

2010 年永善县人民政府县长张华昆（音）出了一个 102 号文，在 102 号文上张华昆说你们的土地面目全非，不作为复核复查，导致我们 2010 年 12 月 6 日去中共云南省委光复路去跪访。

我们在跪访的时候，没有任何一个省委的领导来接见我们。我们前前后后包括去北京，去国务院……

面对这样的水库移民，我想起的是，坚持要在怒江修大坝的人，是知道可以从修大坝中得到那么丰厚的油水，还是真的像他们说的是农民太穷了，修水电是帮助他们脱贫呢？

在这个汉子面前我没有掉泪，可是离开他以后，我的泪水怎么也控制不住，我不知下次再见到他时，他是不是真的要失控了。

老缪说：当地建了水坝后，电三轮直接上了600辆，我们没有土地了，借钱买的车，本以为能靠这个为生的，现在谁坐呀，直接无法运行搁在那儿。老缪说：我找政府找了无数次了，他们不理睬，不管。没有生活来源，家里有一个82岁的母亲，有两个孙子，有儿媳妇，有1个姑娘，总共8口人。我们的生活真的是没有办法了。

2015年 老缪花20多万买了辆车，坐在老缪的车上

我们没移民之前，像这两天蔬菜、番茄、茄子、红瓜样样卖呢！我们家是长期卖蔬菜的，一年蔬菜都要卖几万块钱。现在，一无所有，一样都没有。

2015 年　水电移民新居旁因有了电，开起了高耗能企业

2015 年 3 月 21 日，早上，穿行在大山的云里雾里，山凹中的村寨，路上笑着跑着的孩子，让我们用了一个字：美！拍也拍不够。晚上，黑夜里带着我们看他们家裂了大缝的房子，等着我们能和领导谈了，帮助他们解决问题的溪洛渡水电移民们脸上的愁！听也听不完。在这样的大山里，什么是美，什么是愁，"江河十年行"不光在记录，也在找出路。

杨勇又起草了一封信希望我们签名，希望记者们的文章能起到揪出"小老虎"的作用。更希望和黄华镇的村民们一起把能解救他们的青天大老爷找到。

明天，是"江河十年行"

2015 年　开发中的金沙江

的最后一天。我们要记录的是四川的花椒之乡汉源。

2015 年　山还是那座山，金沙江已经变了模样

16．千年老城在水下

2015 年 12 月 22 日下午，"江河十年行"来到了千年老城绥江。只可惜，老县城已在水下，崭新的县城耸立在山坡。

2015 年　车子开向绥江，千年老城在大江下

2015 年　新城在山坡上

2012 年 3 月"江河十年行"到绥江时，离那里定的 5 月 31 日向家坝水库移民开始搬迁只有不到两个月。当时我们看到的新城房子都还没有建好。一个有着千年历史，住着 6 万人的县城，要在两个月里搬完，这样的人间奇迹在四川绥江诞生。

2012 年　绥江老县城

2012 年　淹没以前的金沙江边

2012 年 3 月，我们到向家坝水库时，移民们虽然有很多报怨与忧虑，仍然还是在憧憬着老家被淹后，搬到新家的生活。

记得那天已经是夜里 12 点多钟了，绥江县宣传部部长和副部长来敲我们住的宾馆房间的门，要和我们聊一聊。因太晚了我没敢开门。第二天早上不到 7 点钟，她们就又等在我们吃早饭的餐厅了。

那天，两位部长带我们看了老县城和在建的新县城。也给我们讲了他们移民工作的按部就班。因为事先已经采访了一些即将搬迁的移民，知道好多问题都没有解决，加上又看到还没有修好的新房子，我们很是怀疑，两个月后就能搬走一个千年老县城？两位宣传部部长和副部长却信心十足地说：没有问题。

2013 年"江河十年行"再到绥江是，和我们一起聊的有县里移民局、环保局的领导。分手时他们送我们每人一本《我家绥江》摄影集。夜深人静时，翻看着这些照片，想着一个千年老县城在两个月内就搬迁了，我不尽自己问自己，如果是让我在两个月内搬个家，能搬得走吗？

家的意义，就仅仅是那些能搬起走的物品，就仅仅是建筑里的几间房子吗？

那天夜里，打开宣传部送给我们的《我家绥江》摄影集，封二上的这段话我是在心里默念出来的：我们祖先，到此已逾千年。南岸黄龙石斧、新滩彝文摩崖、会仪菩提古塔、中城酒坊沟青铜剑，无不是先辈初恋的弦音和对这片土地的执着的吟唱。几千年来，祖辈们就是这样，在河边肥沃的坝子上耕种劳作，繁衍生息，开拓着世界的一部分，书写着世界在这里的文明。无论星移物换，绥江人家、绥江生活、绥江文化、绥江精神像河一样奔腾！

写下这段话的人，写得不知可不可用撕心裂肺，需要不需要极大的勇气呢？《我家绥江》开篇还有一段，让我看了心里也是酸酸的。接下来让人痛心的还有：河，河边的家，家里头的亲人，新人伫望的渡口，渡口旁边那家小茶馆，那窝老黄桷树，那条条铺满石条子、长着青苔的街巷，以及夜晚吊脚楼上木窗里守候的灯光……这些说得完说不完，所有我们一生都流淌着的全部最清晰、最珍贵的记忆，我们心灵深处一直揣着的静谧又温暖的念想，就是绥江。

河边的家　家里头的亲人
《我家绥江》照片

黄桷树 《我家绥江》照片

库中的草药 《我家绥江》照片

长满青苔的老街
《我家绥江》照片

白头帕据说是蜀人为诸葛亮吊孝的遗风
《我家绥江》照片

2014 年我们来时，从宣传部文南星部长的脸上，能看到她五加二、白加黑工作的辛苦。而她在我们的镜头前说的是：一年连盖带搬我们是怎么做到的！

文部长说：两年来，政府就补偿基础标准调整的问题与三峡公司多次沟通，至今没有得到回复。

2012 年，文南星部长那么相信向家坝电站的建设会给绥江县的发展、百姓民生的改善带来机遇。

2014 年，这位宣传部部长在我们采访时，重复最多的话却成了"就吃 160 元的补贴肯定不够，农民失地了靠什么生活？这是今天县委政府面临的最大问题"。

说起老县城的搬迁，文部长还这样说道：不是过渡的，就直接搬过来。不像大城市有一套房起码我要装修，装修了以后要等一段时间散散异味才搬进去。我们这的老百姓没有，拿到房子，有半个月搬迁时间，到最后一批拿到房子的，三天时间你必须搬，那水都上来了，你不搬不行了。搬上来所有的生活条件不具备，老百姓几家人挤在一起，吃不像吃的，住不像住的。有的人是边装修边生活边工作。

2014 年　绥江新县城

2014 年　一个县城的交替

2014 年　接访劝返中心（水库新城特色）

2014 年"江河十年行"时,《人民日报·民生周刊》的记者陈沙沙问文部长:安置房当时为什么盖得这么慢呢?

文部长说:这个就说来话长了,一句话说不清楚。我们所有移民的补偿执行的是临时标准,不是最终补偿标准,政策不确定,三峡公司很多项目就审定通不过。通不过这个房建就推动不了。2011 年才开始总承包给云南建工,2012 年 5 月底就要求要搬迁。涉及的移民有多少?6 万人。结果是 2011 年到 2012 年就这点时间连盖带搬。

300 万平方米的房建,6 万移民的搬迁,一个老县城的清库,还有一些其他的基础设施一年内搞定,说说这是啥速度呀!

文部长说:我们自己的家,是在拿到钥匙一个星期之内搬的。房子不是说统一全部建好了,统一一次发钥匙搬家,不是的。是这栋房子建好了,这一期摇号分房,摇到你这栋房了,有你的房子了,你才可以领到钥匙。摇到地块的房子没有修好,你有钥匙也搬不了。

不到一年的时间 300 万平方米,我们是怎么建的?我们现在还欠着云南建工的钱,人家云南建工垫着钱给我们盖的房。要等三峡公司给了钱,我们才能给人家钱,才可以给云南建工结账。你们知道现在欠多少钱?几十个亿。

2014 年　就是这个向家坝水电站让千年绥江沉入水中

那天，文南星部长在说着作为一位县宣传部部长这些年着的急时，突然话题一转说：你们第一年来的时候跟我说的一句话我记得很清楚。你们说：你们以一个古城换了一个钢筋水泥的新县城，觉得值吗？你们当时这么说的。

我们马上问：是因为那时你们没有住到新县城，现在住了两年了，有了什么新想法。

文南星部长说：我记得我当时说的话，我说从某种程度来说绥江市水电建设是我们决定不了的事情，不是我们绥江说这个电站能建就建，不能建就不建，这是我当时说的第一句话。第二句话我说的是，电站建设会给绥江整个城市的发展，老百姓生活环境的改变，带来一定的机遇，因为老县城你是见过的，堵、脏、乱、差。那么搬到新县城来了，起码我们住的房子宽敞明亮了。

接着有记者问：现在问题这么多，是不是会怪到建大坝上？

文南星部长说：我们作为一级政府官员怎么怪人家建大坝呢？你说党中央的决定，我们下面不执行吗？肯定要执行的。说它不好，说它坏，是不能这样说的。国家有政策我们就要执行。我们现在最担心的是怎么才能给我们的老百姓提供更多的就业岗位，让绥江的老百姓能够富起来，这就是我们的希望。他们富起来了，每天不找我们上访了，那我们的工作就减轻了很多，我们就希望这样。

文部长的这番话，或许正是她脸上那些岁月留痕的见证吧。

2015"江河十年行"时，我们问已经采访了四年的绥江宣传部部长文南星，移民后当地人的补偿款和住房子问题解决得怎么样了。因为从 2012 年到 2014 年，文部长看起来不说老了十岁，五六岁还是有的。2014 年我们到绥江时，她不像第一次见我们时那样对新城充满着希望，而是为三峡公司在千年老城人搬到新城，两年多了移民补偿款一直没给而着急。

2015 年 水库边的小树长起来了

2015 年　文部长上到"江河十年行"的车上

2015 年文部长是笑着上的我们的车。她说：粮补费最近开始补发给移民了，这个是移民一直反映的问题，也是我们移民最关心的一个问题。三峡公司要兑现的，这粮补费是移民原来该享受的一个补助的费用。

我们问：一个人多少钱？

她说：根据淹没的土地来测算的，不是按人头。

2013 年开始淹的，已经淹了 3 年了才给？我们问。

她说：这中间有一个问题就是我们的移民的身份签订了之后，要报三峡公司审批，然后要测算这个资金，测算了之后要报省通过了之后才能补发。今年，最近开始补发了，今天早上我正好见我们常务副县长他说开始补发了。

文部长脸上的笑容，只是听说开始补发了，而不是已经到了移民的手中，她说得有点含糊。只是说：三峡公司今年也还是来了几次，对我们这边移民后续的发展也还是给予了一定的关注。

把人家的家都淹了 3 年了，核查还没完没了的。这样的工程，这样的老百姓，是中国特有的吗？

文南星部长说：就整个县城搬迁，你们也知道的，土地淹没了，好田好土没有了，农民也移民进城了，怎么办？只能发展旅游。现在我们搞了什么呢，旅游经济、会务经济和养老经济。

养老经济是什么呢？就是我们县城比较干净整洁，县城也变得很美了。现在我们县是云南省的省级文明县城、省级园林县城、省级卫生县城。那变美了之后，就有人来休闲度假，来养老的老同志比较多了。

这一大堆称号，能吃还是能喝？移民没有了土地，没有了能挣钱的活儿，有这些称号管什么用呢？这是我听了文部长说了一大通后，脑子里一下子涌出来的想法。

不过，听说我们此行的刘树坤教授正在帮助一些城市做生态规划，文部长说话的底气更足了。

她说：现在注重生态、环保、空气，让我们这里现在人气比去年旺多了。从前年开始我们就搞龙舟赛、垂钓赛、跨江游泳赛，今年来的有全国各地的游泳协会。

有记者问：在水库里游泳？

文南星：对对，金沙江跨江游泳，最近我们人气还是比较旺的。

记者：那现在整个国家经济要放慢了，对你们这儿有什么影响吗？

文南星：有影响，比如说我们去年的财政预算收入是 3 个多亿，今年我们只有两个多亿。我们后期移民发展这一块，三峡公司也给我们一些经济扶持，像旅游这块。

记者：现在主要的问题是什么？

文南星：现在主要的问题还是我们的经济比较单一。老百姓还是外出打工的比较多。

有记者问：水库流量这么大，对这里的生态有没有影响，比如说老百姓有没有担心地震，芦山地震我们给你过打电话，你说还是有震感的。

文南星：有震感，几次地震都有一定震感，但是不是很强烈的那种。老百姓担心不担心，我想是个问题。

2015 年"江河十年行"在绥江，文部长更想和记者们说的是：我们希望三峡公司对我们淹没水域这块的环保问题能高度重视。绥江今后要发展，我们是什么都没有了，良田好土都没有了，就靠这一滩水。这摊水跟绥江生命线差不多。如果这一滩水污染了，对绥江今后的旅游发展及相关的发展都会有影响。所以，三峡公司要重视整个库区。但是现在用于这个的经费他们给的是不足的。下一场雨之后，所有的垃圾全部冲到江里面了。所以，我们一直很希望三峡公司能够高度重视。

又有记者问：三峡公司发了电以后，效益应该分一点给你们？税收你们留不留得到一部分？

文部长说：分一点给我们就好了，作为我们移民后续发展的资金。你说搬了之后我们的经济什么都没有了。原来我们是有农业、土地收入的，现在都没有了。税收现在好像还没有完全敲定。2012 年 5 月搬的，2013 年、2014 年、2015 年 3 年多了，还没有敲定。

好土好地都没有了，这一感叹文部长说了不止一遍。虽然我们从她嘴里听不到对水电发展的责怪，也没听到多少老县城成了新县城后出现的问题，但这位宣传部部长眼下着的急，我们还是从这一遍一遍的好土好地没有了中，听得出来。

发展水电，除了解决能源问题，还有一个功能被宣传的，就是扶贫。

2015 年　文部长和刘教授在谈水边的设计（何勇摄影）

可是，不管是昨天我们到的黄华，老百姓连住房的安全都没有，还是今天到的绥江，虽然县城看起来干净了，漂亮了，可搬迁后当地人的生活补偿，3 年了还没有拿到，这是扶贫吗？

每当我们这群人说到这些时，当地的政府官员，甚至连受到大影响的老百姓，都在声称自己的牺牲，是为了国家利益，是顾全大局，是在为国家做着贡献，可正像刘教授说的，现在的电力集团，已经是商业化的，不再是国家的了，他们有些甚至是上市公司。

可是，让地方官们，让生活在底层的老百姓们，明白这点，还真不容易。在他们心里，国家的概念太强烈了。

2015 年"江河十年行"在绥江的金沙江边上，刘树坤教授看着一江已经不是自然的江水和文部长说：单纯绿化也不行。

刘教授这些年为很多城市做水景观设计，这让这位 70 多岁的老人一直还忙着，全国各地都在请他去。

刘教授说：现在人们已经开始意识到了水面周边的生态环境，是可以好好地设计的。光种些树满足不了，一定要有乔木、灌木、草，还有芦苇等临水植物带。水面有浮萍、水下有莲藕，共同形成一个生物带。所以说，不是随便种点树木就行了，要有一个很好的规划。

文部长向刘教授请教：我们有一个问题，我们这里的江边有一个消落带。现在是 381 米左右，5 月以后到 7 月这段时间就要降下去 10 米。那这个消落带水涨起来种什么才不会死？不然，水消下去的时候难看死了。

刘教授说：消落带是水库的一个大问题，不光难看，还容易造成滑坡，解决不了，是国际上一个难点，也是很多国家不再造大坝的一个原因所在。不过，现在在浙江正摸索着种桑树，桑树很耐水淹。你们不妨也在金沙江边种些桑树试一试。

2015 年　千年老城在水中，新绥江县山上

2015 年 　"江河十年行"在绥江

2013 年"江河十年行"时，《人民日报》的何向宇说，老县城搬迁时，不知搬的人是什么心态？会不会设立一个老城纪念日呢？毕竟水中淹掉的是我们曾经的拥有。

老城纪念日，绥江宣传部的领导们，你们想到了吗？

2015 年 　汉源古城也在水下

2015年　大渡河流经汉源的大山里　　　　　　2015年　我的家在水下，看不到了

"江河十年行"最初行走时没有选择汉源。2008年地震后，才把大渡河边的汉源也纳入了将要用10年的时间持续关注的大河，并选择了要用10年跟踪的人家宋元清家。汉源县城因瀑布沟电站被全部淹没。

网上有这样一句话：2010年3月之前，老县城完全被淹没，萝卜岗将是汉源人的新家。搬迁过程中产生的恩恩怨怨，矛盾、极端、和谐、共荣，如今都随着重建的轰鸣声，一起淹没在了历史的长河里。

汉源的昨天，已经在水里，但并不会被人们忘记。那里曾是那么富饶的地方。

汉源建制于公元前97年，至今有两千多年的建制历史。"古牦牛道"记述着"南方丝绸之路"的悠悠岁月；太平天国、辛亥革命、万里长征，曾在这里写下可歌可泣的壮丽诗篇。

汉源古遗址有旧石器时代的富林文化遗址；新石器时代的狮子山型文化遗址、富林背后山型文化遗址、大树背后山型文化遗址；秦汉时代的大田二半山冶炼遗址；古文化遗址有黎州古城遗址、王建城遗址、清溪古道遗址、大树古堡遗址、清溪关遗址、孟获城遗址、三

汉源县古建筑（网上照片）

交城古遗址。

碑刻有玉渊铭碑、山横水远石刻、刘延摩崖石刻、文昌宫书法碑、花椒免贡碑、三绝墓碑、红军长征石刻。

古建筑文庙即孔庙：坐落在清溪古城东北隅，是历代文人祭祀孔子的主要场所。始建于 1799 年，重建于 1870 年，是目前西南地区保护完整的木质结构的古建筑群。

旧时汉源一带气候温和，春较早，每年农历二月时，林木荫翳，繁花细草特饶旖旎，幽情逸致不亚于锦江春声。有诗云：十分春色汉源乡，水秀山明锁艳阳。桃李笑含新雨露，燕莺争唱旧晴光。桥题鸾凤星云灿，院拟崇文翰墨香。民物殷繁多士集，兰亭愿共引流觞。为汉源八景之一。

大渡河大峡谷，位于汉源县境内。前些年，大渡河峡谷引起地质学家和省内外媒体的广泛关注，四川省地勘局地质专家实地勘察后大喜过望，峡谷雄奇壮观、嵯峨险峻的自然景观足以与闻名中外的长江三峡媲美。全长 17 千米。大渡河进入四川盆地之前，横穿了盆地西南边缘的最后一道门槛——瓦山，形成了雄伟壮观的大峡谷，并切割出厚达数千米的完美地质剖面。与惊涛拍岸的大渡河水遥相呼应。

物产资源，汉源盛产水稻、小麦、玉米、红薯、土豆等农作物；"汉源贡椒""汉源金花梨""汉源黄果柑""汉源樱桃""汉源芸豆"等农产品驰名中外；四季鲜果不断，梨、苹果、桃、李、樱桃、橘、橙、桂圆、葡萄等琳琅满目，色彩斑斓；番茄、洋葱、蒜苔、大蒜、豌豆等蔬菜常年出新，应有尽有，畅销全国。

在地质学家范晓和他的同事们的努力下，2001 年 12 月由国家正式批准，在大渡河金口河至乌斯河段建立了国家地质公园。公园内具有国内外罕见的大峡谷和平顶高山景观。范晓认为：大渡河峡谷的景观与世界上一些著名的大峡谷比较毫不逊色，与长江三峡和美国著名的科罗拉多大峡谷相比，大渡河大峡谷的深度大于科罗拉多大峡谷近 1 000 米，是三峡的近一倍。其险峻壮观程度远超过三峡。

此外，大渡河峡谷一岸的大瓦山有着平平的山顶，如果有云海，如果站在峨眉山上，范晓告诉我们：它就是一只巨大的"诺亚方舟"。1878 年 6 月 5 日，第一位到那里去的外国人科尔波恩·贝伯尔登临大瓦山时的描述是：

"有一天游客将会来到这里，并创作出绝妙的文词。"

大渡河大峡谷地区还具有十分突出的生物多样性，是世界上高山温带植物最丰富的地区之一。100 年前就曾引起前来探险的英国植物学家威尔逊的极大兴趣。

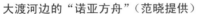

大渡河边的"诺亚方舟"（范晓提供）　　　　　2004 年　云中大渡河峡谷

　　可是，在大渡河峡谷国家地质公园还没有来得及正式挂牌的时候，又一立项被批准：在大渡河峡谷国家公园里修建枕头坝和深溪沟两个大型水电站。它们的装机容量分别是 44 万千瓦和 36 万千瓦。

　　汉源水力资源的蕴藏量，让那里有了国家重点建设项目瀑布沟巨型电站。这一巨型电站的建立，改变了老汉源，开始了新汉源的新生活。

　　大渡河上因水电站而发生的地质次生灾害，这几年不仅有汉源，还有四川康定"7·23"特大泥石流。

　　2010 年 8 月 11 日南方周末有文章：四川大渡河流域水电梯级开发枢纽、瀑布沟水电站这个特大型水电站蓄水后，整个汉源 850 米以下都处于水库淹没区，近 10 万人口需移民动迁。其中除 3 万多人外迁外，其余都要在汉源境内安置。

　　文中还说：汉源县城萝卜岗现已居住逾万人。该镇尚未修建防滑堤时，就已是三面浸泡在水里。位于水库浸泡下的消落带区域，是地质专家范晓曾提出过的重大安全隐患区。由于这个区域水位反复变化，会影响地质稳定，可能诱发大面积滑坡。

　　汶川 8.0 级地震时，汉源也遭到突如其来的地震袭击。地质学家杨勇说：汉源的地质结构不仅仅是地震多发区，还有滑坡与泥石流。

甘肃舟曲发生泥石流惨祸后，由于地处滑坡的危险地带，四川汉源县万工集镇的当地居民，也变得忧心忡忡，他们的担心是：汉源，千万不能成为下一个舟曲！

南方周末的文章中用了这样的标题"明知有危险，偏向险处行"，并说：虽然2003年就已选定新址，但由于水电站仓促上马，"先上车后买票"，对于移民安置的环评和地质勘察没到位，尤其汉源新县城萝卜岗在建设施工中遭遇了极其复杂的地质状况，地形地质结构非常复杂。

在四川地矿局地质勘探大队总工程师范晓看来，汉源本身地质结构脆弱，对于建筑物的承载能力有限。因此大多数地区都必然存在地质灾害隐患或者潜在威胁。从这个角度，汉源出现泥石流、滑坡等地质灾害是必然的情况。"只是发生在什么地方，什么时候发生而已。"他认为，万工也不会是最后一例。

万工乡在汶川地震中是遭了重灾的。2010年7月27日凌晨5时许，因持续强降雨加上暴晴，集镇后背山（小地名二蛮山）突发滑坡，方量约10万立方米，造成万工集镇、双合一组部分村民房屋垮塌，共有58户房屋受损、21人失踪。

2010年"江河十年行"走到老汉源县这段大渡河时，河面静静的，没有浪花，没有波澜。被淹的县城在我的回忆与想象中。晚上，我们被"关注"我们的领导们送过大渡河峡谷时，黑暗中依然能看到照明灯下两个水坝——深溪沟、枕头坝的工地上正繁忙着。

2010年的"江河十年行"沿着大渡河走。已经开发的水电，使得沿江一个个高耗能的企业得以生产。车上的人又把镜头对准了一个个冒着黑烟、着着火苗的工厂。

2010年　成了平湖的大渡河

2010 年　江边的水泥厂

　　一位 58 岁的李老太告诉我们，他们家住的是百年老屋。好多年了，不光是他们家，周围的人找那家污染企业不知多少趟了，没用。家里的孩子就是呼吸着这样的空气长大的。

　　周围的邻居见我们关心他们的健康，纷纷来向我们告状，并把我们带到了这个村里集体出钱修的水井旁。为的是让我们看看，他们不仅呼吸的是从这路过的人实在受不了的呛人的空气，还喝着被污染了的水。

　　"江河十年行"这些年拍到了不少我们国家西南大自然的美，也拍到了不少因为我们人类要发展，给大自然、给人的生活带来的丑陋与困境。

2010 年　大渡河边的老屋

已在水库里的沃土

大渡河，人吃了多少鱼，鱼就吃了多少人，说这话的是四川汉源县新闻出版广电局局长唐亮。2010年"江河十年行"时，他是随着县领导和公安部门的人一起用警力把我们拦住，不许进汉源新城，不许去发生了重大泥石流的万工乡的。

那天我和唐亮在当地政府为我们安排的一辆车上，有过激烈的争论，当时唐亮是电视台台长。记得他十分动情地说：今天是我的生日，家里人在等着我回家吃饭，可是我还在工作。我当时说的是，作为一个新闻工作者，为什么不敢让同行看到真实的老百姓的生活状况。

2013年3月20日，我们又是被穿着警服的人留住，请来了宣传部门的领导接待我们。饭桌上我无意中提到了唐亮，宣传部副部长就立刻打电话，把他叫了来。

见面后让我们没有想到的是，这次宣传部领导和唐亮都不仅非常坦诚地答应让我们去看我们想看的汉源新县城，还带我们进入了大渡河峡谷国家地质公园里，并允许我们拍了国家级地质公园里的大坝工地。

2013年　大渡河国家地质公园（唐亮摄）

2013年　大渡河峡谷里

2013年　大渡河国家地质公园里正在修建的枕头坝

　　2013年"江河十年行"时，我的相机镜头没有那么长，所以这张有大渡河水，也有地质"造型"的照片，是唐亮用他随身带的相机拍的。当时唐亮说的两句话，让我流出了眼泪。他说其实最可怜的是大渡河。他说这么一条汹涌澎湃的大河，就这样被我们人类掐住了脖子。大渡河也是有尊严的，现在它的尊严在哪里。

　　说到大渡河，唐亮有那么多的故事。

　　他说，当年他们的游泳教练也是被湍急的河水带走的。

　　他说，当时江里有一种叫重口裂腹的鱼，要在激流里生活，非常珍稀，现在没有了。

　　他说，当年铁道兵在这里修铁路时种下了攀枝花树，哪里有攀枝花，哪里就没有冬天。

　　他说，原来这里的桐子花穿过整条峡谷，一朵朵开在河谷里，美极了。现在修了大坝，修了路，桐子花没有了。

　　他说，明代北京城修建时，用的是大渡河边的金丝楠木，有一本书写的就是"从皇木到紫金城"。现在，这种金丝楠木的家园也被大坝占了不少。

他说，大渡河里不通船，当年这里的人唱的山歌都是对大渡河的敬畏。现在，大渡河要敬畏人了。

2013 年　大坝要试与峡谷比天高

2013 年　峡谷里的大江被拦截了

2013 年　我们的车要在这样的峡谷里穿行

2013 年"江河十年行"在这样的峡谷国家地质公园里走时，我突然想起 2004 年第一次走在这段大渡河峡谷里时，地质学家范晓告诉我，当年修成昆铁路时，这里平均每一千米就掩埋了一位铁道兵战士的尸骨。今天这里的开山、凿洞、断水，会惊扰这些年轻的战士吗？

2013 年　家园　舞台　梦

2013 年　奉献绿色能源

2013 年 3 月 20 日，"江河十年行"本试图悄悄地走进汉源万工乡，看看那些因在大渡河峡谷中修瀑布沟水库而被迫搬迁的移民如今生活得怎么样。可就在我们去的那天早上，村里一位中年男子因政府给他家盖的房子质量有问题没有得到解决，自焚了。他家门口站着很多警察，人被送去了医院。

2011 年　"江河十年行"在万工乡

2011 年　万工乡的孩子

　　2011"江河十年行"，我们进到了万工乡，看到了倒塌的房子。这位妇女家在泥石流后也是租房子住。可新房子的电线都是明线，住进去没有多久就失了火。她告诉我们，失火后，她家从移民到地震，到泥石流，最后剩的几件衣服也烧光了。消防队说是赔她家 1.5 万元，可她拿到手的是多少，2 000 元，而这位妇女的亲哥哥是被搬到大渡河猴子岩的水电移民。那里 2009 年的一次超大泥石流，夺走了她哥哥的生命。

　　这个站在废墟上的小男孩看着我们时，眼光冷得叫人心懔。孩子的爷爷是泥石流前一天去世的。死后还没来得及下葬，就被埋在了废墟下。周末时，他和父母总要来这里看看。那天，他的目光里我们每个人看到的表达都不一样。

2013 年　记录无言的大渡河

2013 年万工乡的移民刚搬来时，家家花一二十万元的装修一场泥石流全冲了。政府虽然给盖了房子，可一个空壳怎么生活呢；政府给盖的房子质量有问题，只有自己拿出钱来重修；再给几十万元能不能住踏实也还真不好说；至于越战老兵的医保；找对象一说是万工的人家转头就走……这样的故事，走在万工乡，是听也听不完的。一双双渴望的眼睛看着我们，一双双硬硬的手拉着我们。

2013 年　汉源新城

2013 年　新汉源

2015 年　"江河十年行"用 10 年跟踪采访的人家宋元清在汉源

2015 年　新汉源的江边堆满了从水库里挖的沙子

2015 年 12 月 23 日，在原来的大渡河，现在的汉源湖边，宋元清很诙谐地对我们说：我们这儿今年大年三十还闹了个大笑话。没水吃，大概是停水，一直停到四点还是五点，没有水，全城没有水。我都跑到乡下，拿个桶去弄水。

宋元清说，新汉源县城所在地，原来是在有母亲水窖的山坡上，就是没有水。新城搬到这后，市里修了个水库，解决汉源人吃水的问题。可修了也就一年多，那个管理局的局长就给抓起来了。局长抓起来也不妨碍继续修水库啊，关键是他抓了以后牵扯到很多问题。说是还在继续修，说是今年国庆节就供水，但是国庆节已经过了，现在还没有供，反正经常停水。

再说这个汉源湖，春节以后，水每天一米两米一直地退、退。那么大的水面，一直到正中，这上面都没有水，河床全露出来。露出来以后，老百姓挖河沙子卖，政府也在挖沙卖。

宋元清说：我爱人的妹妹，在这个水下面以前她也是有一亩多地，产的粮食一家五六口人吃不完，还要养几头猪。现在搬到了山上面，每年种庄稼，种子种下去没有水，连种子的钱都收不回来。这些农民住在新家，都要买菜吃。以前这里的蔬菜，每年大部分都拉到成都去，产量也很高，尤其蒜苔、番茄成都人吃的全是从我们这里运过去的。现在自己都没菜吃了。

2009 年　旧家已淹，新家还是这样

2009 "江河十年行" 在汉源新县城采访一位街上卖饼的妇女时，她哭着告诉我们：搬迁之前，她们家种一年可以吃 3 年，家里有二层小楼，有鸡有鸭，有果树，从没为吃穿发过愁。

2015 年　上面是城里人的新居，下面是农民的新家

关于今天汉源湖的水，宋元清也有话要说：因为我是划船教练，经常在水里弄。有一天不小心就把腿摔伤了。很小一个小伤疤，老是好不了，伤疤还扩大。刚开始我没注意，后来跑到医院，医生说是脏水。后来我就不接触这个水了，伤口很快就好了。后来我请教过医学方面的、防疫方面的专家，他们说这个水是局部污染。那么大个水库，中间水多的地方就淡化了。到了小的范围，死了一头猪、死了一只鸡，这个范围就会污染。

看人家绥江县城江水库边弄得挺漂亮，我们汉源县城搬了那么多年了，叫汉源湖，水边没有治理。说是有绿化，栽树种花用了很多钱，可局长因为栽树都抓了几个了，还有什么县委书记也抓了，水边的绿化在哪儿？

在汉源湖边，"江河十年行"问宋元清，你以一个老汉源人，现在站在这一湖水，这个大水库前，最想说什么？

宋元清说：我最想说，修这个水库其实一开始有很多好的规划，现在我们却感到很失望，一些好的规划没有实施。每一任政府官员无非就干一届两届。我有退休金，生活还可以。但是我那些农村里的朋友，他们现在不知道出路在哪儿。

好多人原来都抱着美好的愿望，都想这里很不错，现在很多人都不想在这个地方待，很多人都走了，包括农民都在外面买房子。现在汉源这里唯一的就是空气好、阳光好。但是对于人来说，不光是享受阳光，不光是享受这个水电。这个水库真的没有给我们汉源人带来什么实实在在的好处，反而成为我们的忧虑，成了每一届政府官员的包袱，是希望变成失望。

2015年　瀑布沟大坝让十万当地人移民

2015年　有了大坝后的峡谷

"江河十年行"，10 年走完了，当然，我们的记录不会结束。有人说我们就如当年的堂吉诃德在跟风车做斗争。

　　让我没有想到的是，2015 年"江河十年行"写的 16 篇文章在凤凰博文上登载后，有 500 多万的点击。有关怒江白水天堂和金沙江污染博物馆的两篇文章点击都超过了 80 万。这些文章和那些政治观察、娱乐新闻放在一起时，看的人不比那些少。关注自己的生存空间，甚至关注远离自己的家的大江大河的人，真是越来越多了。

　　写了那么多，想起几年前凤凰卫视"社会能见度"主持人曾子墨采访我时问我，你这样做为的是什么？记得当时我说，为了今天家乡的河能和我小时候的一样美、一样清、一样有激流。今天如果有人这样问我，我想，我还会这样说。我们的前辈留给我们的自然，传到我们这代人，为什么就要变丑了，变没了。我这样关注家园的河，就是为了她不变丑，不变没了。

2015 年　峡谷里的警示

　　走完 2015 的"江河十年行"，《中国青年报》编辑希望我们能做一个中国目前修的大坝中，没有经过环境影响评价就修了的大坝的名录。我请和我一样用心血在关注着大江大河的朋友王维洛和杨勇帮忙做了。可是《中国青年报》因为种种原因没有用。我放在这里，请同样关注大江大河的朋友们看看，我们这个有法却难依的国家是怎么在开发水电的吧，并感谢二位的辛苦工作。

　　澜沧江干流上有 20 多个水电站，可在王维洛的检索中，只有这些有过环评。

　　澜沧江水电站：橄榄坝水电站、大华桥水电站工程、乌弄龙水电站、托巴水电站、糯扎渡水电站、南澜沧江苗尾水电站、澜沧江黄登水电站、澜沧江里底水电站"三通一平"工程。

长江三峡大坝以上还要修和已经修了的 25 个水电站,查到环评的只有金沙江中游河段梨园水电站、金沙江阿海水电站。

大渡河及其支流上有 356 座电站,雅砻江上有 21 级开发,查到有环评的电站如下:

大渡河双江口水电站、大渡河硬梁包水电站、大渡河金川水电站、大渡河瀑布沟水电、大渡河大岗山水电站、大渡河大岗山水电站环境评价表、大渡河安谷水电站、大渡河硬梁包水电站、大渡河老鹰岩河段水电开发方式研究环境影响报告书、渡河巴拉水电站、雅砻江二滩水电站、雅砻江锦屏一级水电站、雅砻江两河口水电站、雅砻江卡拉水电站、雅砻江杨房沟水电站、雅砻江桐子林水电站、岷江金龙潭水电站。

杨勇：横断山部分水电站背景资料

(根据原能源部水电开发司 1991 年和 2000 年以来水电规划开发资料整理)

岷江流域综合规划环评公示到 2012 年 10 月才在网上公示征求公众意见，但是岷江流域水电开发从 20 世纪 60—70 年代就已经开始，21 世纪初以来达到高峰，目前已经基本开发完毕，所以现在的规划环评已经没有意义。"5·12"地震中电站损失破坏十分严重。

一、岷江干流　18 级　总装机 262.48 万 kW

电站名称	库容量/亿 m³	装机容量/万 kW	发电量/(亿 kW·h)	备注环评
紫坪铺	11	76	34.17	建成，未见环评公示
鱼嘴	0.153	10.4	—	建成，未见环评公示
映秀湾	—	13.5	7.06	建成，未见环评公示
太平驿	—	26	16.87	建成，未见环评公示
沙坝	8.82	40	21.9	建成，未见环评公示
福堂	—	36	22.7	建成，未见环评公示
姜射坝	—	9.6	6.51	建成，未见环评公示
铜钟	—	4.95	3.67	在建，未见环评公示
燕儿岩	—	6.6	3.3	准备，未见环评公示
飞虹桥	—	12	6.0	准备
金龙滩	—	18	9.27	准备
天龙湖	—	18	10.24	建成
小海子	—	4.8	2.7	准备

电站名称	库容量/亿 m³	装机容量/万 kW	发电量/(亿 kW·h)	备注环评
莲花岩	—	11.1	5.57	准备
五星堡	—	15.7	7.84	准备
龙滩	3.6	7.26	3.63	准备
西宁关	—	3.72	1.86	准备
红桥关	2.4	6.85	3.43	准备
沙嘴	1.2	25	14.7	
龙溪口	4.6	36	22	
石鼓	—	29	14.5	
板桥溪		3	1.8	
大水	—	2.65	2.05	建成
偏窗子	9.2	74	45	

岷江支流

（1）渔子溪（卧龙河）

电站名称	库容量/亿 m³	装机容量/万 kW	发电量/(亿 kW·h)	备注
渔子溪1级		16	9.8	建成，未见环评公示
渔子溪2级		16	8.74	建成，未见环评公示
耿达		3.0	1.84	建成，未见环评公示
两河口		4.5	2.73	建成，未见环评公示
卧龙		2.5	1.52	建成，未见环评公示
正河2级		3.2	1.96	建成，未见环评公示

（2）蒲阳河：4级　　　　　已建成

（3）寿溪河：2级　　　　　已建成

（4）白沙河：3级　　　　　建成1座、两座在建

（5）草坡河：4级　　　　　建成，被"5·12"地震和次生地质灾害严重损毁

电站名称	库容量/亿 m³	装机容量/万 kW	发电量/(亿 kW·h)	备注
草坡		4.6	2.1	建成
沙牌		3.6	1.79	建成

（6）杂古脑河：12 级　　总装机量 80 万 kW

电站名称	库容量/亿 m³	装机容量/万 kW	发电量/(亿 kW•h)	备注
新店子	—	6.1	4.03	建成，未见环评公示
狮子坪	2.8	19.5	8.76	建成，未见环评公示
理县	—	3.3	2.32	准备
小夹壁	—	4.35	2.18	建成，未见环评公示
猪槽坝	—	3	1.96	建成，未见环评公示
桑坪	—	5.25	3.16	建成，未见环评公示
甘堡	—	3.4	2.3	建成，未见环评公示
古城	—	11	6.92	建成，未见环评公示
薛城	—	9.0	5.54	建成，未见环评公示
危关	—	2.5	1.73	建成，未见环评公示
红叶Ⅱ级	—	9	4.9	建成，未见环评公示
毕朋沟	—	2.8	1.56	建成，未见环评公示

（7）孟屯河：　6 级　　基本建成，未见环评公示

（8）黑水河：　两库 6 级　　总装机量 61 万 kW

电站名称	库容量/亿 m³	装机容量/万 kW	发电量/(亿 kW•h)	备注
上打古		4.2	2.38	准备
柳坪		7.6	4.45	准备
色尔古		12.6	6.55	准备
毛尔盖		22	12.4	建成，未见环评公示，2011 年 7 月环境保护部进行阶段性验收
竹格多		8.4	4.71	建成，2015 年 7 月四川省环保厅公布验收合格公示
马桥		6	3.09	建成，未见环评公示

（9）宝兴河：（青衣江上游）　两库 9 级　　总装机量 87.9 万 kW

电站名称	库容量/亿 m³	装机容量/万 kW	发电量/(亿 kW•h)	备注
铜头	—	8	4.79	建成，未见环评公示
灵关	—	5.4	3.35	建成，未见环评公示

电站名称	库容量/亿 m³	装机容量/万 kW	发电量/（亿 kW•h）	备注
小关子	—	16	8.09	建成，未见环评公示
宝兴	—	16	8.09	建成，未见环评公示
东风（西河）	—	2.52	1.65	建成，未见环评公示
民治	—	10.0	5.9	建成，未见环评公示
硗碛	3	24	9.11	建成，未见环评公示
穿洞子	—	4.5	2.75	建成，未见环评公示
城墙岩	—	4.5	2.75	建成，未见环评公示

（10）大关河：8 级　装机量 20 多万 kW　建成，未见环评公示

（11）天全河：（青衣江上游）　11 级　装机量（不详）　建成，未见环评公示

（12）荣径河：14 级　装机量（不详）　建成，未见环评公示

（13）周公河：5 级　装机量 30 多万 kW　部分建成，未见环评公示

（14）青衣江：（雅安以下）13 级　装机量 40 多万 kW　建成，未见环评公示

二、大渡河干流　3 库 22 级　总装机量 2 211 万 kW

2005 年 9 月，《四川省大渡河干流水电规划调整环境影响报告书》通过了由四川省环境保护局会同四川省发展和改革委员会主持召开的审查会。

电站名称	库容量/亿 m³	装机容量/万 kW	发电量/（亿 kW•h）	备注
双江口	31.15	2 000	83.0	在建，2004 年筹备，2007 年事实上动工，2012 年 4 月网上发布环评公示，因环境制约问题停工近 2 年，2013 年 5 月环境保护部在通过环评，2015 年 4 月国家发改委核准
金川	4.6	80	37.98	准备，国家发展改革委以发改办能源〔2012〕3671 号文同意四川大渡河金川、巴底水电站开展前期工作，2013 年环评报告通过环境保护部审查，正在进行核准程序

电站名称	库容量/亿 m³	装机容量/万 kW	发电量/(亿 kW·h)	备注
巴底	1.9	78	34.7	准备，2012 年 4 月发布环评公示，国家发展改革委以发改办能源〔2012〕3671 号文同意四川大渡河金川、巴底水电站开展前期工作
丹巴	？	200	59.89	准备，还没有发布环评公示
猴子岩	7.6	170	73.58	在建，未见环评公示，2009 年 1 月通过环境评估，2011 年 11 月通过国家发改委核准
长河坝	10.75	260	111.8	在建，未见环评公示，2010 年 11 月国家发改委核准
黄金坪	1.4	85	38.59	未见环评公示，2011 年 3 月国家发改委核准，2015 年 12 月建成发电
泸定	2.2	92	37.8	建成，未见环评公示，2005 年开工，2009 年 3 月国家发改委核准，2012 年初试运行发电
硬梁包	0.207 5	111	69.89	在建，2014 年 7 月网上发布环评公示【公示期为 2014 年 7 月 21—25 日】。但是：大渡河硬梁包水电站环境报告书通过专家组审查 北极星电力网新闻中心 来源：四川新闻网 作者：邓牧 2014/7/1 10：35：53
大岗山	7.42	260	114.76	建成，未见环评公示，2005 年 9 月前期工程启动，2010 年 12 月国家发改委核准，2013 年年底网上出现该电站环境影响报告表，2014 年 11 月开始蓄水，2015 年 9 月试运行发电
龙头石	1.39	70	31.21	建成，未见环评公示，2006 年 4 月国家发改委核准，2008 年建成发电，2010 年 1 月通过环境保护部验收
老鹰岩	—	57	33.2	在建，未见环评公示，2015 年 4 月四川省发改委批准建设
瀑布沟	53.9	330	146.32	建成，未见环评公示
深溪沟	—	66.0	32	建成，未见环评公示

电站名称	库容量/亿 m³	装机容量/万 kW	发电量/（亿 kW·h）	备注
枕头坝	—	95	42.52	建成，未见环评公示
沙坪	0.208 4	62.5	38.98	基本建成，未见环评公示
龚嘴	3.5	75	45.21	20 世纪 70 年代建成，未见环评公示
铜街子	2	60	32.98	20 世纪 90 年代建成，未见环评公示
沙湾	—	48	24	建成，未见环评公示
法华寺	—	24	11.94	准备
安谷	—	32	16.76	准备

大渡河支流

上游区（西线调水源）

电站（河流）名称	规划级数	装机容量/万 kW	发电量/（亿 kW·h）	备注
绰斯甲河	5 级	106	58.6	部分在建
足木足河（杜柯河）	10 级	187	81.82	部分建成
梭磨河	3 级	—	—	
抚边河	2 级	10	5.47	在建
小金河	6 级	38	22	建成、在建
革什扎河	5 级	30	16.2	在建
东谷河	3 级	10	6	在建
金汤河	5 级	26.2	15.5	建成、在建
瓦斯河	3 级	53.4	28.7	建成
磨西河	3 级	4	2	在建
田湾河	4 级	81	35.58	在建
松林河	9 级	56.4	39.76	在建
南桠河	7 级	72	31.05	建成
瓦日河	10 级	45	26	在建
官料河	10 级	30	18	在建
沐溪河	若干级开发	—	—	在建
马边河	15 级	50	25	在建

2013年4月雅砻江流域规划环评网上公示。但是，雅砻江中下游水电站已经陆续建成或正在建设中。

电站名称	库容量/亿 m³	装机容量/万 kW	发电量/（亿 kW·h）	备注
桐子林	0.92	60	29.75	建成，2010年10月国家发改委核准，2015年10月建成发电，未见环评公示
二滩	58	330	203	1999年建成，未见环评公示
官地	7.6	240	118	在建，2010年10月国家发改委核准，2012年4月建成发电。未见环评公示
锦屏Ⅱ级	0.1428	440	258	建成，2014年7月发电，未见环评公示
锦屏Ⅰ级	77.6	360	184	建成，2014年11月发电。未见环评公示
卡拉	2.38	102	52.5	在建，2008年前期工程启动，2015年6月通过环评，但未见环评公示
杨房沟	4.558	150	69	在建，2014年3月环评批复，2015年6月四川省发改委核准，未见环评公示
孟底沟		184	90	准备，2015年3月网上发布环评公示
楞古	8.5	257.5	125.7	准备，2014年8月国家发改委批复同意开展前期工作。未见环评公示
牙根	7.3	10	45.1	准备，2013年8月国家发改委批复同意开展前期工作，2013年12月网上发布环评公示
两河口	107.67	300	110	在建，2006年9月甘孜州发改委批复同意开展"三通一平"，2007年6月四川省环保厅批复同意"三通一平"，2012年8月国家发改委批复同意开展前期工作。2014年9月国家发改委核准，2014年11月网上见环评报告简本。未见环评公示
龚坝沟	—	50	26.7	准备，未见环评公示
共科	—	40	22.2	准备，未见环评公示
新龙	10	50	27.9	准备，未见环评公示
英达	—	50	28	准备，未见环评公示
通哈		20	11.9	准备，未见环评公示

电站名称	库容量/ 亿 m³	装机容量/ 万 kW	发电量/ （亿 kW·h）	备注
格尼	0.93	20	12.3	
阿达（西线 调水源地）	5.5	25	15	
热巴	6.7	25	13.5	
仁青岭	33	30	18.8	
温波寺	15.7	15	8.0	
石渠	—	8	—	建成

雅砻江支流

电站（河流） 名称	开发级数	装机容量/ 万 kW	发电量/ （亿 kW·h）	备注
安宁河	25 级（含支流）	50	22	建成，未见环评公示
磨房沟	3 级	7	4	建成 2 级，未见环评公示
藤桥河	2 级	—	—	
九龙河（含路卡 河、铁厂河）	15 级	110	50	建成，未见环评公示
子耳河	3 级	5	2	在建
力邱河	7 级	25	—	部分在建，未见环评公示
金河（理塘河、前 所河）	28 级	210	120	建成或在建，未见环评公示
鲜水河（含达曲） 西线调水源地	20 级	40	—	建成或在建，未见环评公示

四、金沙江干流　　25 级　　总装机量 7 472 万 kW

电站名称	库容量/ 亿 m³	装机容量/ 万 kW	发电量/ （亿 kW·h）	备注
向家坝	51.63	600	352	建成
溪洛渡	128	1386	639.2	建成，因未批先建曾被环境保护部叫停， 刮起"环评风暴"

电站名称	库容量/亿 m³	装机容量/万 kW	发电量/（亿 kW·h）	备注
白鹤滩	206	1600	640.9	在建，2013 年 12 月网上发布环评公示，2014 年 7 月公布环评报告，2014 年 9 月环境保护部受理环评报告，2015 年 11 月环境保护部批复环评，目前等待国家发改委核准
乌东德	76	1020	387	在建，2012 年 4 月网上发布环评公示，2013 年 12 月网上发布第二次环评公示，2013 年 12 月网上公布环评报告，2015 年 1 月环境保护部公示环评审查批复文件，2015 年 4 月环境保护部批复环评报告，2015 年 12 月国务院常务会议讨论核准
银江		34.5	15.5	准备
金沙	1.08	56	25.07	在建，2012 年 10 月网上发布环评信息
观音岩	20.72	300	135.1	建成，2009 年 6 月因未批先建被环境保护部叫停，2012 年 5 月国家发改委核准，2015 年发电
鲁地拉	17.18	216	93.6	建成，2009 年 6 月因未批先建被环境保护部叫停，2010 年 7 月环境保护部批复环评报告，2012 年 1 月国务院办公会通过审核，2013 年 7 月首台机组发电
龙开口	5.07	180	73.9	建成，2009 年 6 月因未批先建被环境保护部叫停，2010 年 8 月环境保护部批复环评报告，2012 年 2 月国家发改委核准，2013 年 8 月首台机组发电
金安桥	8.47	250	114.0	建成，未见环评公示
阿海	8.82	200	88.8	建成，未见环评公示
梨园	7.27	240	103	建成，2014 年 5 月环评报告网上公布，未见环评公示
两家人	0.007 4	300	114	准备
虎跳峡	385.15	420	105	坝址比选
托顶（奔子栏）	—	250	131	准备
日冕	38	372	159.3	准备

电站名称	库容量/ 亿 m³	装机容量/ 万 kW	发电量/ （亿 kW·h）	备注
苏哇龙	6.74	120	54.26	在建，2014 年 9 月网上发布环评公告
巴塘（拉哇）	1.58	75	33.9	在建，2015 年 5 月网上发布环评公告
叶巴滩	10.8	228	103	在建，2015 年 8 月网上发布环评信息公告， 2015 年 12 月网上发布环评受理公告
白玉	85	126	53.9	准备
俄南	31	88	29.1	准备
色乌	57	56	23.94	准备
东就拉	3	40	17.39	准备
侧房沟（通天河）西线调水源地	—	—	—	准备

金沙江支流

电站（河流）名称	开发级数	装机容量/ 万 kW	发电量/ （亿 kW·h）	备注
南广河	4 级	5	3	在建，部分建成
横江	4 级	20.2	11.2	在建，部分建成
西宁河（含豆沙河）	3 级	—	—	在建，部分建成
西苏角河	3 级	—	—	—
美姑河（含苏人姑河）	7 级	50	28	建成
西溪河（含泥姑河）	10 级	60	40	建成
黑水河	9 级	30	18	建成
大桥河、	13 级	—	—	建成
水洛河		—	—	建成
冲江河	3 级	—	—	部份建成
硕曲	6 级	60	32	在建
定曲（含玛衣曲）	15 级	95	53	准备
巴曲河	2 级	—	—	在建
赠曲	6 级	—	—	准备
偶曲	2 级	—	—	准备

五、澜沧江干流见附表

干支流梯级开发方案：

根据普查或规划，在澜沧江干流拟建25座堤坝式电站，自上而下分别为：永赛（3.8万kW）、阿多（6万kW）、赛青（3.75万kW）、昂赛（5.5万kW）、阿通（5.26万kW）、达日阿卡（6.9万kW）、公都（13万kW）、达汉（14万kW）、娘拉（8.2万kW）、真达（140万kW）、古学（120万kW）、溜筒江（55万kW）、佳碧（43万kW）、乌弄龙（80万kW）、托巴（164万kW）、黄登（200万kW）、铁门坎（178万kW）、功果桥（90万kW）、小湾（420万kW）、漫湾（150万kW）、大朝山（135万kW）、糯扎渡（500万kW）、景洪（150万kW）、橄榄坝（15万kW）和勐松（60万kW），总装机容量2 566.4万kW，年发电量1 280.8亿kW·h，共利用天然落差2 749 m。

云南境内澜沧江中下游（功果桥至南阿河口）河段，长约800km，在负荷要求、电站位置、交通条件、地形、地质条件、技术经济条件等方面都比较优越，是全江重点开发研究的河段，拟建的8个梯级电站，总装机1 520万kW，占全流域装机容量60%。其中小湾和糯扎渡为两个主要调节水库，对下游梯级电站进行径流调节，效益极为显著。

小湾水电站是澜沧江流域开发的关键性工程，位于云南省南涧和凤庆县界处漾濞江汇口下游，是漫湾电站的上一级梯级电站，距昆明市265km，拟建坝高300m，最大水头250m，可获总库容153亿m^3，有效库容113亿m^3，装机容量420万kW，保证出力185万kW，年发电量191.7亿kW·h，并可使下游各电站保证出力增加一倍，装机容量和发电量各增加30%左右，效益显著。

糯扎渡水电站是澜沧江下游河段的一个控制工程，位于云南省思茅县和澜沧县交界的威远江汇口处下游河段。距昆明直线距离360km。拟建坝高255m，正常蓄水位807m，最大水头215m，总库容227.0亿m^3，装机容量500万kW，保证出力232万kW，年发电量239.6亿kW·h，是澜沧江中下游又一高坝大库，对下游的景洪、橄榄坝、勐松梯级电站径流调节效益和削减洪水的作用显著。

澜沧江理论蕴藏量大于1万kW的140条支流中，根据1993年水利部门统计，全流域可能开发2.5万kW以上水电站的支流有13条，拟建电站35座，装机220.6万kW，年发电量109.36亿kW·h。

主要支流梯级开发方案：

子曲：拟建2.5万kW以上电站4座，即查日扣（3.6万kW）、加登达（5.12万kW）、交尼日卡（4.7万kW）、江树马（6.07万kW），总装机19.49万kW，年发电量9.63亿kW·h。

昂曲（又称解曲）：拟建2.5万kW以上电站4座，即外令卡（9.8万kW）、东滩（6.5万kW）、麻古（5.4万kW）、拉优（3.24万kW），总装机24.22万kW，年发电量12.32亿kW·h。

漾濞江：拟建1万kW以上的电站8座，其中2.5万kW以上电站7座，自上而下分别为：下登村（1.7万kW）、黑树岭（3万kW）、长邑（5.6万kW）、金牛屯（14万kW）、沙坝（4万kW）、向阳（6万kW）、时地坪（11万kW）、徐村（7.8万kW），总装机容量为53.1万kW，年发电量26.96亿kW·h。

威远江：拟建1万kW以上电站6座，其中2.5万kW以上电站5座，自上而下分别为平乡寨（1.98万kW）、蛮稳（6.33万kW）、盐房（3.31万kW）、习娥（6.85万kW）、蛮打（19万kW）、景巴河口（9.6万kW），总装机容量为47.07万kW，年发电量23.52亿kW·h。

南班河：拟建1万kW以上电站5座，其中2.5万kW以上电站为2座，分别为：光咕噜（2.17万kW）、江边寨（1.36万kW）、龙谷（7.6万kW）、磨者河口（1.85万kW）、广丙（2.6万kW），总装机15.58万kW，年发电量8.24亿kW·h。

西洱河：已进行四级梯级开发，西洱河Ⅰ～Ⅳ级梯级水电站共装机25万kW，年发电量11.18亿kW·h。

澜沧江—湄公河作为国际河流没有开展全流域规划环评，其中中国境内段也没有开展规划环评。

怒江中下游（干流松塔以下至中缅边界）共规划 13 级电站，装机容量 2 132 万 kW，年发量 1 029.6 亿 kW·h。

写完此文，正好是 2016 的清明节，我们的母亲河啊，我还不想为你点起蜡烛。

记者手记：

叫你断子绝孙，可能是我们中国最狠的骂人话了。

地下水，本是留给子孙后代享用的。可就在写完 2015 年"江河十年行"时，看到水利部公布的 2016 年 1 月《地下水动态月报》显示，全国地下水普遍"水质较差"，八成地下水不能饮用。如今，我们这一代人不光在喝子孙后代的水，连自己喝的水也被污染、被损害着。

我们绿家园从 2006—2015 年用了 10 年行时间，完成了"江河十年行"，中国西南 6 条大河：岷江、大渡河、雅砻江、金沙江、澜沧江、怒江，因受经济发展特别是水电开发的影响而发生的变化，其现状真的是令人担忧。

怒江中下游水电开发推荐梯级电站概况表

电站名称	装机容量（多年平均）/MW	发电量/亿（kW·h）	坝高/m	单位千瓦投资/（元/kW）	单位电能投资/[元/（kW·h）]
松塔	4 200	178.7	307	4 685	1.101
丙中洛	1 600	83.4	54.5	3 271	0.628
马吉	4 200	189./7	300	4 393	0.972
鹿马登	2 000	100.9	165	4 565	0.906
福贡	400	19.8	60	5 733	1.158
碧江	1 500	118	71.4	3 958	0.831
亚碧罗	1 800	90.6	133	3 334	0.662

电站名称	装机容量（多年平均）/MW	发电量/亿（kW·h）	坝高/m	单位千瓦投资/（元/kW）	单位电能投资/[元/（kW·h）]
泸水	2 400	127.4	175	3 661	0.689
六库	180	7.6	35.5	5 238	1.24
石头寨	440	22.9	59	5 273	1.103
赛格	1 000	53.7	79	3 645	0.68
岩桑树	1 000	52.0	84	4 354	0.837
光坡	600	31.5	58	4 788	0.912
合计	21 320	1 029.6	—	—	—

现在我们所有的大江大河，除了云南的怒江以外，全部被截流，用来发电。以至于水利水电专家都管这样的大江叫"葫芦串"。对江河这样的开发，不光是会影响地质地貌，导致地震和滑坡，造成人与财产的伤亡损失。而且，中国最大的两个淡水湖鄱阳湖、洞庭湖到了枯水季节都成了草原。还有，危机四伏的河里的鱼，及水库下游人的生存。

绿家园，是一家只有4个工作人员的民间环保组织。"江河十年行" 2013年4月1日走在四川雅安时，一辆中巴面包车在大山与大江间形单影只地行走着。19天后的4月20日，四川雅安芦山发生了7级地震。一时间当地车水马龙。大震之后记者采访范晓时，这位有良知的地质学家说："中国西南部进入水库诱发地震危险期。" 3年过去了，地质学家的担忧应该说并没有引起人们的重视。

"江河十年行"第一年走时，觉得10年很遥远，觉得走完10年时，国人对环境的关注度会高了，江河的开发也不会那么快速了，大自然恢复的可能会让她自己又美了。可是，10年走下来，和我们想象的不一样。公众对环境的关注度，基本还是在如果影响了自身就关注。江河开发的速度不但没有降下来，还在加速度地进行着。至于大自然的恢复，连她自己可能也不认识自己了。城市里的花花草草是多了些，可城里人看不到的大江大河，却更加地改变了原有的模样。

"江河十年行"对祖国大江大河的记录，会以其他方式继续下去。

2015 年国内国际十大环境新闻

2015 年国内十大环境新闻

1. 党的十八届五中全会提出绿色发展理念

党的十八届五中全会提出，必须牢固树立并切实贯彻创新、协调、绿色、开放、共享的发展理念，并对生态文明建设和环境保护做出了重大战略部署，"绿色发展"成为五大发展理念之一。

2. 生态文明体制改革推出"1+6"方案

中共中央、国务院印发《生态文明体制改革总体方案》《环境保护督察方案（试行）》《生态环境监测网络建设方案》《党政领导干部生态环境损害责任追究办法（试行）》《生态环境损害赔偿制度改革试点方案》等 6 项配套文件也陆续发布。生态文明体制改革"1+6"布局形成。

3. "十二五"减排目标提前半年实现

"十二五"期间，我国 4 项主要污染物——化学需氧量、氨氮、二氧化硫、氮氧化物排放量持续大幅下降，提前半年实现主要污染物减排"十二五"规划目标。

4. 史上最严的新环保法实施

2015 年 1 月 1 日，新《环境保护法》及《环境保护主管部门实施按日连续处罚办法》等配套办法正式实施。8 月 29 日，《中华人民共和国大气污染防治法》修订通过，2016 年 1 月 1 日起施行。

5.《水污染防治行动计划》发布

4 月，国务院印发《水污染防治行动计划》，这是继《大气污染防治行动计划》之后，国家在环保领域出台的又一重大举措，确定了 10 个方面 238 项水污染治理措施，为全国水污染防治工作提供了行动指南和路线图。

6．成功处置天津港危险化学品爆炸等突发环境事件

8 月 12 日，天津瑞海物流危险化学品堆垛发生爆炸，环境保护部立即启动国家突发环境事件应急预案，指导应急处置工作。11 月底，甘肃省陇星锑业有限公司尾矿库发生尾砂泄漏，造成嘉陵江及其一级支流西汉水 200 多千米河段锑浓度超标，环境保护部及陕甘川三省立即开展应急处置工作，全力保障饮用水水源安全。

7．《京津冀协同发展生态环境保护规划》明确治理目标

自 12 月 5 日起，京津冀及周边地区多个城市持续出现重污染天气。北京、天津首次启动空气重污染红色预警。12 月 30 日，《京津冀协同发展生态环境保护规划》发布，明确到 2020 年主要污染物排放总量大幅削减，$PM_{2.5}$ 浓度比 2013 年下降 40%左右。

8．环评机构限期彻底脱钩

3 月 25 日，环境保护部公布《全国环保系统环评机构脱钩工作方案》，全国环保系统环评机构将分三批，在 2016 年年底前全部脱钩或退出建设项目环评技术服务市场。环境保护部直属单位的 8 家机构 2015 年率先完成脱钩工作。

9．强化环保督政提高政府责任意识

2015 年，环境保护部加大了环保督政力度。全年有 30 个以上的地级市接受了环境保护部区域环保督查中心的环保综合督查，超过 20 个城市的政府主要负责人接受了约谈。

10．绿色新政加快推进

2015 年，绿色新政加快推进，10 月，环境保护部启动京津冀、长三角、珠三角三大区域战略环评，国家有关部门出台绿色金融债券、《关于加强企业环境信用体系建设的指导意见》等政策或文件，以经济手段助推环境治理。

2015 年国际十大环境新闻

1．《巴黎协定》明确全球升温控制在 2℃内目标

11 月 30 日—12 月 12 日，《联合国气候变化框架公约》第 21 次缔约方大会在巴黎召开。大会通过的《巴黎协定》为 2020 年后全球应对气候变化行动做出安排，

大会同意把全球平均气温较工业化前水平升高控制在2℃之内。

2．《2030年可持续发展议程》指明未来15年发展道路

9月25—28日，联合国可持续发展峰会通过了《2030年可持续发展议程》，提出2015年后可持续发展目标。在此前召开的第三届国际发展融资会议上，一些国际金融机构表示，计划未来3年提供超过4 000亿美元资金以帮助实现可持续发展目标。

3．"一带一路"推动国际环保交流

自2013年9月中国政府提出"一带一路"倡议以来，这一构想得到国际社会高度关注。"一带一路"倡议旨在实现中国与丝路沿途国家分享优质产能，发挥各自优势，强调在投资贸易中突出生态文明理念，加强生态环境、生物多样性保护和应对气候变化合作，共建绿色丝绸之路。

4．大众"排放门"丑闻督促全球车企检视自身环境行为

9月18日，美国环保局指控大众汽车所售部分柴油车安装了专门应对尾气排放检测的软件，从而使汽车能够在车检时以高环保标准过关。大众汽车"排放门"丑闻导致包括大众在内的德国车企遭遇信任危机。

5．美国《清洁电力计划》生效践行减排承诺

8月3日，美国环保局发布《清洁电力计划》，确立了美国历史上第一个国家层面的二氧化碳减排计划。11月18日，这项计划被美国国会否决。12月19日，美国总统奥巴马行使总统搁置否定权，《清洁电力计划》于12月22日正式生效。

6．巴西尾矿坝决堤造成严重生态影响

11月5日，巴西米纳斯吉拉斯州发生尾矿坝决堤事故，有毒矿物废料混合着泥浆沿多西河倾泻而下，最终注入大西洋。除造成人员死亡、失踪和房屋损毁外，还使这一地区成千上万公顷的土地和水域受到严重污染，并影响沿岸以渔业和农业为生的居民生计。

7．中非合作论坛推动中非绿色发展

12月3—5日，中非合作论坛约翰内斯堡峰会发布行动计划，涉及农业与粮食安全、产业对接与产能合作、能源和自然资源、环境保护和应对气候变化等内容，这意味着中非绿色发展合作将成为中非关系新发展的突破口之一。

8.《保护臭氧层维也纳公约》缔结 30 周年取得重大进展

2015 年是《保护臭氧层维也纳公约》缔结 30 周年。30 年来，保护臭氧层行动得到全球 197 个国家和地区的广泛参与，逐步引导全世界消耗臭氧层物质的历史水平降低了 98% 以上。

9. 厄尔尼诺 17 年后重返催生史上最热年

10 月，厄尔尼诺升温幅度累计达 18.4℃，达到极强厄尔尼诺事件标准，逼近 1997—1998 年的"史上最强"，造成全球性极端天气，美国南部和南美洲降水量猛增，印度、巴西、非洲西部等地异常高温干旱导致农作物减产甚至人员死亡。

10. 英国进一步削减可再生能源补贴引争议

7 月 22 日，英国政府宣布进一步削减可再生能源补贴，包括提前取消陆上风力发电站的政府补助、逐步取消对小型太阳能项目的补贴、改变可再生能源项目申领补助的方式等。这一计划对纳税者有利，清洁能源企业则担心无法盈利。

资料来源：《中国环境报》